왜 건축인가

건축의 8개의 보이지 않는 손

The eight invisible hand in Architecture

김영훈 著

도서출판 세 진 사

All love to my family

이 책을 쓰면서

항상 느끼는 것이기는 하지만 건축이라는 것이 그리 만만치는 않다는 생각이다. 그 범위의 광활함은 물론 예술적 심미안이나 공학적 논리도 그러하지만 역시 건축이 지니는 본질적인 복합성과 애매한 혼성(hybrid)이 여전히 우리의 머리를 혼란스럽게 한다. 조금 알았다고 다가가면 이내 다른 핑계를 들이대며 달아나버리는 모습이 여간 곤혹스러운 것이 아니다. 지식을 가지고 덤비면 경험을 들이대며 지식을 비웃을 뿐이고 지식과 경험 모두를 가지고 이제 다시 한번 덤벼볼라치면 인간 자체에 대한 고민이나 철학을 내걸면서 그것을 비웃을 뿐이다. 역시 만만한 상대는 아니다.

그렇다고 남들이 범접하지 못할 만큼 특수한 영역이라는 말은 아니다. 이미 동네 아주머니들도 간단한 아파트 평면 정도는 능숙하게 파악하고 있으며 건축 비 전공자라 하더라도 세계의 유명한 건축물 한 두 개 정도는 우리보다도 더 정확하게 설명하고는 한다. 건축에 대한 지식은 이제 신성불가침 영역은 아니다. 인생의 경험과 깊이로만 친다면야 동네 복덕방 할아버지를 당할 재간도 없다. T 자를 걸치고 어렵게 그어 만든 선들과 그림이 소프트웨어의 도움과 오토캐드의 발전으로 마음만 먹으면 누구나 할 수 있는 일이 되어버린 지도 이미 오래이다. 건축가의 정열과 겉 멋 운운도 이미 추억이 되고 있는지도 모를 일이다.

그만큼 건축이 생활의 일부로 들어와 있다는 증거일 수도 있다. 전문가만 찾아다니던 시대는 이미 아니라는 이야기일 것이며 양 어깨에 힘만 주고 현란한 언변을 구사하던 건축가의 모습 또한 시대착오일지도 모른다는 경종일 수도 있다. 전공 용어 몇 마디와 현란한 스케치로 뭇 사람들을 감동시키던 시기는 지나고 있는지 모른다. 역시 그만큼 건축하는 일이 어려워지고 있는 것도 사실이다. 이미 특수가 보편이 되고 있기 때문이다. 그만큼 우리가 해야 할 일이 많아진 셈이다.

우리가 기대어야 할 곳은 루이 설리번(L. Sullivan)의 말대로 완벽한 테크닉과 능숙한 표현력보다는 시(詩)적인 상상력이나 광범위한 포용력 혹은 인간적인 특성일지도 모른다. 기술적인 건축가로서의 위상으로부터 인간적인 건축가로 회귀하는 순간이다. 더 완벽한 인간으로서의 건축가를 이미 요구하는지도 모를 일이다. 더 다양한 인간으로서의 건축가를 필요로 하는지도 모를 일이다. 그만큼 건축도 다양해질 수밖에 없을 지도 모를 일이다.

그 무엇을 전공(專攻)한다는 말이 어느 한 분야를 전문적으로 연구하는 것이라고 한다면 역시 연구의 넓이보다는 깊이가 마음 쓰일 일이다. 건축이라는 것을 전공으로 삼고 있는 사람으로서 항상 마음에 걸리는 부분이 아닐 수 없다. 감히 건축도 아직 다 모르고 있는데 그것을 둘러싼 여러 가지 논의를 시작하는 것은 어찌 보면 어불성설인지도 모른다. 그것도 건축의 보이지 않는 손 운운하면서 마치 거창한 그 무엇이 건축을 종속시키고 있는 듯한 착각을 초래하게 한다면 더욱 난감할 뿐이다. 아무리 보아도 깊이라고는 없다. 겉도는 이야기로만 건축을 치장하고 있다. 애초부터 현학적인 지적 과시는 될 수 없는 일이다. 오히려 나의 지적 일천함을 드러내는 자폭행위일지도 모른다. 말이 많으면 실속이 없는 줄 뻔히 알면서도 참으로 여러 가지 말들을 쏟아내고 있다. 어찌 보면 무책임한 일이 아닐 수 없다. 그러면서도 최소한의 화두는 건네 보려 한다. 건축을 하는 우리가 함께 생각할 것들이 조금은 더 있을 수 있다는 마음에 기대어 조금의 앙탈이라도 한번 부려볼 양이다. 더 많은 논의와 비판은 반드시 동행되어야 할 것이다. 짧은 지식을 보강하는 것은 물론이고 우리가 사랑하는 건축이라는 것의 숨겨진 다른 얼굴과 표정을 발견하기 위해서도 역시 필요한 일이 아닐 수 없다.

나와 함께 기꺼이 자폭의 길을 선택해준 세진사 가족 여러분에게 우선 고맙다는 인사를 드려야할 것이다. 재미없는 건축론 강의를 애써 들어 준 학생들의 표정은 항상 더 많은 생각거리를 만들어 달라는 표정이었으며 그것은 곧 건축에 대한 사랑으로 발전할 것으로 믿는다. 항상 가족은 나의 자폭 행위와 관계없이 내 편에 서있다. 사랑하는 원점이 있다는 사실은 나라는 존재가 건축을 할 수 있는 최소한의 면죄부를 선사하고 있다. 사랑 없는 건축은 이미 존재하지 않기 때문이다.

2006. 3

글 쓰는 차례

이 책을 쓰면서 3

시작하는 글 9

1. 이데올로기, 혹은 이데올로기적인 것 15

2. 부정(否定), 혹은 발상의 근거로서의 부정 37

3. 유토피아, 혹은 유토피아적인 것 63

4. 계급(階級), 혹은 건축가와 계급 95

5. 중심(中心), 혹은 중심적인 것 119

6. 자연(自然), 혹은 자연적인 것과의 공생 143

7. 시간(時間), 혹은 시간적인 것 171

8. 공간(空間), 혹은 공간적인 것 205

왜 건축인가

건축의 8개의 보이지 않는 손

The eight invisible hand in Architecture

시작하는 글 : 왜 건축인가

1.

건축은 인간을 위한 필요(need)에 의해 시작되고 그것을 실현시키고자 하는 인간의 의지(willing)에 의해 완결된다. 그리고 필요는 특정한 상황을 전제하고 의지는 사유와 행동을 동시에 수반한다.

인간의 최초의 주거는 그들의 근본적인 생활과 안전을 유지하기 위한 필요로부터 시작하고 있으며 그것을 실현하기 위해 동굴 같은 천연의 쉘터(shelter)를 찾거나 움막을 파거나 하는 행위를 통해 최소한의 공간을 만들고 있다. 신전 같은 건축물 역시 신을 모신다는 기본적인 상황이 전제되고 있으며 이는 곧 신전을 지어야 한다는 필요성에서 출발하여 어떻게 지어야하는가에 대한 사유의 결과와 돌 하나하나를 나르기 시작하는 행동이 일치되면서 그 모습을 드러내게 된다. 또한 적과 대치하고 있는 상황과 그들을 막아야 한다는 절대적인 필요성이 성(城)이라는 그림을 그리게 하고 사람들이 모여 땅을 파기 시작하면서부터 요새 같은 성채가 우리 눈앞에 펼쳐지게 된다. 최소한 이때까지는 필요성과 그것을 실행하기 위한 의지의 갭이 그리 크지는 않았다. 필요성이 곧 건축을 시각화하는 의지로 쉽게 연결되었기 때문이다.

그러나 인간의 집합이 복잡하게 얽혀지면서 사정은 달라졌다. 필요가 과장되고 곡해되기 시작하였으며, 그 결과 수많은 가치와 이념들을 양산하면서 간명한 진리 체계를 복잡하게 만들어 버리고 말았다. 건축의 근본적인 주체인 인간의 개념도 가치와 이념을 달리하는 틀 속에서는 한낱 대상에 지니지 않을 뿐이었다. 어느 새인가 잃어버린 보물을 제 자리에 갖다 놓기도 전에 또 다른 가치와 이념이 탄생하고 만다. 보이지도 않는 허상(虛像)과의 전쟁이 시작되는 셈이다.

간혹 호사스럽게 보이기도 하는 교회 건축도 종교 자체에 대한 신뢰와 그것에 기대고자 하는 당시 상황이 전제되면서 필요성의 정도 여부에 따라 실현시키려는 의지가 현란하게 변화해 왔음을 우리는 이미 알고 있다. 이렇게 따지고 보면 산업시대의 건물들이나 콘크리트의 발명에 따른 근대적 건물들 역시 같은 맥락에서 이해할 수 있다. 가속화되는 상황을 영구적인 것으로 만들고 싶어 하는 인간의 욕망이 근대적인 필요성으로 둔갑하여 양산(量産)의 의지로 나타나고 복잡해진 상황을 빙자하여 그것을 해결하기 위한 의지의 표현까지도 혼돈 속을 질주하게 만들고 말았다. 대화재 이후 앙등하는 지가(地價)를 극복하기 위하여 건물을 고층화시키자는 의지를 통해 세계 건축사에 고층건물의 역사를 다시 연 시카고학파의 건물들도 단지 상황에 따른 필요성과 그것을 위한 의지의 표현만으로는 인간을 땅으로부터 너무 멀리 떨어뜨렸다는 비난을 피하기 힘들지 모른다.

인간의 기본적인 필요성과 그에 따른 의지를 표현하기에는 상황이 너무 복잡하고 거대해 진 것이다. 의지 또한 과잉과 부족의 늪을 헤매면서 부자연스러운 몸짓으로 버거운 상황에 대체해 나가야만 하는 또 다른 숙명을 만나고 있다. 아무리 생각해도 건축을 지지하고 있던 필요성과 의지가 이미 쉽게 풀어헤칠 수 없을 정도로 복잡한 자아변이 속에서 헤매고 있으며, 우리가 가장 간명한 필요성 및 의지라고 표현하고 있던 모든 것들이 이제는 원시나 미개라는 곡해된 오명을 뒤집어쓰고 휘황찬란한 현대의 한 구석에서 단지 쭈그려 앉아 있을 뿐이다.

2.

그 어떤 것을 위함은 특정 대상을 고려의 대상으로 삼는다는 것이다. 건축을 인간을 위한 것이라고 정의할 경우 그 안에는 인간을 고려의 대상으로 하는 특정 의도나 표현이 결과로서 나타나야 한다. 인간을 고려한다는 것은 인간 자체만이 아니라 그를 포함한 가족이나 사회는 물론 그가 지니고 있는 인간성까지를 모두 고려해야 한다는 것을 의미한다. 따라서 진정으로 인간을 고려한 건축이라고 한다면 인간의 외면적인 조건만이 아니라 내면까지도 충분히 고려한 특정 의도나 표현을 통해 이루어져야 하는 일종의 당위를 지니게 된다.

이 같은 면에서 보면 건축은 그 시작도 끝도 인간에 귀결되어야 한다. 우리가 개집이나 축사(畜舍)를 건축물이라 부르기 꺼려하는 이유는 자명하다. 그 대상이 되는 인간과 인간적인 측면에 대한 고려가 없기 때문이다. 건축을 공간과 창으로 이루어진 물리적인 객체이며 형태를 지닌 시각적 대상이라고 규정하는 것이 얼마나 위험한 일인가를 다시 한 번 생각하지 않을 수 없다. 이는 곧 인간에 의한 창조 의지의 유무와 그 의지가 인간에게 초점이 맞추어져 있는가하는 인간적 당위성이 건축의 물리적 내지 외형적 정의에 선행하고 있음을 시사하고 있다. 건축이라는 물리적 행위를 시작하기 이전에 그것이 누구를 위한 창조이며 그 결과가 인간을 어떻게 고려하고 있는가를 계속적으로 추궁해야만 하는 우리들의 의무인 것이다. 인간이라는 객체가 고려되지 않는 건축이 인간이라는 주체에 의해 저질러질 수 있는 일종의 오류는 우리가 근본적으로 지니고 있는 원죄인지도 모를 일이다.

물론 건축은 그 자체로서는 주체가 아니다. 인간에 의해 혹은 앞서 말 한대로 인간의 필요성과 의지를 통해 형태화되는 객체로서 존재할 뿐이다. 가장 단순한 논리를 이용한다면 건축의 주체로서의 인간은 스스로를 위하고 충분히 고려한 건축을 자신의 의지에 따라 행하고 있다는 것이며, 이는 결국 인간은 건축을 통하여 스스로를 위하고 고려한다는 것을 의미한다. 이 같은 면에서 보면 건축은 인간을 위하는 많은 장치 가운데 하나가 되며 건축을 통해 인간을 더욱 깊게 이해하게 되는 거울 같은 존재로 우리에게 다가서게 된다. 인간이 건축의 주체이면서 동시에 대상이 될 수 있음을 반증하는 것이기도 하다. 이처럼 건축이 지니고 있는 모든 필요와 의지의 근저에는 인간이라는 존재가 자리하고 있다. 원시적인 주거나 쉘터 등은 모두 그 시작이 인간 자신으로부터 시작하고 있다. 신을 모신다는 신전조차 신을 모시고자 하는 인간의 필요에 의한 산물임은 자명하다. 건축의 시작에 바로 인간이 자리하고 있다는 사실은 생각보다 중요하다. 건축에서 인간이라는 존재를 분리할 수 없는 것은 바로 이 때문이다.

건축은 사회를 담는 그릇이기 이전에 인간을 담는 그릇이어야 한다. 그 그릇의 크기가 비록 작을지라도 처음에는 인간을 담고 고려하면서 시작되어야 하는 일종의 숙명이 이미 건축에 선험적으로 내재하고 있는 것이다. 아무리 사회라는 복합적 대표개념으로 치장되었다하더라도 그 근본은 인간에 대한 고려가 선행되어 있음을 이제라도 다시 인식해야 할 일이다. 지극히 간단한 명제이면서도 너무 쉽게 망각해버리고 말았던 것을 이제는 후회할 일이다. 건축가 역시 인간이다. 건축이 인간으로부터 비롯되고 인간을 위한 장치로 태어나는 과정을 건축가는 누구보다도 잘 알고 있어야 한다. 인간을 떠나 신의 위치에서 건축을 할 필요는 애초부터 없는 것이다. 수많은 민중을 구하겠다고 몇 백만 호의 주택 건설을 꿈꾸는 것도 어찌 보면 무모하기 이전에 비인간적이라는 비난을 받아야하는 일인지도 모른다. 건축을 위한 건축이 허무만을 양산하면서 하나의 해프닝으로 끝나 버리듯이 모호한 대상을 마치 인간적인 차원으로 미화하는 일 자체가 역시 주체와 객체의 혼동을 불러일으키기 때문이다.

같은 인간이라는 사실을 먼저 인식하지 못한 오류인 것이다. 지식은 조금 편할 뿐이다. 절대적인 우위를 점하게 하는 수단은 아니다. 자신을 건축이라는 행위의 주체로 인식하는 과오는 범해서는 아니 될 일이다. 그러기 위해서는 우선 겸손해야 한다.

3.

왜 건축인가 하는 화두에는 우리가 그동안 건축을 '어떻게' 해야 하는지에 비교적 많은 관심을 두어왔다는 사실을 반성한다는 의미가 내재한다. 우리는 이미 건축의 대상이 되는 '그 무엇'에 대해서는 선험적이고 감각적으로 알고 있다. 또한 적시에 적절하게 건축을 해야 한다는 것도 이미 알고 있다. 어떻게 건축을 할 것인가 하는 문제는 주로 가시적이고 즉물적인 대상에 집중되고 있다. 경제적으로 혹은 미적으로 아름다움 그리고 주변 맥락에 순응하는 식의 건축적 접근은 우리가 접하는 대부분의 교육이자 보편적인 경험치이다. 왜 건축인가라는 논의는 건축의 본질을 찾고자 하는 것과는 다르다. 그만큼 순수하지 않다는 이야기일 수도 있다. 우리가 할 수 있는 일과 우리가 알고 있는 일은 같지 않다. 건축이 사회적인 존재라고 우겨대다가도 이내 우리는 다시 아무 일 없는 듯이 책상에 앉아 열심히 그림을 그려댈 뿐이다. 범(汎)

목적과 특수 목적이 다른 것을 알면서도 여전히 특수가 범이 될 수 있다는 착각에 빠지기도 한다. 아직도 건축의 본질은 명확하지 않다. 아무리 보아도 보편을 가장한 특수도 아니며 특수를 빙자한 보편만도 아니다. 항상 건축의 뒤편에는 그 무엇인가가 존재한다는 생각이 떠나지 않을 뿐이다.

역시 건축에는 보이지 않는 손이 존재한다. 건축은 그 자체로서 완벽하지 않다는 원초적 원죄일지도 모른다. 아무리 거창한 슬로건을 내세워도 건축 혼자 알아서 할 일은 그다지 없다. 그렇다고 건축이 보이지 않는 손에 의해 놀아나는 꼭두각시라는 것은 아니다. 이리 갈라치면 저리 가라하고 주저앉으려 하면 일으켜 세우는 또 하나의 힘으로서 보이지 않는 손은 필요한지도 모른다.

이 책에서는 일견 건축과는 직접적으로 관련이 없는 듯 한 주제 8가지를 다루고 있다. 건축이 무엇인지 정녕 알아야 할 필요도 없다고 친다면 부질없는 논의로 끝날 수도 있는 문제이기도 하다. 그렇다고 건축을 이해하는데 필수적이라고 우기고 싶지도 않다. 보이는 건축만을 이야기한다면 우리가 소홀히 할 수도 있는 이 주제들은 역시 그 추상적인 무게나 개념의 깊이만큼이나 논란의 여지가 많은 것도 사실이다.

그만큼 조심스러운 일이 아닐 수 없다. 8가지 주제에 대하여 스스로의 생각이나 가설 등의 도입을 피하고 가급적이면 사전적 정의로부터 시작하여 개념 정의의 오류를 보정하고자 한 것도 역시 이 같은 조심스러움의 표현일지 모른다. 아직 내 스스로가 이 같은 개념들을 정의할 만한 실력이 없음은 분명하다. 그럼에도 불구하고 수업을 하면서 느꼈던 것들과 건축을 하면서 생각했던 것들이 오히려 더 모호한 형체로 둔갑하는 혼돈의 나락으로부터 언젠가는 그 누구의 도움으로 좀 더 밝은 세상을 볼 수 있다는 희망은 여전히 고무적이다.

결과적으로 건축을 다시 한 번 생각해보자는 이야기일 것이다. 우리를 감싸고 있는 형태나 공간 운운의 물리적인 개념에서 잠시 방관자적 태도를 취해보자는 것이다. 건축으로부터의 일탈을 통해 보이지 않는 손들의 체온이라도 느낄 수 있다면 우리는 조금은 더 성숙해질지도 모른다.

이데올로기

혹은 이데올로기적인 것

Robert Morris, An Essay in Defence of Ancient Architecture, 1728.

1. 이데올로기(ideologie)에 대하여

as to ideologie

이데올로기(ideology)에 대한 사전적 정의는 '자연이나 인간 및 사회의 총체에 관해서 사람들이 품고 있는 의식 형태', 즉 인간 행동의 기본이 되는 사고나 관념 형태, 나아가서는 정치 및 사회에 관한 기본적인 사고나 사상 경향을 나타내는 말로 나타나고 있다. 이데올로기라는 단어가 그리스어의 이념(idea)과 논리(logie)의 합성어이며 그 의미가 관념 체계나 의식 체계, 사상 체계 그리고 허위의식 등으로 해석되고 있는 것도 앞의 사전적 정의와 맥을 같이하고 있다. 이 같은 면에서 보면 이데올로기는 사회적으로 존재하고 또 개인이 품고 있는 자연이나 인간 및 사회에 관한 포괄적인 관념의 체계이자 일관성 있고 지속적인 신념들의 통합된 집합을 총칭한다고 볼 수 있다.

현대적인 의미에서는 이데올로기의 의미는 조금 더 정치적으로 변화한다. 프랑스 혁명기의 철학자 A.L.C.데스튀드 드 트라시가 자신의 '관념의 과학'의 약칭으로 도입[1)]하면서 처음 등장한 이데올로기라는 용어의 개념은 이론과 실천의 양 측면에서 중요한 의미를 갖는 사회·정치철학의 한 형태로 특히 현실 세계를 설명하고 변화시키는 것을 뒤받침 하는 관념체계로 나타나고 있다. 그의 설명은 이데올로기가 체계적인 관념의 인도를 받아 모든 종류의 행동 지향적 이론이나 관념체계에 비추어 정치에 접근하는 시도까지를 포함한다는 사실을 알게 해준다. 우리가 일반적으로 이데올로기라 할 때 개인적 사상 경향보다는 정치 및 사회에 관한 기본적인 사고나 사상 경향이라는 정

1) 그는 관념의 과학이 모든 인간지식을 관념에 대한 지식으로 본 철학자 존 로크와 에티엔 보노 드 콩디야크의 인식론을 각색한 것이라고 설명했으나 사실은 영국의 철학자 프란시스 베이컨에 더 많은 부분을 의존하고 있다. 베이컨은 과학의 운명은 인간 지식의 확대뿐만 아니라 '지구 위의 인간의 삶을 개선하는 일'이라고 선언했다. 베이컨처럼 지식과 실용을 결합하는 것이야말로 설명을 본질로 하는 이론·철학과 데스튀드 드 트라시의 이데올로기를 구별 짓는 특징이라 볼 수 있다.
Britanica World Encyclopedia, 전게서, Vol 17, p. 560.

의를 더욱 강하게 이야기하는 경향이 있는 것도 기본적으로는 데스튀드 드트라시의 해석에 근거하고 있다.

이 같은 면에서 볼 때 일반적으로 이데올로기라는 용어가 그 정의 자체의 애매함으로 많은 논쟁을 유발시키고 있음에도 불구하고 그 의미를 크게 나누어 보면 '인간 경험과 외부세계에 관한 포괄적인 설명이론으로서의 이데올로기'와 '사회 및 정치를 조직하는 프로그램으로서의 이데올로기' 등으로 해석해도 큰 지장이 없을 것이다.

그러나 이데올로기라는 개념은 초기의 순수성으로 인한 호평에도 불구하고 의미의 애매함과 이중성으로 인하여 많은 부분에서 해석의 차이가 존재한다. 이 같은 이중성은 특히 종교와의 개념적 갈등에서 잘 나타나고 있다. 종교와 이데올로기는 모두 총체적인 체계이며 진리 및 행위 문제와 관련을 맺고 있기 때문에 일반적으로는 같은 범주에 속하는 것으로 인식되는 경우도 있으나 실제로는 여러 면에서 본질적인 개념적 차이를 보이고 있다. 우선 종교 이론은 신의 질서에 따라 구축되며 현실과 내세 모두를 관장하는데 반하여 이데올로기는 주로 현실 문제에 관심이 집중된다. 그 결과 종교는 정의나 이데아가 주도하는 사회적 이상향을 제시할 수 있으나 이데올로기는 현실체제의 반영인 관계로 관념적인 이상보다는 다분히 정치적 실천 프로그램으로 구체화된다. 또한 실천적인 면에 있어서도 종교는 믿음과 예배를 강조하며 영적 속성에 호소하고 궁극적으로는 인간 정신의 구원이나 정화를 목적으로 하는데 반하여 이데올로기는 현실적인 집단, 민족 및 계급 등에 호소하는 등 특정의 현실적 목적에 충실하고 있다. 마지막으로 종교는 신의 계시에 의지하고 있으나 이데올로기는 판단의 진위에 불문하고 인간의 이성에만 의지한다고 믿는다.

이는 곧 이데올로기가 목적으로 하는 것이 행동지향에 입각한 고도의 정치 행위임을 시사하고 있으며 그 결과 현실적인 사회맥락 내에서의 정치행위를 정당화하는 체계적인 관념체계의 구축 자체가 이데올로기로서 성립되고 있음을 의미한다. 이 같은 면은 이데올로기가 본질적으로 지니고 있는 현실성과 정치성을 시사하고 있다.

그러나 사보나롤라와 마키아벨리 등의 몇몇 선각자적 이데올로기와 17세기 영국에서의 이데올로기적 성숙을 거쳐 근대 이후의 이데올로기의 개념은 헤겔과 마르크스의 철학적 논쟁 결과 초기의 그것과는 달리 일반적으로 허위의식이나 그릇된 믿음[2)]의 의미로 변질되었다. 이 같은 의미변화는 현실적이고 즉물적인 이데올로기의 본질을 노정하고 있으며 나아가 현상유지나 체제유지를 위한 경향으로 인하여 급진적이라기보다는 보수적인 경향을 띠는 체제 순응적 허위 관념체계로의 인식을 초래하고 만다.

그럼에도 불구하고 이데올로기에 대한 평가나 의미 부여는 아직 명확하지 않으며 그 결과 그것에 대한 해석도 그 본질적인 의미를 초월하여 각기 다양하게 나타나고 있다. 이는 곧 다각적인 면에서의 불확정성과 비판을 동반하게 된다.

이데올로기의 개념은 세 가지 이유로 인해 사용하기에 매우 어려운 것으로 보인다. 첫 번째로 우리가 그것을 원하던 원하지 않던 이 개념은 항상 진리와 같은 개념과 결정적인 대립 속에 있다는 것이다. 내가 믿기로는 여기에서 문제가 되고 있는 것은 하나의 언설에 있어서의 과학성(scientificity)과 진리에 속하는 것과 다른 무엇에 속하는 것을 구분하는 데 있는 것이 아니라 역사적으로 어떻게 진리 효과들(truth-effects)이 그 자체로는 진도 아니고 거짓도 아닌 언설들 내에서 생산되는가를 보여주는데 있다. 두 번째 어려움은 이 개념이 필연적으로 주체와 같은 개념을 나타내는 데 있다. 세 번째로 이 이데올로기는 하부구조 혹은 이데올로기에 대한 경제적인 혹은 물질적인 규정자로서 기능해야만 하는 무엇과의 관계에 있어 이차적인 위치를 차지한다는 점이다. 나는 이러한 세 가지 이유에서 이 개념이 반드시 신중하게 사용해야만 하는 개념이라고 믿는다.[3)]

상기 마르셀 푸코의 언급은 진리체계도 아니면서 또한 명백하게 안티테제도 아닌 이데올로기의 허구성을 시사하기에 충분하다.

일반적으로 이데올로기는 사회적으로 존재하고 또 개인이 품고 있는 자연이

2) 이 같은 경향은 헤겔과 마르크스의 경우만이 아니라, 이른바 지식사회학의 경우에서도 같은 입장을 찾아볼 수 있다. 주로 독일의 사회학자 박스 베버와 카를 만하임을 필두로하는 지식 사회학자들은 이데올로기를 특정 이해관계의 결과나 표현으로 간주하고 있으며, 이런 이데올로기를 진짜 성격은 감춘 허위적인 그 어떤 것으로 정의함으로써 이데올로기를 허위의식이라는 비난적 의미로 사용하고 있다. 그 결과 지식 사회학자들은 만하임이 말한 '이데올로기를 산출하는 생활조건'의 베일을 벗기는 일을 사회학의 임무라고 생각한다.

3) M. Foucault, Truth and Power, Working Papers, p36.

나 인간 및 사회에 관한 포괄적인 관념의 체계이지만 이러한 의식형태가 계급이나 계층, 정당이나 여러 조직 등의 사회집단에 의하여 공유되면 사회적 이데올로기가 성립한다. 이 사회적 이데올로기가 구체적인 여러 개인들의 생활을 통해서 내면화되면 각 개인의 개인적 이데올로기가 형성된다.

이데올로기는 그것의 참과 거짓을 별도로 할 경우, 특정 사회적인 집단을 구조적으로 통합시키는 기능을 가지고 있으며 그 집단을 일정한 목표를 향해서 힘을 모아 애쓰게 만들뿐만 아니라 그 사회적인 집단의 정체를 드러내 준다는 면에서는 순기능적으로 작용할 수 있다. 어떤 사회적인 집단이 혈연관계나 상호 면식 또는 이해관계에 의한 결합이 불가능해질 정도로 커지면 커질수록 이데올로기의 도움 없이는 질서 있고 구조적인 통합이나 일정한 목표의 성취를 위한 단결이 불가능할 뿐만 아니라 그 집단이 어떤 성격의 집단이며 그 정체가 무엇인지 나타내기도 어려울 것이다. 이렇게 볼 때 이데올로기는 집단의 구성원들에게 강한 소속감과 결속 의식을 심어줌으로써 집단의 총화 단결을 이룩해 주는 기능을 한다. 이 총화 상태는 곧 그 집단 공동체의 목표 달성을 위하여 구성원 전체의 역량을 효과적으로 집중시켜 줄 것이며 그 결과 목표 수행 과정이 아주 효율적일 수 있게 될 것이다.

반면에 어떤 집단 구성원들이 어떤 하나의 절대화된 이데올로기를 맹목적으로 따르도록 세뇌되거나 조종되었을 경우 그들이 빠질 심리적 병폐는 심각할 수 있다. 우선 무엇보다도 절대적 자기 정당화의 도그마에 빠지게 될 때 나타나는 자기와 다른 이데올로기 신봉자에 대한 배타적 적대감을 들 수 있을 것이다. 이러한 폐쇄적인 심리 상태에 빠질 경우에는 이데올로기적 조종의 키를 쥐고 있는 존재의 조작 여하에 따라서는 이성이 마비된 채 맹목적인 공격성을 지니게 될 수도 있다는 것도 우리가 경계해야 할 이데올로기의 그늘이 아닐 수 없다.

2. 건축과 이데올로기

architecture and ideology

건축은 현실적인 범주에 속하면서 동시에 미래를 지향하다는 점에서 이데올로기와 유토피아적 속성을 동시에 지니고 있다. 정치나 문화 등의 현실적 상부구조와 끊을 수 없는 결합은 건축의 체제 순응적 경향을 강요하며 결과적으로는 건축을 이데올로기화 시킨다. 특히 건축은 그 본질적 핵(核)으로서 사회와 인간이라는 거대한 추상적 개념체를 지니고 있음에도 불구하고 사회와 인간이 보편적 질서보다는 우월적 위계에 종속되는 이유로 건축 또한 그것을 보조 내지는 지지하는 기능을 강요받게 되며 이 같은 면에서는 그것이 옳던 그르던 간에 현실 자체의 신념에 종속되는 이데올로기적 경향을 띠게 된다. 권력지향적인 정치논리나 이데올로기 하에서는 심한 표현일지 모르나 그것에 종속되는 하부 이데올로기로서의 건축의 위상이 설정되고 있으며 신권(神權) 지향적인 종교 이데올로기 하에서는 역시 그것에 종속되는 건축의 모습이 발견되는 것은 결코 우연이 아닌 것이다.

이 같은 면에서 볼 때 그리고 이데올로기의 위계 설정이 가능하다고 볼 때, 건축은 결코 이데올로기의 상부에 위치할 수 없는 종속적인 운명임이 비로소 파악 가능하다. 이는 곧 건축이 사회의 이데올로기로부터 결코 자유로울 수 없음을 반증하는 것이며 동시에 건축가의 이데올로기가 사회의 그것과 어떠한 관계를 맺는가에 대한 문제 제기를 가능하게 한다. 일례로 토마스 모어의 유토피아라는 도시에서 모든 주택들이 동일한 규모로 나타나고 있는 것은 창의적으로 설정된 사회의 이데올로기가 작가를 통해 구현되고 있기는 하지만 결과적으로는 일종의 평등이라는 유토피아 사회의 이데올로기를 그대로 반영한 것이라고 볼 수 있다. 개인적 신념과 집단 혹은 사회의 이데올로기의 접점 찾기는 그것이 현실적이건 아니건 간에 항상 건축과 건축가가 풀어야하는 과제인 거대한 셈이다.

또 하나의 어려운 과제는 건축과 이데올로기의 상관성이 그 해석 여하에 따라 다양하게 나타나고 있다는 사실이다. 특히 종교나 정치 및 경제 등은 그 개념 자체가 일종의 신념 체계에 근거하는 경향이 강한 이유로 이데올로기적 속성

그림 1 포탈라 궁전, 티벳

을 본질적으로 지니고 있다고 볼 수 있다. 속(俗)을 상징하는 백궁(白宮)위에 성(聖)을 상징하는 홍궁(紅宮)이 얹혀져 있는 라사의 포탈라 궁전은 아무리 쉽게 생각해도 그것의 종교적인 속성을 고려하지 않고는 설명하기 힘들며 오히려 그것의 건축적인 특징 운운하는 것이 무색해질 정도로 도도하기만 하다. 우리가 감히 논할 수 없는 모종의 이데올로기가 종교라는 것의 힘을 빌어 전체를 지배하고 있기 때문이다. 이 같은 면에서 보면 권력이나 경제와 한 덩어리가 되어 있는 이데올로기들도 역시 같은 맥락에서 이해 가능하다.

고대 이래 수많은 건축이 건축하는 주체 즉 건축가의 의지와 상관없이 당시의 주류적 이데올로기를 표현하는 수단이 되어 왔음을 우리는 이미 주지하고 있다. 만약 다수이면서 보편적인 이데올로기가 주류였다면 오늘날 명작으로 일컬어지는 몇몇 작품은 한낱 탈범주적이고 비정상적인 건축물로 평가절하 됨은 명약관화일 것이다. 이집트의 피라미드로부터 그리스 시기의 신전 건축 및 로마의 판테온이나 콜로세움 등 혹은 중세 사회를 풍미하던 일련의 교회건축 및 고딕 건축의 치열할 정도의 장식화 등은 우리가 이데올로기라는 측면을 생각해보면 너무나 용이하게 그 배경부터 이해 가능한 속성이다. 마찬가지로 정치·경제적 이데올로기가 지배하는 시대, 즉 근대 이후의 시대에는 그 이데올로기에 상응하는 건축의 모습이 자연스럽게 나타나고 있다. 마치 자선이라도 표방하는 것처럼 규격화된 경제 논리와 근대적 합리를 내세워 모든 세계의 건축을 통일하고자 하였던 국제주의 운동도 결국은 계층 논리와 문화적 갭의 상충을 극복하지 못한 채 일종의 해프닝으로 막을 내리는 사실은 이데올로기로 무장한 일종의 프로파겐다로서의 건축의 모습을 보이고 있을 뿐이다. 대다수의 만인을 위한 정치경제적 이데올로기를 표방하면서도 그 것의 정점에 안착한 기득세력, 즉 만하임의 표현으로 말하자면 소수 엘리트의 지배적 이데올로기에 역행할 수 없었던 한계가 이미 설정되고 있었던 것이다. 타푸리(M. Tafuri)가 브르조아적 이데올로기와 지식인의 기대로 인해 근대 및 현대건축의 발전 방향이 설정되었다고 믿고 있는 이유도 바로 이 같은 이유에서 찾아볼 수 있다. 물론 그 평가에 대한 논의는 아직은 유보일 뿐이다.

이데올로기가 더욱 그 빛을 발하는 것은 역시 권력이라는 속성과 손잡고 나타날 때일 것이다. 권력 자체의 속성이 지극히 현실적이고 즉물적이기 때문이다. 일종의 순수한 종교시설 가운데 하나인 신전 건축은 그 자체로서 종교적 엄숙함과 건축적 화려함을 지니고 있다. 그러나 이곳에서 표현되고 있는 것은 궁극적으로는 모든 신에 대한 경의와 존경이며 곧 그것은 지배계층의 숭배 논리를 정당화하는 또 하나의 척도로 기능하고 있다. 그 결과 모든 신으로부터의 보호를 전제로 하는 또 다른 이데올로기의 성립이 가능하게 된다. 이미 신을 위한 건축으로부터 인간의 건축이 지배당하는 일례를 보여주고 있는 것이다. 결국은 피라미드나 고대 제국의 거대한 성채 혹은 종교 시설들은 당시의 권력과 결부되어 있음은 자명하다. 물론 이 경우 권력은 가능한 한 소수에게 속해 있을 경우 더더욱 모든 것에 대한 이데올로기화가 가능해진다. 이 같은 면에서 볼 때 이집트의 피라미드를 완성시킨 것은 건축가나 노동자의 기술과 힘이 아니라 파라오라는 절대 권력자의 이데올로기화에 따른 일인 절대 권력의 표현이었을지도 모른다. 죽어서 태양이 되고 신을 만난다고 하는 것은 일반 사람들이 아니었다. 영혼이 죽어서도 죽지 아니한다는 것 자체도 내세에 다시금 파라오가 백성을 다스릴 수도 있다는 가능성까지 은닉하고 있는지도 모를 일이다. 결국은 파라오 스스로가 원했을지도 모를 일이다. 이집트라는 나라를 통치하기 위해 태양신부터 영혼불멸까지 도입되고 그것이 적절하게 파라오의 통치수단으로 활용되면서 또 하나의 정치적 이데올로기로 되었을 때 여지없이 거

그림 2 step pyramid of Zoser

대한 피라미드는 세워지고 있었다.

이 같은 면에서 보면 피라미드는 애초부터 순수 예술가나 직인에 의해 건설된 것은 아니었다. 임호텝(Imhotep)이라는 재상이 조세르 왕을 위한 계단식 피라미드를 설계 감독하였다는 역사적 사실을 가지고 그를 건축가의 효시 운운하는 것도 어찌 보면 우스운 일이다. 그가 자발적으로 한 일이었다는 증거는 아무 곳에도 없다. 파라오에 대한 절대 복종만이 미덕인 그에게 건축가로서의 자질과 덕성 운운하는 자체가 어불성설인지 모른다. 그저 건축하는 사람들만이 그를 굳이 건축가라고 부를 뿐이다. 건축의 시작은 애초부터 존재하지 않았을 지도 모를 일이다. 이데올로기의 늪에서 헤매고 있을 뿐 좀처럼 본 모습은 보여주려 하지 않는다. 참인지 거짓인지 분간이 안가는 일일 수밖에 없다. 마르크스의 표현을 빌리자면, 일종의 그릇된 신념(false belief), 즉 이데올로기였던 것이다.

그림 3 tomb of Cyrus

그림 4 Mausoleum in Hallicarnasus

그렇다고 치면 피라미드는커녕 동네 변두리에 서있는 자그마한 신전보다도 초라한 페르시아의 키루스(Cyrus) 대왕의 분묘는 어떻게 해석해야 할까. 그의 아들 다리우스(Darius) 황제의 요새 같은 분묘는 규모나 장식 면에서 자신의 부왕의 분묘를 훨씬 능가하고 있으며 아직도 남아 있을 법한 권력에 대한 미련을 버리지 못한 듯 철저하게 요새화되어 그의 영광을 재현하고자 하고 있다. 심지어는 페르시아의 속국이었던 하리카르나소스의 마우솔로스 왕의 무덤은 수십 년에 걸친 공정과 최상급의 재료는 물론 장식의 화려함이 세계 7대 불가사의 가운데 하나로 만들 정도였음을 상기해 보면 키루스 왕의 분묘는 너무나 조촐하기만 하다.

모두 다 당시로는 유명한 왕의 분묘라는 사실만 가지고 보면 이것들은 동일 유형의 건축 형태임에는 틀림없다. 또한 그들 모두는 권력의 정점에서 무소

불이의 힘을 자랑하던 최대의 이데올로그였을 법이다. 불가능 또한 없었을 것이며 그들에 대항할 어떤 이데올로기조차 용납되지 않았을 것이다. 키루스 왕에게 임호텝처럼 알아서 움직여주는 절대 심복이 없었을 리도 없다. 대제국을 건설한 대왕의 칭호에 걸 맞는 권력의 행사는 그 자체가 곧 당시의 이데올로기였을 법이다.

키루스 왕의 분묘는 당시의 규범을 탈피한 셈이다. '내가 바로 오늘날의 대 페르시아를 건설한 키루스 왕이다. 그렇다고 나에게 원한을 품지마라. 지금은 단지 이 자그마한 무덤이 내 몸을 덮고 있을 뿐이다'라는 키루스 왕의 항변이 아무리 자신의 업보에 대한 개인적 회한과 권력의 무상함을 시사한다고는 해도 당시의 이데올로기로서는 쉽게 이해가지 않는 것은 사실이다. 이데올로기는 지켜져야 하는 것은 아니지만 반드시 타파해야하는 것도 아니다. 개인의 이데올로기가 당시 사회의 보편적인 그것과 상충될 때의 곤혹스러움을 우리는 다시 한 번 느끼지 않을 수 없다.

개별 건물만이 아니다. 도시에서도 역시 같은 사실을 알 수 있다. 이데올로기를 현실 체제 순응적 개념으로 볼 경우 체제유지를 위해서는 그것이 옳던 그르던 간에 미래에 대한 비전 제시가 수반되어야 할 것이며 이 때 비전 제시는 곧 발전이라는 또 하나의 예측 불가능한 이데올로기를 창출하게 된다. 이 같은 시간적 연속성은 단기간에 종결되는 단일 건축물에서는 찾아보기 힘들며 역사와 도시 등의 복합적인 맥락에서의 건축의 이데올로기적 해석을 필요로 한다.

그림 5 Acropolis

건축 혹은 도시적인 측면에서의 아크로폴리스는 현대 건축의 근원도 될 수 있고 영원한 레퍼런스(reference)도 가능하다. 비례 체계에 기본을 둔 고전 건축의 규범일 뿐 아니라 신전 건축의 모범으로서 그 건축적 가치는 재론할 필요도 없다. 또한 지형에 순응하는 배치와 도시 구조의 정점 형성이라는 측면 등 도시적인 차원에서도 그 가치는 역시 타의 추종을 불허한다. 그러나 아크로폴리스와 파르테논 신전을 만들기 위해 페르시아 전쟁에서 승리한 페리클레스(Pericles)가 자국의 시민과 그 주변 도시국가들로부터 과다한 세금을 징수하였다는 사실이나 혹은 기존의 아테네의 신전을 불사르고 파괴한 페르시아에 대한 원망과 전쟁의 승리를 함께 하기 위한 원한 섞인 시도였다는 사실을 알고 나면 이야기가 조금 달라진다.

동기의 순수 내지는 불순을 트집 잡으려는 것은 아니다. 그럼에도 불구하고 우리가 건축적으로 찬양하고 칭송하는 위대한 기념물의 집합의 시작이 우리의 생각처럼 그리 순수하지는 않다. 현란한 비례체계를 지니면서 건축의 고전으로 우뚝 서 있는 아크로폴리스의 여러 신전 배후에는 페리클레스의 국수주의적 고집과 주변국의 원성이 숨어 있다는 사실과 평생도 모자라 지금까지 줄곧 지붕 한 켠을 짊어지고 있는 여상주(caryatid)가 평생 속국을 종용하는 슬픈 역사를 간직하고 있다면 우리는 과연 지금도 그 기둥의 아름다움만을 고집할 수 있을지 의문이 아닐 수 없다.

처음부터 인본주의적인 자유로운 철학가와 조각가들이 나름대로의 미의식과 지혜를 짜내어 만든 예술의 총화가 아니었었다는 사실을 우선 알아야 한다. 페르시아와의 전쟁의 승리와 그것에 대한 찬양을 위한 이데올로기 및 아테네 시민과 주변국으로부터 강제 징수된 자본과 물량이 없었다면 애초부터 성립될 수 없었던 역사적 시작이었던 셈이다. 아름다운 자태를 보이고 있는 여상주들도 그 자체가 설령 속국의 여인이 아니었다 치더라도 결국은 지배와 피지배의 논리로부터 자유로울 수 없다는 것도 우리가 알아야하는 과제로 남아있다. 페리클레스 자신만의 의도는 아니었을 법이지만 우리가 칭송하는 대상의 근저에는 반드시 예술적인 동기로 풀어야만 하는 그 어떤 것도 사실은 존재하지 않는다는 사실이 슬플 뿐이다. 당시의 이데올로기가 건축적인 미와 가치를 위해서 의도적으로 배제되어야

그림 6 Caryatid

하는 속성일 때는 더더욱 그러하다. 아무리 해도 아크로폴리스나 파르테논 신전이 지니는 건축적 아름다움은 실추되는 법은 없는데 왠지 가슴 한 구석이 허전한 것은 아마도 건축가의 업보일지 모른다.

로마 도시의 경우도 마찬가지이다. 로마의 도시는 선대와의 연속성에 입각한 지속적인 도시창조라기 보다는 전통적인 집권세력이 바뀌어 가면서 선대의 많은 것들이 파괴되고 변형되면서 이루어진 도시라고 볼 수 있다. 팔라틴 언덕을 둘러싸고 있는 로마의 내부를 들여다보면 포룸(forum)부터 궁전 및 개선문과 도로 등이 한데 어우러져 일견 제국에 걸 맞는 규모와 도시형상을 보여주고 있다. 로마라는 제국의 힘이 그리 간단한 것은 분명 아니었으리라는 항변인 셈이다. 게다가 도시 건축적으로도 몇 가지 원칙 비슷한 것이 존재하기도 한다. 직선 도로와 건물의 거대화 및 공공시설의 중시, 도시 축의 형성 등이 그것이다. 흥미로운 도시가 아닐 수 없다.

그럼에도 불구하고 로마의 도시는 예전부터의 전통이나 흐름 같은 것을 찾아보기는 힘들다. 새로운 건물이나 시설이 기존의 그것을 대체하기도 하고 유사한 것들이 반복되면서 나타나기도 한다. 궁전 같은 기념비적 건물들은 새로운 황제를 맞이할 때마다 홍역을 치러야만 했고 수많은 포룸은 당시 황제의 명칭을 빌어 여기저기 축조되고 있었다. 대규모의 전차 경기장과 같은 공공시설은 마치 황제의 위업과 로마 제국의 영광을 선전이라도 하듯 도시 구조 내부에 주요한 자리를 선점하면서 도시적 포칼 포인트를 형성하고 있다. 비교적 정갈하고 직선으로 만들어진 도로는 위대한 로마 군인의 행진을 위하여 도시 내부뿐만 아니라 식민도시에까지 그 모습을 가져가고 있었으며, 그리스 시대보다 훨씬 위축된 신전 또한 이제는 도시의 한 구석에서 찬란한 과거를 지닌 채 세속화 되어가는 슬픔을 견디고 있다.

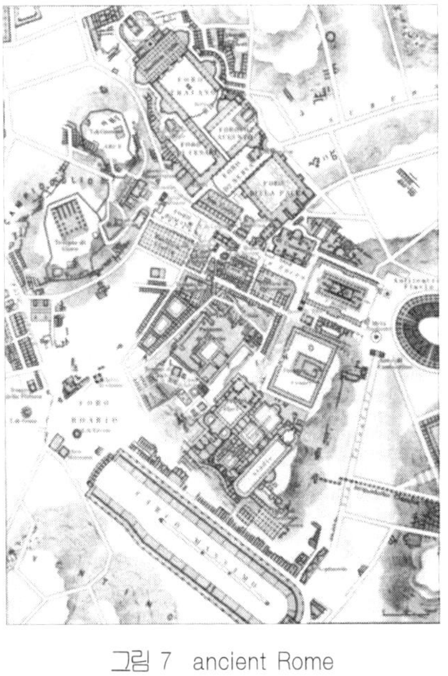
그림 7 ancient Rome

로마인들은 우선 지극히 현실적인 존재로 알려져 있다. 일반적으로 로마인에게 내세관이나 종교의 영향력이 그리 강하지 않았던 것도 이 때문이다. 그들에게는 과거나 미래보다도 현재 그 자체가 중요했을지도 모른다. 현실을 중시하는 실용주의라는 이념이 결국은 로마라는 제국을 만들었고 그 결과로서 공공건물과 대규모 기념비적 시설이 도시의 중요한 부분을 선점하게 된다. 모든 것은 현실적인 통치 이데올로기에 종속되고 이에 따른 사회 질서와 계급 및 도시 구조가 자연스럽게 나타나게 된다. 이미 정신적인 세계는 과거의 영광을 기억에 묻은 채로 점점 세속화 되어가는 신전만이 대체할 수 있을 뿐이었다. 세속의 이데올로기가 결국은 도시를 만드는 셈이다.

황제 또한 마찬가지이다. 많은 역사가 보여주고 있듯이 많은 경우에 있어서 로마 황제의 후계 싸움은 그리 아름답지 못하다. 당연히 선대에 대한 존경의 의무가 없을 법이다. 오히려 증오가 없으면 다행일지 모른다. 로마를 불태우고 위대한 네로폴리스(Neropolis)를 꿈꾸던 네로 황제의 황금 궁전과 인공연못 자리에 지극히 세속적인 콜로세움이 세워질 수 있었던 것도 지극히 현실적인 로마이기 때문에 가능한 일이었을지도 모른다. 콜로세움 자체도 결국은 패퇴한 네로 황제의 환영에서 잉태된 또 하나의 이데올로기로 나타난다는 사실도 역사적 아이러니가 아닐 수 없다.

이 같은 면에서 보면 특수한 이데올로기의 반영으로서의 개별 건축과 도시라는 개체가 더욱 이데올로기의 허상을 증명하는데 용이할 수도 있다. 기독교라는 종교적 질서가 지배하던 중세는 역시 종교와 이데올로기가 하나가 된 특수한 시대로 이해할 수 있으며 이 자체가 곧 사회의 질서와 원칙이 되고 있었음은 자명하다. 당시의 일반 주택이나 간단한 공공시설 등은 우리가 현란한 종교 시설에 보이는 칭송과는 거리가 멀었으며 훌륭한 교회를 짓고도 이름 하나 남기지 못한 건축가들 또한 이미 시대의 이데올로기 앞에서는 무의미한 존재였는지 모른다. 결국은 모두가 의미 없는 일이었으며 그러할 필요도 없는 시대였는지도 모른다.

아무리 우리가 르네상스와 그 시대의 건축을 칭송한다 해도 그것 역시 몇 몇 건축가들의 자발적인 시도에서 시작된 것은 아니었으며 자본과 신흥 계급의 이익과 결합된 새로운 이데올로기의 힘이 아니었으면 애초부터 성립될 수 없었을지도 모른다. 부르넬리스키나 레오나르도 다빈치의 예술적 공헌과 예견이 없어도 이미 르네상스는 시작되어야만 하는 일종의 운명이었으며 미

그림 8 Piazza of St. Peters

켈란젤로가 아무리 예술 가연하면서 천재성을 발휘했어도 새로운 신분상승을 원하는 변혁의 기운 없이는 무명의 한 작가로 남아있을지도 모를 일이다.

베르니니(G.L.Bernini)가 당대의 유명한 바로크 건축의 옹호자가 되어 성 피에트로 성당의 광장을 자신감있게 표현했던 것도 카톨릭의 본거지인 그 성당의 주임 건축가라는 지위와 예수회라는 반종교개혁의 제도가 그를 지켜주었기 때문이며 루이 14세가 파리 루브르 궁전 증축공사에 베르니니를 초빙한 것도 로만 카톨릭이라는 거대한 종교를 뒤에 업은 바로크 건축의 힘이었다. 아무리 바로크 건축이 권력에 쉽게 봉사하는 하나의 양식으로 전락해갔다 해도 그것은 이미 베르니니의 책임은 아니다. 바로크 건축의 최대의 크라이언트가 절대왕정이었다 해도 혹은 권력의 시녀이기를 자처했다고 해도 우리는 그것을 그의 탓으로 돌릴 수는 없다. 폄하하고 낮추기에는 그곳에 쏟아 부은 열정과 혼이 너무도 아깝다. 그렇다고 바로크라는 거대한 틀에 적응 못하고 불행한 삶을 살다간 보로미니(F. Borromini)와 같은 불행한 예술가의 책임도 아니다. 개인적으로는 당시 제도의 뒷받침을 향유했는가 하는 문제가 될 수도 있지만 역시 개인 힘만으로는 해결할 수 없는 것이 너무도 많았을 법이다. 르듀(C.N.Ledoux)와 불레처럼 개인적으로는 행불행을 논할 수 있을지는 모르나 역시 그들 모두는 당시 이데올로기의 최대 수혜자이거나 그 반대이거나 하는 양날의 칼 위에서 서성이는 우연의 존재였는지 모른다.

마찬가지로 새롭게 부상한 자본의 힘을 이해하지 않고는 역시 근대 이후의 모든 건축이나 도시를 이해하기 힘들 것이다. 부와 그것의 분배라는 측면에서 근대 이후는 또 다른 이데올로기를 양산하고 있었으며 기존의 권력과는 다른 또 하나의 절대 선을 표방하면서 오늘날 우리를 이데올로기의 틀 속에 기두고 있다. 정작 명확하게 보였으면 좋으련만 참인지 거짓인지 판단도 안 되는 허상의 틀은 언제까지나 우리와 함께하고 있다는 사실이 답답하기만 하다.

3. 논의, 다시 한번

debate again

앞서 말했듯이 이데올로기를 어떤 집단이 공유하고 있는 그 집단 특유의 관념이나 신념 및 태도라고 볼 때 이것이 건축과 맺는 관계는 어떠한 것일까 하는 문제는 자연스럽게 우리의 관심사가 되고 만다.

그림 9 The Monument to Victor Emanuel II, Vittoriano, 1885-1911

단지 인간을 위한 공간 창조라는 면에서는 건축은 딱히 이데올로기와 그리 깊은 관계는 없는 것처럼 보인다. 필요와 그에 따른 공급이라는 간단한 시장 원리로 대체할 수 있기 때문이다. 그러나 건축이 필연적으로 사회적 속성을 지니고 있다는 사실을 생각하면 문제가 조금 달라진다. 왜냐하면 사회적 속성은 그 자체가 이데올로기와 관계하고 있기 때문이다. 예를 하나 들어보기로 한다.

로마의 베네치아 광장 앞에 위용스럽게 서 있는 빅토리오 임마뉴엘 2세 기념관(The Monument to Victor Emanuel II, Vittoriano, 1885~1911)이 좋은 예가 될 것이다. 귀세페 사코니(Giuseppe Sacconi, 1854~1905)의 설계에 의해 이탈리아 통일 50주년인 1911년에 완공된 이 건물은 건축적으로는 신고전주의의 마지막을 장식하는 역사적 의미를 지니고 있는 건물로서 엄격한 좌우대칭[4]과 고전 오더의 부분적 채용 및 페디멘트 상부의 조각상 등의 도입 등 나름대로의 가치가 있는 건물임에는 틀림없다. 그러나 이 건물을 우리에게 기억시켜주고 강한 인상을 남겨주는 이유는 오직 건축적인 특징만이 아니다. 우선 통일 이탈리아의 업적을 기리는 기념비적인 성격이 강한 건물이라는 사실은 단지 건축물로서가 아닌 이탈리아라는 나라의 자존심과 명예에 직결된 의미체로 해석해주기를 은연중에 강요하고 있다. 일명 조국의 제단으로 불릴 정도로 이탈리아 국경일의 의식을 거행하는 장소로 쓰이고 있으며 정면에 세워진 빅토르 임마누엘 2세(Victor Emmanuel II)의 기마상은 차라리 신격화된 아이콘임을 은유하면서 베네치아 광장을 내려다보고 있다. 그래도 이 정도라면 통일 이탈리아를 세운 빅토리오 임마누엘 2세의 업적을 기리는 기념비성 정도로 이해할 수 있다. 그러나 계단 서쪽에 세워진 동상 가운데 우측이 '조국애의 승리', 좌측은 '노동의 승리'를 나타내고 있으며 건물 제일 높은 층의 상부에는 이탈리아 주요도시의 상징이 올려져있고 양측의 커다란 두개의 문 위에는 네 마리의 말이 끄는 마차까지 설치한 것을 보면 조금 생각이 달라진다. 이 건물이 승리를 찬양하기 위한 건물이라는 의미의 빅토리아노(Vittoriano)로도 불리고 있는 사실도 이 건물을 단순한 건물로 해석하는 것을 원초적으로 금지하고 있는 듯하기도 하다.

기마상 밑 부분에는 1차 대전 시 전사한 무명용사의 무덤까지 설치되어 있다는 사실도 개인의 기념비적 건물이라든가 신고전주의다 혹은 고전 질서의 채택이다 하는 등의 건축적인 측면을 왠지 무색하게 만들기도 한다. 특히 이 건물이 무솔리니 정권 때에는 그의 집무실로 사용되었다는 사실과 광장에 면

4) 전체적으로는 좌우 대칭과 정점 처리가 분명하게 나타나고 있다. 넓은 계단을 오르면 국가의 제단(Altar of the Nation)에 다다르며 이 축 선상에 빅토르 엠마누엘 2세의 동상과 그 아래에 무명용사를 위한 묘지가 위치한다. 계단 옆에는 사유(Thought)와 행동(Action)을 상징하는 조각이 있으며 건물 발 자락 부분에는 티르헤니안 해와 아드리아 해를 나타내는 분수가 설치되어 있다.

해 있는 중앙의 조그마한 발코니에서 그가 2차 세계대전 참전 선포를 비롯하여 그 유명한 군중집회의 선동 연설을 한곳으로 유명하다는 짧은 역사의 한 페이지를 상기하면 앞 서 이야기한 건축적 특징 운운하는 것들이 그다지 큰 의미가 없어 보인다.

귀세페 사코니가 설계 경기에서 2등을 차지했을 때까지도 그는 단지 이탈리아의 통일과 그 업적을 기리는 설계와 디자인에 몰두했을 법이다. 딱히 이데올로기를 운운하지 않더라도 그 당시 상황과 이탈리아의 국가적 이념을 충실하게 표현하고 싶었을 법이다. 그 결과가 통일감과 안정감 및 절대적 느낌까지도 연상시키는 고전주의라는 건축 언어와 순결하다 못해 섬뜩할 정도로 정갈한 백 대리석의 파사드였을 지도 모른다. 건축적으로는 충분히 이해할 수 있는 프로세스이자 발상인 셈이다. 이 정도만 가지고도 이 건물은 단순한 건물을 넘어서고 있다. 이른바 일종의 메시지가 담긴 건축 혹은 이념과 연관이 갚은 기념비적 건축이 되어버리고 만다. 작가 개인의 이데올로기는 표현의 방법을 고안하여 주었지만 그 건축물이 지니는 혹은 지녀야하는 의미 부여에는 이미 그 한계를 보이고 있었을지 모른다. 작가의 의도와는 별도로 해석되는 대상으로서 이미 건물이 아닌 기념물로 되어버리기 때문이다.

여기에 처음 계획에는 없던 1차 대전 전몰자의 묘지가 후일 설치되고 있었던 사실은 이 건물의 메시지를 더욱 숭고하게 만드는 일종의 장치로 작용하고 있으며 나아가 2차 대전 시의 무솔리니의 군중 연설이나 참전 선포 등의 역사도 함께 함으로써 이 건물은 칭찬인지 흉인지 모를 애매한 영욕의 역사를 그대로 투과하는 의미체로 변신시키고 있다. 그것만이 아니다. 건물 자체가 보여주는 신고전주의적 표정도 한몫 거들고 있다. 유럽이나 미국의 의사당 같은 국가권력기관의 실례에서도 알 수 있듯이 고전주의 건축양식은 정치권력을 표현하기에 가장 적합한 양식이었으며 오늘날 국가라고 하는 정치구조 자체가 성립한 것이 르네상스부터 20세기 초에 이르는 고전주의 전성기와 맞물려있다는 사실도 무시하기 힘든 배경이 아닐 수 없다. 미국이 17세기 영국으로부터 독립할 때 고전주의라는 양식에 매달려 국가 공공건물을 정비하였으며 남북전쟁이 끝난 후에도 강한 국가를 만들기 위해 다시 한 번 매달리지 않을 수 없었던 것이 바로 고전주의였다는 사실도 여기서는 이미 남의 이야기가 아니다.

건물은 아무 말 없는데 이데올로기만 말이 많은 셈이다. 아직도 많은 이탈리아 사람들이 이 건물을 단순한 기념비적 건물을 넘어서 무명용사의 건물(Il Milite Ignoto)라고 인식하고 있는 것도 바로 이 때문이며 혹은 캄피돌리오(Campidoglio)와 아라코엘리(Aracoeli)에 의해 형성되는 도시축이나 경관을 무시할 정도의 초월적 권한을 지니게 한 것도 역시 이데올로기의 힘이었다. 혹은 이 건물을 짓기 위해 수많은 로마 유적과 교회들이 파괴되었다는 사실까지도 그들의 넓은 아량 속에 묻히고 마는지도 모를 일이다. 이미 가치의 상하에 대한 논의도 유적의 문화적 가치도 건축사적 의미와 디자인적 특징도 그리 중요한 일이 아니다. 그들에게는 이 건물을 지은 건축가라던가 이 건물의 건축적 특징 및 건축사적 의의가 중요한 것이 아닐지 모른다. 케케묵은 내셔널리즘이나 모뉴멘탈리즘 혹은 역사주의(historicism) 등의 이념을 들고 논쟁을 한다 해도 역시 건축이나 건축가는 이미 그 논쟁의 변두리에서 논쟁의 결과만을 바라볼 뿐이다. 어차피 처음 의도는 아무런 관계가 없다. 그것이 문화적 맥락에서 비방 당하고 역사주의에 기대인 모뉴멘탈리즘 운운하는 평가를 받는다 해도 도무지 표정 하나 바뀔 기색도 없다. 또 하나의 신성불가침은 이탈리아 통일을 이룬 위대한 정치가의 치적과 국가를 위해 몸 바친 무명용사들 나아가서는 국가적 행사가 거행되는 의미 있는 장소로서의 인식으로 나타난다. 동시에 모든 평가는 유보한다. 이방인의 눈으로는 도무지 알아차릴 수 없는 의식의 혼돈일 뿐이다.

기록에 의하면 귀세페 사코니는 이 건물이 완공되기 6년 전에 세상을 뜨고 만다. 1884년 이 건물의 콤페를 위해 자신이 설계한 건물의 완공도 못 본 채 세상을 뜨고 만 것이다. 어차피 이 건물에서 건축가가 할 수 있는 일이란 그다지 없었는지도 모른다. 과장된 스케일과 과도한 장식, 도시 축을 무시한 배치 혹은 신고전주의의 몰락 등의 비난을 그 혼자 감당하기엔 너무 벅찬 일이 아닐 수 없다.

건축가라는 연약한 개인으로서는 도무지 행할 수 없는 일이 자신도 모르는 새에 거대한 이념체로 바뀌는 순간이다.

4. 맺는 말

epilogue

우리가 구 조선총독부를 철거해야했던 이유라던가 히로시마의 원폭 돔이 아직 생생한 골조를 내보이고 있는 사실 또는 아랍계 테러 조직이 워싱턴과 화이트 하우스 및 세계 무역센터를 공격해야만 했던 사실들은 건물의 근본적인 필요성보다는 그에 앞선 절대 명제가 존재하고 있음을 시사하기에 충분하다. 건축이 아무리 날고뛰어도 사회라는 이념 틀 안에서 자유로울 수는 없음을 암시하는지도 모른다. 수많은 주의(主義)가 명멸해도 역시 그것은 진리체계와는 다른 문제였으며 건축의 본질과는 무관하게 보일수도 있는 수많은 이데올로기들이 오히려 진리연하면서 건축은 혼돈의 나락 속으로 침잠을 반복하고 있다.

자신의 관념을 전개해가는 건축가는 본질적으로 이데올로그임에 틀림없다. 그것은 개인적인 사고체계는 물론 사회에 대한 관념이나 세계관에까지 연계되는 중요한 근간이기도 하다. 모든 건축가는 자신의 관념체계에 순응하면서 자신의 작품이나 작업을 수행하기 때문이다. 그러나 건축이 사회나 이념을 앞서 가기 힘든 것처럼 이데올로그로서의 건축가 또한 사회나 제도 같은 상위개념으로서의 이데올로기로부터 자유로울 수는 없다. 세계관에까지 연장될 수 있는 개인의 이데올로기가 실제 혹은 실제라고 믿는 세계나 사회의 이데올로기와 항시 충돌 내지는 협상하는 과정이 때로는 우리를 힘들게 하고 혹은 즐겁게 하기도 한다.

우리의 모든 갈등은 주로 이데올로기적 집합관계에서 어느 정도 공유 부분을 지니고 있는가하는 문제에 기인한다. 외로운 항거일 수도 있고 안락한 향유일 수도 있기 때문이다. 그럼에도 불구하고 우리를 가장 힘들게 하는 것은 그 이데올로기 자체가 참인지 거짓인지에 대한 평가가 힘들다는 것이다. 그저 진실로 믿을 수밖에 없는 현실 내지 그것의 이데올로기의 정체는 생각보다 그리 만만치는 않다.

건축가는 설계해 가는 과정에서 하루에도 200~300개 정도의 사항을 결정해 나가지 않으면 안 된다. 아무 것도 없는 상태에서 건축물을 만들어 가기 때문에 그런 일은 당연하다고 보면 당연할 지도 모른다.....(중략).... 건축가가 그 어떤 것을 생각하고 있을 때는 동시에 몇 가지 사실들을 병행하여 생각하고 있는 것이다. 그 결과 심지어는 타인이 들어도 전혀 뭐가 뭔지 모르는 맥락의 사고를 하고 있는 것처럼 보이기도 한다. 건축가가 말하거나 쓰고 있는 사항은 알기 힘들다고 종종 말해지고 있는 것도 이러한 사실과 관계있는 듯싶다. 게다가 건축가는 실무적 사항이나 기술적 사항뿐만 아니라 크게 말하자면 세계관(世界觀)까지도 생각하고 있다. 그 건물의 성격을 어떻게 표현할 것인가, 심볼라이즈 할 것인가 등의 사항이 그것이다. 이렇게 해서 건축가가 말하는 것은 더더욱 모르게 된다.
그래도 건축가에게는 어느 의미에서 가장 즐거운 일이 바로 이 같은 추상적인 차원의 것을 생각하고 있을 때 인 듯싶다. 사실 건축가의 작풍(作風)이라는 것은 같은 재료, 같은 공법을 사용해도 세계관의 차이로 인하여 나타나게 된다....(중략)
건축가가 창조적인 존재라고 불리어지는 것은 세계관의 발로로서의 건축표현을 행하기 때문이다. 순수하게 기술적인 연구나 판단이라 해도 그곳에는 필히 세계관적 전제에 입각한 가치판단이나 탐구라는 것이 내재하고 있다. 그 결과 지금까지 존재하지 않았던 건축이 태어나게 되며 건축의 세계는 확산되어 간다.
건축가는 그가 없어도(오히려 그가 없는 것이) 순조롭게 진행될 건축의 계획 시작부터 건축의 종료까지의 프로세스에 개입하며 자신의 판단을 강요한다. 물론 건축가가 개입하는 것은 건축이 만들어지는 프로세스를 방해하기 위해서가 아니라 보다 좋은 것으로 만들고자 함이다. 또한 자신의 판단을 강요하는 것이 아니라 제시하고 리드해 가는 것이며 그래도 이것은 개입이며 이 개입이 있음으로써 처음으로 건축은 그 어떤 목적을 위해 특별하게 만들어지는 것이다....(중략)....건축가는 건축의 기본적인 부분에 자신의 세계관에 입각한 결단을 집어넣는다. 그리고 그 의사를 건축의 세부에 이르기까지 넘쳐나게끔 한다. 그곳에 개입하는 존재로서의 건축가의 존재가 있다.

스즈끼 히로유끼(鈴木博之, 現代建築の見かた, pp 94-95)

다윗이 골리앗을 한 번 이겼다고 해서 그가 골리앗에게 계속 이긴다는 결론을 낼 수는 없다. 어찌 보면 수많은 경우의 수 가운데 하나일 뿐이며, 나아가서는 다윗이 골리앗에게 이길 확률이 제로가 아니라는 것일 뿐이다. 이 경우는 진리체계가 아니라 일종의 경우의 수이자 교훈인 셈이다. 다윗에게도 골리앗에게도 모두 교훈인 셈이다. 그들을 알고 있는 우리 모두에게도 역시 교훈임에는 틀림없다. 건축가의 이데올로기는 어찌 보면 다윗의 그것인지도 모른다. 그러나 언제까지나 다윗에 대한 패배를 마음에 품고 경계하고 있을 골리앗을 다음에도 또 이길 수 있다는 보장은 그 어디에도 없다.

그럼에도 불구하고 건축가는 항상 이데올로그가 되기를 바라며 그의 이데올로기에 바탕을 둔 지적 해석(知的解釋)을 행하면서 나름대로의 세계관을 정비해야 할 일이다. 언제 들이닥칠지 모르는 골리앗의 복수를 대비해서라도 다시 한 번 이데올로기의 무장을 행해야 할 일이다. □

negation

부 정

혹은 발상의 근거로서의 부정

안도 타다오, 빛의 교회

1. 부정(否定)에 대하여

as to negation

부정(否定, negation)이라는 단어를 명확하게 이해하기 위해서는 철학적 내용에 대한 연구나 언급이 선행되어야 하나 여기서는 발상의 기본적인 힘 가운데 하나로서의 부정이라는 개념에 집중하여 몇 가지 이야기하고자 한다. 부정이라는 말의 사전적 개념은 어떤 일이나 그러한 양태를 성립시키지 않게 하려는 의지 또는 어떤 판단이나 명제를 거짓이라 하는 이성적 행위를 지칭한다. 이 경우 의지와 이성 양쪽의 부정에는 전면 부정과 부분 부정이 있을 수 있으나 정도의 차이일 뿐 부정한다는 행위에는 그리 큰 차이는 없다고 볼 수 있다.

논리적으로 부정은 긍정적 조정(措定, these)에 이르기 위한 단계라고 볼 수 있고 그 자체가 긍정을 포함하고 있다. 즉, 'A는 B가 아니다'라는 부정 판단은 곧 'A는 비(非)B이다'라는 긍정 판단과 등가(等價)로 볼 수 있기 때문이다. 이 같은 면에서 보면 결여나 한정이나 모순이나 대립도 넓은 의미에서의 부정이라고 볼 수 있다. 또한 반대로 생각하면 어떤 규정은 그것 이외의 규정을 부정하는 것이기 때문에 긍정과 부정과는 대립할 뿐만 아니라 상관적인 것이기도 하다. 그러한 의미에서 일체의 판단은 부정을 포함하며 신(神)을 제외한 일체의 존재자는 부정을 안고 있다고 볼 수 있다.

일반적으로 부정이라는 개념을 좀 더 발전적으로 이해하기 위해서는 변증법적 사고 틀이라는 철학적 이해가 필요하다. 물론 이곳에서 변증법 전체를 논할 수는 없지만 차후 논의되는 부정(否定)의 개념과 그 역할 및 기능 등은 변증법적 사고 틀 내에서 상당부분을 이해하고 있음을 우선 밝혀두고자 한다.

1) 부정의 개념과 기능

부정이라는 개념이 근대 이후의 정신적 상황을 나타내는 일종의 중심 개념 가운데 하나로 자리 잡고 있다는 것은 더 이상 강조할 필요도 없다.[1] 넓은 의미에서 볼 때 부정성의 원리라는 것은 어떤 말 혹은 행위가 무엇과 관계하는지 혹은 어떤 개념이 무엇을 포함하지 않는지 또는 어떤 설명이 긍정적 서술을 제시하기에 적합하지 않은지를 규정한다. 따라서 부정성의 개념을 사용하면 우리가 반드시 특정 사실이 왜 그러한지를 고찰하지 않고도 무엇이 옳거나 유용한지 혹은 무엇을 하는 것이 우리에게 허용되지 않는지 또는 우리가 무엇을 하려고 하지 않는지 등에 대한 내용을 설명할 수 있다.

이 같은 부정 혹은 부정성의 의미는 완벽하게 규정된 의미로 이해되는 비판적 이론(eine kritsche theorie)의 출발점을 형성시켜준다.[2] 따라서 부정적이라는 용어는 이미 성취되어 있는 것과의 관계 속에서 '부정적 사실'이 중시된다는 것을 뜻할 뿐 아니라 부가적으로 우리가 '긍정적 사실'에 대해 비판적 태도를 취하고 있고 이 긍정적 사실을 결점이 있는 상태와의 관계 속에서 고찰한다는 것을 의미하게 된다.

이러한 태도는 '부정적' 혹은 '부정적 사실'이라는 용어가 지닌 제2의 의미로 나아가게 한다. 헤겔이 생각한 이성(理性)의 과업은 개념규정의 통상적 방식에 대한 부정이었다. 이러한 맥락에서 마르쿠제(H. Marcuse)는 헤겔 논리학 안에서 '부정적'과 '부정하다'라는 용어가 이중적 의미 즉 부정적으로 파악되는 것은 부정되어야한다는 의미를 지니고 있음을 강조하고 있다.[3] 이 때 이

1) 여기서 부정(否定)이라는 개념의 변증법적 성질을 고려할 경우 그 역사는 비단 근대 이후에 국한되는 것은 아니다. 일찍이 엘레아 학파의 제논은 상대방의 입장에 어떤 자기모순이 있는가를 논증함으로써 자기 입장의 올바름을 입증하려고 하였으며 이 같은 면에서 변증법의 시초로 불리기 때문이다. 그러나 부정이라는 개념이 기본적으로는 기존의 질서나 진리체계에 대한 또 하나의 대안제시를 위한 행위로 본다면 역사적으로 가장 그 행위가 활발했던 것은 역시 근대라는 시기가 아닐까한다.

2) 막스 호르크하이머(Max Horkheimer)가 지도한 프랑크푸르트 사회조사 연구소에 참가한 구성원들의 중심 사상을 의미하는 이론이나 때때로 인문과학이나 사회과학의 다양한 이론적 작업을 모두 가리키는 포괄적인 어구로 쓰이기도 한다. 이 이론은 사회적 현실에 관한 이론 및 이론의 암묵적 전제와 관련하여 비판적일 뿐 아니라 사회적 현실 자체에 대해서도 비판적인 비판이론이다. 이는 곧 사람들이 제 사물의 본성에 관해 잘 정리된 입장을 지니고 있음을 확신하는 사실을 전제하고 있다. 이 경우 사물의 결점은 사물의 본질과의 관계 속에서만 명확히 드러난다.

두 용어는 각기 상이하고 내적으로 상호 관련된 관점의 생략을 말하며 이 경우 부정의 의미는 다음과 같다.

1) 변증법적 맥락에서의 '부정하다'라는 말은 우리가 우리의 사유 속에서 사용하는 다소 경직된 범주들의 개념적 가치에 대한 부인(否認)을 뜻한다. 이 때 필연적인 귀결로서의 이 범주들은 '부적합한'이라는 의미에서의 부정적인 것으로 간주된다.
2) 부정하다라는 말은 또한 우리가 긍정적인 사실로 서술되는 것을 부정적인 것으로 판단해야 함을 의미한다. 이 사실은 그것이 관찰되고 증명된 것으로 경험론적으로 검증되었다는 면에서는 긍정적이다. 따라서 사실을 부정한다는 것은 바로 그 사실을 부정적 사실로 변화시킨다.

이 같은 부정의 철학적 근거는 사물의 완전성과 절대성이며 이는 곧 존재(存在)라는 개념에 수렴하는 변증법적 관계를 지니게 된다. 이때 존재라는 것은 헤겔적 의미에서의 중심개념을 의미하는 것으로 존재의 논리는 질(質), 양(量) 및 한도(限度)라는 세 가지 형식을 거쳐 순차적으로 파악된다.[4] 이 같은 존재가 시간과 공간의 덫에 걸려 구체적인 모습으로 나타나는 것이 바로 역사적 현실이자 구체적인 사물이 되며 역으로 역사적 현상과 구체적 사물들은 존재가 일정한 시간과 공간 안에서 실존적으로 나타난 모습이라고 정의된다. 블로흐(E. Bloch)의 말대로 존재는 죽은 존재가 아니라 생동적인 생명으로 파악되며 주관과 객관과의 혹은 객관과 주관과의 변증법적인 상호침투에 있어서 이해되는 성질이기도 하다.

본질적인 존재자는 언제나 부정 당하는 관계가 성립된다. 이와 같은 부정적인 관계는 모든 존재자가 존재를 그 기원으로 하고 있다는 존재론적 관계에 기반을 두고 있으며 이러한 존재론에 근거하여 현실은 두 가지로 묘사된다. 즉 실체와 본질을 탐구하여 이를 성질로 치장하는 정적, 원자론적, 실체 중심적 직관 방식과 과장, 기능 및 관련 또는 관계에 관해 언급하는 동적, 전체론

3) J. 이스라엘, 「변증법-인식이론 역사철학」, 황태연 역, 까치, p.158.
4) 여기에서 질(質)이란 정재(定在)의 규정성을 말하는 것이며 사물에 관해서 일반적으로 그것이 없으면 안 되는 논리적 토대인데 반하여 양(量)이란 존재에 대한 이래도 그만 저래도 그만인 외적(外的) 규정성을 말한다. 萩野良男, 변증법의 본질과 역사,인간신서, p88.

적, 관계 중심적 직관방식이 그것이다. 특히 후자의 경우 과정, 변화, 상호 작용 및 변증법적 관계에 더 많은 비중을 두고 있으며 존재론적 문제들은 인식론적 문제들과는 달리 현존하는 것(das was da ist)에 관계되는 것으로 여기에서 현실의 개념과 세계의 개념 나아가서는 역사의 개념까지도 유도된다.

이상과 같은 형이상학적 근거를 지니고 있는 부정은 언제나 창조와 파괴의 양면성을 지닌다. 부정은 새로운 창조를 목표로 하며 이는 본질이 현실을 부정하는 경우에만 그것이 창조적이 될 수 있다. 이때 부정의 파괴적 성격은 논리적 비판으로 나타나며 진리가 오류를 극복하고 그 자신이 현실을 지배할 수 있게 하기 위해서는 보다 완전한 논리의 성취를 목표로 한다. 이 같은 면에서 '이성적인 것은 현실이다'라는 헤겔의 정의는 설득력이 있다.

부정은 그 변증법적 성질과 기능을 파악할 때 비로소 그 참모습을 드러내게 된다. 이때 변증법이란 진리가 세계관으로 나타났다가 그것이 다시 일정한 변화의 과정을 밟는 일련의 속성을 말한다. 이러한 부정이 건설적 혹은 창조적이라는 의미는 곧 인간의 삶이 현상고착으로부터 끊임없이 창조적으로 해방되어 감을 나타낸다. 아울러 인간의 의식은 언제나 미래를 지향하고 있으며 동시에 목적 지향적이기 때문에 부정의 변증법은 현실 또는 현상이 과거 지향적 가치관에 의해 건설적으로 부정되는 것과의 긴장관계 속에 놓이게 되기도 한다. 따라서 부정은 퇴화되고 왜곡된 현실과 현상을 건설적이고 창조적이며 발전적으로 파괴할 때만 그 권리와 정당성을 지닐 수 있다. 그렇지 않을 경우는 파괴적 부정일뿐이며 이는 다시 단호하게 부정된다. 이른바 부정의 부정인 셈이다.

부정이 없으면 모순(contradiction)도 없으며 또한 모순의 모순인 부정의 부정도 없게 된다. 그러나 이 같은 일련의 부정행위 즉 지양(aufhaben)[5]의 측면만 강조하여 모순과 생성 및 그곳에 내재하는 매개의 측면을 강조하는 경

5) 이같이 부정의 부정으로 모순을 통일하고 더욱 고차원적인 단계로 진전 내지 승화하는 작용을 아우프하벤(지양, aufhaben)이라고 한다. 일반적으로는 사물에 관한 모순이나 대립을, 부정을 매개로 하여 고차적인 단계에서 통일하는 것을 가리킨다.
지양이라는 단어는 '부정하다'와 '보존하다'라는 긍정 및 부정의 두 가지 뜻을 동시에 가지고 있으나 G.W.F.헤겔은 이 이의성(二義性)을 자기 자신을 '높이는' 변증법적 발전과정 가운데 내포시켜 특수한 규정이라고 하였다.

향이 있으나 변증법에서 오히려 중요한 것은 지양의 측면보다는 최초의 존재가 이것에 대립하는 것으로 바뀐다는 모순과 그 속에서 양자가 깊은 관계를 맺고 있다는 사실이다. 이러한 매개관계는 변증법적 단계의 한 단계이며 이것이 결여된 발전은 그 자체가 불가능한 이유로 현실 속에 있는 모순을 그대로 살리면서 동적으로 파악하는 이론 즉 운동, 발전 및 종합의 이론으로서의 변증법이어야 한다.

이렇듯 변증법적 자기 부정성은 넓은 의미로 볼 때 헤겔의 말대로 폐기, 보존, 이끌어 올리기의 삼중적 의미를 지니게 된다. 동시에 양립적인 모순으로 구성되어 있는 사회에서 헤겔적인 절대 이념을 지향하는 부정적 움직임을 추구해야할 필요가 있으며 사실과 상황을 떠난 그 모든 것들은 그 당위성을 인정받을 수 없음을 생각할 때 비로소 부정의 필요성이 드러나는 것이다. 그 결과 부정은 기존 현실이나 사실에 대한 위대한 거부(Grosen Weigerung)을 수반하면서 인간으로 하여금 참다운 인간에로의 새 길을 제시하게 된다.

2) 발상의 근거로서의 부정

앞에서 말 한대로 부정(否定)은 창조와 파괴의 양면성을 지니면서 또 다른 창조와 연계되는 발전적 개념으로 볼 수 있다. 이 같은 부정이 창조로서의 생명력을 지니기 위해서는 필연적으로 부정되어야 할 대상이 전제됨도 이미 논한 바 있다. 부정이라는 개념은 그 자체로 성립하는 것이 아니라 부정해야 할 대상과 더불어 존재한다는 일종의 상대적 개념이라는 사실을 다시 한 번 알아둘 필요가 있다.

그러면 여기서 또 다른 창조를 만들어 내는 부정행위는 어떻게 이루어지는가 하는 문제가 우선 흥미를 끌게 된다. 이론적으로는 부정당할 대상에 대하여 부정이라는 개념의 매개를 통하여 새로운 창조를 만들어내야 하나 그 자체는 실로 쉬운 일이 아니다. 어떤 특정 사실을 옳다고 믿는 상태에서는 부정의 역할을 기대하기는 힘들기 때문이다. 결국은 어떤 특정의 대상이 항상 옳지 않을 수 있다는 부정적 시각이나 발상이 전제되어야만 또 다른 하나의 새로운 창조가 가능해진다는 가설이 설정될 수 있다. 부정적 발상은 경직되고 신뢰에 가득 찬 발상이 아니라 근본적이고 부정적인 발상의 힘이 기존의 것과는 다른 일종의 새로운 창조와 접맥된다는 점에서 그 의미가 크다 아니할 수 없다.

발상(發想)한다고 하는 것은 새로운 생각을 만들어 내는 것임과 동시에 이미 있는 생각의 폭을 넓히거나 깊게 하는 것이라고 생각한다. 발상력(發想力)이라고 하면 왠지 신선함이 필수적이라는 이미지가 있기는 하나 그러한 의미에서는 발상이란 조금도 신선함에만 한정되는 것은 아닐 것이다. 낡은 생각에도 일상적이고 당연한 것 가운데에도 얼마든지 발상의 재료는 산재하고 있다. 그러나 그러한 사실을 인식하기 위해서는 항상 감성(感性)을 연마하지 않으면 안 된다. 이 긴장감의 유지라는 것이 그리 만만치가 않다.[6]

안도 타다오(安藤 忠雄)의 상기 언급은 철학적 사유 없이도 부정적이고 어떤 면에서는 창조적인 발상의 속성이 어떠한가를 쉽게 이해시켜주고 있다. 그의 말에 따르면 기존의 생각의 변화와 새로운 생각의 창조는 발상으로부터 기인되며 그것은 기존의 것을 파괴하거나 버리는 일보다도 가능한 범위까지의 포용을 전제로 하는 새로운 변화라는 측면을 강조하고 있다. 물론 이 경우 부정이라는 속성은 전의 것과는 전혀 이질적인 새로운 것을 창조하는 일종의 계기로서의 기능이 전제되고 있음도 추측 가능하다. 따라서 발상이라는 것은 갑자기 만들어지는 즉흥적이고 창조적인 그 어떤 신선한 것이라기보다는 일상적인 것들을 다른 시각이나 다른 생각으로 접근함으로써 이미 존재하고 있던 생각의 폭이나 깊이를 심화시키는 것으로 볼 수 있다. 이 같은 면에서 안도 타다오가 감성(感性)이라는 표현을 사용하고 있는 것도 결국은 부정이라는 개념에 입각한 발상의 한 종류로 볼 수 있을지도 모른다.

우리가 일상 혹은 일상적 진리라고 여기는 것들은 사실 모두가 일종의 제한이나 규정이라는 보호막에 둘러싸인 속성일지도 모른다. 따라서 부정의 일차적 목적은 우리가 그렇다고 믿고 있는 것들에 대한 반발 혹은 제한에 대한 부정으로부터 시작된다. 물론 그 반발은 혁명이나 전복이 아닐 경우에는 기존의 것에 대한 철저하고 완전한 부정이 아니라 그것을 포용한 상태에서의 부정으로 이해되어야하는 속성이기도 하다. 제한된 방법은 새로운 형태를 태

6) 太陽, 2000.2., p 8-9

어나게 하며 창조로 이끌어가서는 스타일을 창조한다[7]는 브라크의 말을 보는 한 부정은 아무것도 없는 상태에서 갑작스럽게 나타나는 속성은 아닌 듯 싶다. 기존의 규범이나 규칙 혹은 진리라고 믿는(엄밀하게 말하자면 제한하는) 것들이 일차적으로 존재해야만 부정의 행위가 시작되는 것이다. 즉 부정당할 그 어떤 대상이 존재해야만 비로소 부정의 순기능이 시작된다는 논리로 이해할 수 있다. 제한된 방법으로부터 새로운 형태가 창조되기는 하지만 그 새로운 형태는 결코 자생적인 것이 아니며 오히려 제한된 모든 것들에 대한 창조적 부정의 시각을 통해서 가능해진다. 즉 완전 창조라는 것은 존재하지 않고 항상 전의 진(眞)이라는 것에 대한 부정과 그 결과로서의 새로운 또 다른 진이 파생 혹은 창조되는 것이며 이 같은 순환을 통해서 이른바 부정에 의한 창조의 순환이 가능해지는 것이다. 이때 논리적으로는 완벽한 창조는 존재할 수 없으며 창조라는 하는 것은 그 순간이나 시점에서의 최대 선 혹은 진의 의미를 지니게 된다.

발상에 있어서의 부정의 또 다른 표현을 역 발상(逆發想)으로 나타난다. 물론 역 발상 또한 발상이라는 기본적 틀 내에서 나타나는 일련의 발상행위임에는 틀림없으나 특히 일반적인 발상의 틀이나 범위를 초월한 부정적 발상을 강조하는 것으로 볼 수 있다.

그림 1 장 욱진. 나무와 새. 1957

여기에 제시한 장 욱진 화백의 그림은 이 같은 면에서 몇 가지를 시사하기에 충분하다. 나무 위에 모종의 집과 사람이 그려져 있는 이 그림은 그 자체가 예술적 상상력의 소산으로 볼 수는 있지만 문제는 이 같은 창조적 발상이 어떻게 나올 수 있었는가 하는 점에 있다. 물론 이 그림 이전의 상태, 즉 중력이 지배하고 하중과 기능관계가 지배하는 현실세계는 화가에게는 일종의 제한이었는지도 모를 일이다. 내지는 위계질서가 지배하는 질서체계까지도 그에게는 무의미한 제한이었는지도 모른다. 그러한 제

7) 20C 미술의 모험, p 282.

한요소가 없으면 당연히 이 같은 발상도 없다.

물론 여기서 그 발상 자체가 유효한지 아닌지는 그리 중요한 문제가 아니다. 오히려 제한요소를 타파하고자 하는 의지, 즉 부정 의지를 우선은 중요하게 생각할 필요가 있다. 그렇다고 화가 자신이 기존의 중력 시스템 전체를 부정하고 전복하고자 하는 것은 아니다. 그림을 보는 한 나무와 그 위의 집은 부분적으로는 기존의 중력 시스템에 순응하고 있다. 현실체계에서도 뿌리가 아래인 나무가 그림에서도 역시 뿌리를 아래로 두고 있다. 그러나 이 그림은 현실적인 중력 체계와 하중 관계에서는 상식적으로 성립될 수 없는 발상임에 틀림없다.

그렇다고 딱히 불가능하지는 않다. 작가는 그저 나무 위의 집에서 하늘과 좀 더 가까워지고 넓은 땅을 내려다보며 기존의 복작거리는 세상을 잠시 초월하고자하는 정도에서 이 그림을 그렸을지도 모를 일이다. 혹은 아낌없이 주는 나무라는 이미지의 또 다른 표현일지도 모를 일이다. 따라서 작가가 부정하는 것은 과학적 법칙에 입각한 일종의 체계 자체를 부정하는 것이 아니라 그러한 체계 내에서 발생하는 일종의 '제한'에 대하여 부정적 사고와 발상을 투과시킨 것으로 볼 수 있다. 결국은 최소한 집이나 인간이 땅을 디디고 존재해야한다는 일종의 제한으로부터의 탈출이라는 점이 부정적 발상의 결과로 나타나게 되며 그 결과 기존의 제한을 넘어서고 타파할 수 있는 또 하나의 가능성이 제시되기에 이르게 된다.

이 같은 면에서 '그림은 이 세상의 모험이며 그것을 나타낸다. 또한 그림은 하나의 종합이므로 이를 전체적으로 나타낸다'는 슐라주의 언급은 결국은 세상에 존재하는 모든 것에 대한 모험 즉 부정을 통하여 이를 새로운 종합으로 표현하는 회화의 역발상적 속성까지를 시사하고 있는지도 모른다. 내지는 그 같은 부정적 역 발상으로 인한 무한한 가능성과 창조 의지를 은연 중에 나타내고 있는지도 모를 일이다. 그러나 이 같은 역 발상은 무한자유의 개념은 아니다. 앞서 말했듯이 '제한된 방법은 새로운 형태를 태어나게 하며 창조로 이끌어가서는 스타일을 창조한다'는 블라크의 말대로 어느 정도 제한적인 자유라는 틀 내에서 이루어지는 일종의 부정(否定)일 경우에 창조적인 결과를 초래할 가능성이 커지기 때문이다. 이 같은 면에서 무한 부정보다는 일종의 부분적으로 제한된 부정의 개념이 오히려 설득력을 지니게 될 수도 있다. 이는 곧 무한 부정은 그 자체가 혁명이자 파괴에 직결될 수 있음을 경고하기도 하기 때문이다.

물론 이론적으로는 더 이상의 부정(否定)이 없으면 그 자체로서 완전한 대상이 될 수도 있다. 이 같은 면은 철학이건 예술이건 항상 인간 의지로서의 최종적 추구가 되는 속성이기는 하나 그렇다고 해서 그 절대치가 참이라든가 진리 혹은 예술적 극치라는 것은 아니다. 그것은 마치 '더 이상 저항에 직면하지 않는 예술가는 완벽함에 다다른다. 그러나 이것은 기술적인 완벽함일 뿐이다'라고 항변하는 브라크의 말대로 일시적이며 순간적인 종합(synthese) 일 뿐 그 자체가 절대적인 가치가 될 수 없기 때문이다.

2. 건축과 부정

architecture and negation

부정의 원리와 의미는 근본적으로 또 다른 창조를 내포하고 있다는 점에서 건축과의 연관성이 우선 전제 가능하다. 기존 질서나 형태에 대한 파괴적 행위가 아니라 그것이 지니고 있는 제한에 대한 일차적 부정으로 인한 또 다른 형태와 새로운 창조행위의 연속으로 건축을 이해할 수 있기 때문이다. 사실 건축에서의 발전은 부정이라는 개념을 이해하면 좀 더 용이하게 해석되는 부분이 다수 존재한다. 이 말은 물론 부정이라는 개념 자체가 건축의 모든 것을 결정한다는 의미는 아니다. 오히려 부정이라는 개념을 이해하고 유효하게 사용하면 일반적인 생각으로는 발견하기 어려운 건축의 많은 다른 면을 볼 수 있다는 것을 의미한다고 볼 수 있다. 그만큼 건축을 보는 시각이 풍부해지는 것이며 자연스럽게 그것에 대한 해석도 다양해질 수 있다는 점에서 건축에서 부정이 지니는 첫 번째 의미가 있는 것이다.

특히 이 같은 발상은 발전이라는 개념을 생각할 때 더더욱 그러하다. 일례로 시기적 구분에 따른 선사시대나 고대 및 중세 등의 구분은 실제 나타난 역사적 사실이나 영향 및 결과에 따른 시간적 변화로서의 의미를 지니고 있지만 그 내면을 들여다보면 역시 전 시대에 대한 부정의 결과 생겨난 결과 혹은 발전이라는 사실로 이해할 수도 있다. 물론 이 때의 부정은 일종의 창조적 행위로서의 부정으로 이해해야 한다. 이른바 역사적 혁명기라는 르네상스와 근대는 역시 그 전 시기인 중세와 근세라는 또 다른 가치관에 대한 부정에서 시작되고 있음을 우리는 익히 알고 있다. 이 같은 논리는 우리가 익히 알고 있는 역사적 시대구분이나 이른바 발전 논리로 설명되는 모든 부분에 대하여 동일하게 말할 수 있는 속성이기도 하다.

이처럼 큰 흐름이나 철학적 사항에 대해서만 부정의 논리를 적용시킬 수 있는 것은 아니다. 건축에서의 부정의 의미를 이해하기 위해서 하나의 일례를 들어보기로 하자. 잘 알려진 대로 구석기 시대부터 인간 사회에 나타나기 시작한 거석문화라는 구축 행위는 단지 시기적 발전이라는 틀로 보면 정주문화가 정착하면서 부족과 계급 및 원시종교 등의 개념이 자연스럽게 혼합된 건축 혹은 문화 현상으로 파악 가능하다. 거석문화 자체는 형(形)은 지니고 있지만 공간이라는 것을 가지고 있지 못한 관계로 주거로는 사용될 수 없음은 자명하다. 동시에 당시의 주거는 이른바 동굴이나 천연 쉘터(shelter)로서의 한정된 공간을 전부였음에는 이론의 여지가 없다. 주거용 공간, 즉 이미 형성되어 있는 동굴 주거가 이미 만들어진 건축적 대상일 뿐 건축 주체의 조형의지가 반영된 건축물이 아니었다는 사실도 알아 둘 필요가 있다. 또한 그 높이가 한정되어 있으며 확장이라는 개념은 수평적 확장의 여지가 남아 있을 뿐 수직적 확장의 여지는 원천적으로 제한되고 있음을 상기할 필요가 있다.

그림 2 Merrivale Standing Stone, Devon

쿠마 켄고의 말대로, 공간은 없으나 형(形)과 건축 주체의 조형 의지를 지닌 인공 구축물과 형과 구축 의지는 없으나 공간을 지닌 자연 구축물과의 대립이었던 셈이다. 거석은 우선 자연적 동굴이 지닌 건축 주체의 창조 의지 결여에 대한 반대급부로 그 모습을 보이고 있다. 건축을 형(形)을 향한 구축 행위

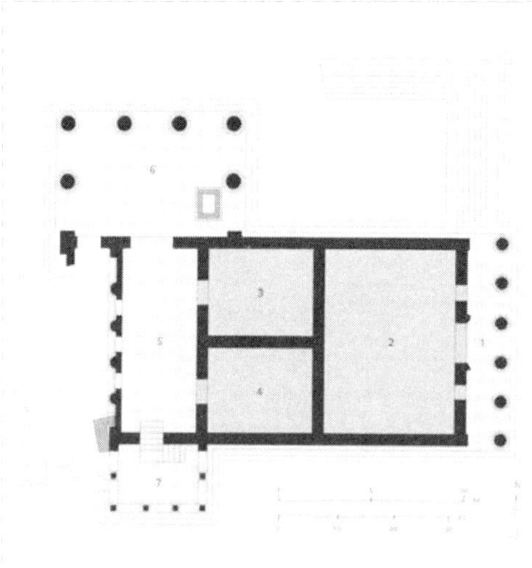

그림 5 Erechtheion, BC 420

논이나 단일 신을 모시는 신전에서의 이 같은 규칙은 무너지게 된다. 물론 단일 신을 모시는 신전에서 보이는 반(半) 공간이나 외부와의 연계 등도 나타나고는 있으나 기본적으로 셀라가 증가함에 따라 단일 신을 위한 신전에 비해서 내부 공간에 대한 비중이 점차 커지고 있음을 알 수 있다. 에렉테이온 신전에서는 단일신을 모신다는 기존의 신전 개념이 일차적으로 부정되고 있는 것이다.

주지하는 바대로 판테온은 그 이름 그대로 모든 신 혹은 다신(多神)을 모시는 공간으로 설계되고 있다. 각각의 신이 거주하던 그리스 초기의 신전은 에렉테이온에서의 다신 개념으로 일차적인 부정을 당하게 되며 이것 역시 좀 더 완벽한 다신 공존 공간으로 될 수 있게끔 부정 당한다고 볼 수 있다. 그 결과 건축적으로는 내부 공간보다는 외부 공간을 더 중시하던 그리스 고전적 건축이념에 대한 부정의 결과로 내부 강조형 확산공간이 나오고 있는 것이다. 물론 여기서 원형 평면이나 지붕 등은 그리 큰 문제는 아니다. 기존의 제한과 제약을 초월하는 부정의 결과 창조적으로 파생되는 또 하나의 결과물로 볼 수 있기 때문이다. 이는 판테온이라는 존재나 형태를 결과적으로는 신을 위한 공간의 최상 형태로서가 아니라 그리스 신전 등으로부터 혹은 그 이전부터 존재해오던 신을 위한 공간에 대한 부정의 결과 창조적으로 나타나게 된 또 하나의 새로운 건물이자 형태로 인식해야 한다는 것을 의미한다.

이 같은 부정의 논리를 도입하면 이른바 우리가 건축사적 형태 발전의 많은 부분이 설명 가능해진다. 동시에 부정이라는 일종의 또 다른 창조행위는 이른바 역사적인 중요한 전환점을 이루는 건축물들에서 자주 보이는 현상이기도 하다.

이집트 고왕조시기에 왕성하게 나타나고 있던 피라미드라는 형식은 희한하게도 중 왕조 및 신왕조시기를 거치면서 그 모습을 완벽하게 감추고 대신 신전

그림 6 Hagia Sophia

과 장제전이라는 형식으로 대체되는 역사적 현실도 파라오의 지위나 태양신에 대한 부정 혹은 축조하기 어려운 구축물이라는 제한 등에 대한 부정의 결과로도 이해할 수 있다. 또한 신전 건축은 그 전시대의 간단한 주거형식인 메가론(megaron)의 형태를 유지하면서 부정적으로 진일보 발전한 형태와 질서로 나타나고 있으며 중세의 교회건축도 로마시대의 바실리카(basilica)라는 공공건물의 플랜과 형태를 새롭게 발전시켜 또 다른 창조로 연결시키고 있다. 비잔틴 문화의 돔(dome)구조도 역시 로마의 판테온이라는 내부 공간 강조의 정신을 이어받으면서 보다 높고 안정적인 내부공간을 위해 다시 태어난 형태로 볼 수 있다. 로마네스크나 고딕 등의 새로운 양식은 역시 전 시대의 교회답지 않음에 대한 부정으로서 나타나고 결과적으로는 교회다울 수 있는 최상의 형태와 평면에까지 발전하게 된다. 물론 이 같은 교회건축도 역시 이데올로기의 변화와 종교적 변화 등에 따라 재차 부정되면서 동안의 양식이나 논리와는 전혀 다른 새로운 형태를 창조하게 된다.

유럽의 중세라는 기간이 시간적으로 상당히 긴 기간임에도 불구하고 커다란 변화나 발전이 없는 상태로 진행되었던 것은 다름 아닌 부정의 순기능이 약했던 것으로도 파악할 수 있다. 당시는 이미 기독교라는 종교가 사회 문화적으로 거의 모든 것을 지배하고 있었으며 그것에 대한 일체의 부정행위는 근본적으로 용납되지 않았다. 오히려 그것에 대한 강조와 절대화라는 측면에 초점이 맞추어졌으며 결과적으로는 고딕이라는 역사상 전무후무한 종교건축의 절정기를 맞게 된다. 시기적으로만 간단히 생각해보아도 로마가 동로마로 천도하면서 기독교를 승인한 이래 제법 긴 기간 동안 기독교라는 종교에 대한 부정이 존재하지 않았으며 그 결과 중세라는 기간은 상대적으로 긴 기간임에도 불구하고 다른 시기에 비해 그 변화나 발전 속도가 느린 편이었음은 새삼 재론할 필요도 없다.

르네상스는 이러한 중세의 무기력한 부정행위를 집대성한 또 하나의 새로운 흐름으로서 그 의미가 있다. 주지하는 바대로 르네상스의 선구자 가운데 하나로 불리는 성 프란체스코도 기존의 교황의 권위와 중세 이래 견고하게 세력을 유지하던 종교에 대한 부정에서 시작되고 있었으며 그 유명한 메디치가의 경제 및 문화 전반에 걸친 르네상스 행위도 기존의 종교적 영향이 적은 피렌체를 기본으로 하고 있음도 역시 시사하는 바가 작지 않다. 결국 부정이라는 개념에서 볼 때 중세는 그 발전적이고 창조적인 부정행위의 침체기로 볼 수 있으며 반대로 르네상스기는 중세에 대한 전반적 부정, 특히 기독교적 권위에 대한 부정으로부터 발생된 또 하나의 새로운 창조행위의 결과였던 것이다.

이 같은 면에서 보면 르네상스는 당시 절대 선(善)을 부정하면서 시작된 부정의 시대였음은 재론의 여지가 없다. 르네상스는 전대의 그 어느 역사적 시기보다도 신이나 경제 체제 및 인식에 이르기까지 다양하고 근본적인 부정행위가 이루어지고 있었으며 나아가 고전의 재발견이라는 부정의 부정까지도 이루어내고 있었기 때문이다. 역사적으로 이상적 계획도시가 이 시기에 집중적으로 나타나고 있는 것도 전 시대까지의 무질서와 방임 및 신의 도시라는 개념 등 거의 모든 것이 심각하게 부정당하고 있음을 보여주는 또 하나의 증거라고 할 수 있다. 역시 바로크나 로코코 등의 일련의 경향도 르네상스의 지나칠 정도의 격식과 비례 및 합리성에 의문을 던진 부정행위의 결과로 볼 수 있으며 신고전주의 등의 사조도 오히려 부정의 부정이라는 개념으로 탄생하게 된 또 하나의 새로운 창조물로 이해 가능하다.

마찬가지로 20세기 초부터 시작되는 근대건축의 태동기, 이른바 모던 무브먼트(Modern Movement)는 부정(否定)이라는 개념으로 가득 찬 시기라고 볼 수 있다. 당시까지 사회와 역사를 지배해 오던 일체의 것들에 대한 회의와 부정이 다른 시기보다 더 활발하고 집중적으로 나타나고 있기 때문이다. 전근대적인 일체의 사고방식이나 규범에 대한 부정부터 양식 및 심지어는 근대라는 시기를 초래한 일등공신인 산업화라는 이데올로기에 대한 부정에 이르기까지 다양한 부정행위가 이 시기에 집중되고 있다.

일련의 노동자 주거를 통해 새로운 건축의 이정표를 제시한 사회개량주의자나 유토피아적 사회주의자(utopian socialists)들의 실험적 시도도 역시 당시 자본가 중심의 사회구조와 고급적이며 귀족적인 범주에 머물러 있던 당시 건축에 대한 철저한 부정으로 이해할 수 있다. 이러한 면에서 보면 하워드(E. Howard)의 전원도시 계획은 기존 여러 실험들의 연속임과 동시에 부정행위를 통해 도시와 전원의 각각의 장단점을 조합하고 있는 전형적인 부정의 결과로 볼 수 있다. 또한 아방가르드(avant garde)라는 집합적 단어로 표현되고 있는 무수한 예술 및 건축적 경향도 역시 기존 질서나 경향에 대한 새로운 시도를 꿈꾸었던 부정의 결과로 보는데 이견이 없을 것이다. 아방가르드는 그 자체가 부정의 결과 생겨나는 또 하나의 참이라기보다는 그것을 만들어 내기 위한 운동성으로서의 부정적 기능을 내포한 창조적 부정으로 볼 수 있으며 결과적으로는 근대건축이라는 새롭고 커다란 건축적 흐름으로 결실을 맺고 있음을 우리는 이미 알고 있다.

물론 이 같은 역 발상 혹은 부정은 역사 등의 큰 그림에만 국한되는 것은 아니다. 우리가 이미 정설이나 기본으로 생각하고 있는 모든 것들을 부정적 시각으로 필터링해 봄으로써 또 다른 새로운 개념이 탄생되는 일례가 많이 존재하기 때문이다. 부정이라는 시각에서 본다면 일련의 유토피아적 작품이나 이론들은 당시의 현실 혹은 인간 집단화의 본질적 제한을 초월하고자 하는 근본적인 부정으로 나타나고 있다고 볼 수 있다. 유토피아라는 것이 일시적이고 한정적으로 나타나는 것이 아니라 인간과 역사가 존재라는 한 항상 유토피아적 가능성은 내재되어 있다고 보면 역시 부정이라는 개념은 그 자체적으로 영원한 동기와 생명력을 지니고 있다고 볼 수 있다. 항상 현실은 어느 정도 부정당하기 마련이기 때문이다. 또한 작게는 르 꼬르뷔제의 필로티(piloti)도 대지에 그 기반을 두어야하는 일종의 제한과 한계를 부정함으로써 나올 수 있었던 일종의 새롭고 창조적인 개념이었으며 옥상정원 개념 역시 대지라는 기본 매체를 건

그림 7 Villa Savoye, Le Corbusier

축으로부터 분리하고자하는 일종의 부정행위의 결과로도 볼 수 있다. 역시 수많은 계획안으로 유명한 공중 주거나 공중 도시도 마찬가지 맥락에서 이해 가능하다. 이러한 면에서 보면 수많은 부분에서 부정의 결과가 발견되고 있음을 알 수 있다. 극단적이기는 하지만 우메다(梅田) 스카이 빌딩에서 발견되는 역동선의 개념도 기존의 기능적 동선체계의 한계를 의도적으로 부정함으로써 파생될 수 있었던 새로운 개념으로 볼 수도 있다. 혹은 도시 한 복판에 덩그마니 놓여진 유리 화장실만 해도 역시 기존의 제한과 규제로부터 자유로워지고자 하는 작은 항변으로 보이기에 충분하다. 이 같은 일례는 열거하기에도 그 수효가 너무 많다. 그만큼 부정이라는 개념은 역사와 인간 및 사회 혹은 각 예술 장르에 이르기까지 그것들을 생명력 있게 지지해주는 근본적인 속성일지도 모른다.

그러면 이 같은 부정의 결과 생겨나는 작품들의 의미는 무엇일까. 우선은 기존의 것과는 다른 일종의 새로운 창조물을 이끌어내는 일차적 행위로서의 역할과 의미가 중요하다. 항상 '페르케(perche), 페르케'[8]를 중얼거리던 레오나르드 다 빈치의 경우만 보더라도 그의 천재적 창조성 뒤에는 기존 사실에 대한 의문과 부정이 항상 내재하고 있음을 쉽게 추측할 수 있다.

이러한 면에서 볼 때 부정의 개념은 다분히 철학적이다. 철학은 원리를 세웠다가 파괴하는 작업을 반복한다. 한 번 세운 원리를 신성불가침한 것으로 고수해서는 진정한 탐구가 이루어지지 않기 때문이다. 나아가서는 과학과도 일맥상통하고 있다. 철학이나 과학은 모두 누군가가 극히 일반적인 의문을 품었을 때 시작되기 때문이다. 앞에서 말 한 바와 같이 부정이라는 개념이 활발하게 나타날 때는 기존의 사실이나 진리에 대해서 갈등하고 의문을 품을 때였으며 곧 기존 사실에 대한 믿음이 무너지는 시기였음을 다시 한 번 기억할 필요가 있다. 이 같은 면에서 보면 '종교는 믿는 것이고 철학은 의심하는 것이다'[9]라는 말은 그 시사하는 바가 크다 아니할 수 없다. 사실 중세가 그 시기적 유구함에도 불구하고 일반적으로 정체상태의 연속이었다는 사실은 당시 종교에 대한 철저한 믿음으로 일관된 시기였음을 의미한다. 반대로 그리

8) 페르케(perche)란 '왜?'라는 이탈리어 말로 항상 의문을 품고 다니던 다 빈치의 모습을 연상시키고 있다.

9) 르네상스를 만든 사람들, 시오노 나나미, 김석희 역, 한길사, P 166

스의 경우, 다신교로부터 오는 사고의 자유로움과 풍부한 부정으로 인해 다른 시기에 비견될 수 없을 정도의 철학적 문화적 발전을 이루었음을 우리는 기억하고 있다. 물론 중복되는 이야기이기는 하지만 르네상스도 마찬가지 논리로 이해가능하며 근대 초기도 역시 같은 맥락에서 이해할 수 있다.

부정의 속성이 철학적이라는 사실은 이데올로그로서의 건축가가 지니고 있는 사고방식이나 이론에 쉽게 접맥될 수 있는 여지를 제공하고 있다. 건축가는 본질적으로 무엇인가를 만드는 인물이지만 항상 그것을 만들기 전에는 사유와 발상이라는 과정을 전제로 하고 있기 때문이다. 앞서 말한 르 꼬르뷔제나 안도 타다오를 비롯하여 우리가 기억하는 창조적인 수많은 건축가들의 이론에 이 같은 부정의 내재적 힘과 영향은 항상 발견되고 있다. 물론 현실에 안주하면서 자신에게 주어진 작업에만 충실한 경우는 예외일 것이다. 혹은 논쟁과 갈등을 피하는 건축가들도 예외일 것이다. 왜냐하면 부정 혹은 부정적 사고나 발상은 항상 새로운 창조를 전제할 때 비로소 그 가치가 빛나는 것이기 때문이다.

그럼에도 불구하고 이러한 부정의 결과물들은 그 자체로서 완벽한 것이 아니기 때문에 계속적으로 부정당하면서 또 다른 새로운 형태로의 발전을 준비하고 있을 뿐이다. 근대 건축 이후에 역시 다양하고 복잡한 부정행위는 계속적으로 이루어지고 있으며 포스트모더니즘 등의 부정의 부정까지도 현재 진행형으로 발생하고 있음을 우리는 이미 경험하고 있다. 영원한 선(善)이나 진(眞)이 없듯이 영원하고 본질적인 건축은 없다. 그만큼 건축에는 생명이 있다. 건축에 생명을 불어넣는 것이 바로 부정이라는 개념일지도 모른다.

3. 논의, 다시 한번

debate again

부정이라는 개념은 꼭 전체적이며 포괄적인 상황에만 적용되는 것은 아니다. 한 개의 개별 작품에도 부정의 개념은 충분히 적용될 수 있으며 결과적으로는 더 풍부한 건축언어를 통해 새로운 개념에 입각한 창조로 직결되는 경우도 많이 볼 수 있다.

그림 8 water temple by Tadao Ando

일례로 워터 템플(water temple, Tadao Ando, 1991년)을 보기로 하자. 기존의 불교 사원에 첨가되어 별관 본당으로 설계된 이 건물은 연꽃이 심어진 타원형 연못과 타원의 노출콘크리트 가벽 및 직선 벽으로 구성된 전형적인 미니멀리즘적 건물로 충분한 자연요소의 도입, 정면성의 부정과 벽을 이용한 의도적인 차단을 통한 독특한 어프로치와 새로운 공간의 창조를 의도하고 있다. 이른바 기존의 사찰 건축을 현대적으로 재해석한 작품으로 유명하다. 그러나 그 누구라도 제목에 들어있는 사원이나 절이라는 단어를 접하기 전까지는 이 작품을 사원건축으로 이해하기는 쉬운 일이 아니다. 기존의 사찰이 지니고 있는 형태부터 의미 전반에 걸친 일종의 관습적인지나 그에 따른 일종의 제한이 철저하게 부정당하고 있기 때문이다. 이 작품에서 우리는 기존의 사찰 건축이 지니는 상당 부분에 대한 부정이 이루어지고 있음을 알 수 있다. 어프로치의 방법으로부터 이른바 가람 배치에 대한 거부 및 형태의 모던함 혹은 목조건축으로 이미지 되는 사찰건축의 형태를 모던한 재료로 치환시키고 있는 것만으로도 우리는 그의 부정(否定)이 지니고 있는 파워를 감

그림 9 法隆寺

지하기에 충분하다. 사찰 건축이 정하고 있는 규범과 그것이 지니고 있는 한계와 제한요소를 이 정도면 상당히 부정하고 있기 때문이다.

그러나 그것만으로 끝났다고 한다면 단지 형태나 재료상의 부정, 즉 외형적 부정에 지나지 않을 것이다. 오히려 부정이라기보다는 일종의 변화나 새로운 시도 정도로 이해할 수 있을지도 모른다. 사찰 건축이 지니고 있는 의미에 대한 부정까지는 도달하지 못하기 때문이다.

이 작품이 본질적으로 부정적 의미를 지니는 것은 바로 본전(本殿)이라는 존재를 수면 아래로 끌어내린 사실에 있다. 일반적으로 사찰건축에서 가장 중요한 존재는 불상이 모셔져 있는 대웅전 혹은 본전일 것이며, 당연히 이러한 건물들은 전체 가람배치나 사찰 배치에 있어서 핵(核)을 이루는 중심 건물임과 동시에 일종의 포칼 포인트 및 상징적 존재로서의 의미도 지닐 것이다. 이 같은 사실은 왜 꼭 그래야만 하는지도 잘 모르면서 이미 수 백 년 전부터 형성되어온 일종의 원칙이었으며 나아가 일종의 제한이었다.

그러나 이 작품에서 그러한 본당의 의미나 이미지는 철저하게 부정당하고 있다. 있는 그대로를 답습하고자 한다면 이 같은 부정행위는 애초부터 불가능한 일임에 틀림없다.

이곳을 찾는 사람들의 마음에 남는 본당(本堂)을 짓고 싶었다. 그래서 종래의 큰 지붕을 얹고 있는 본당의 고정 개념을 타파하고 불교와 연(緣)이 있는 연꽃을 수면에 가득 채운 연못의 틈을 내어 마치 수중으로 빨려 들어가는 것처럼 본당을 향한다는 구성을 착상하게 되었다[10]

앞의 글이 밝히고 있듯이 워터 템플에서의 부정은 우선은 본당이 지니는 고정 개념의 타파로부터 시작된다. 이때 고정 개념이란 달리 말하자면 일종의

10) Tadao Ando, Details, A.D.A Edita, p 80.

제한일 수 있다. 사찰건축이나 본당이 마땅히 그래야 한다는 일종의 규정일 수도 있다. 부정은 바로 이 같은 고정개념 혹은 제한을 인지하고 극복하고자 할 때 발생하고 있다. 이른바 역발상인 셈이다. 그러나 부정의 결과는 단지 고정 개념을 깬 자체가 아니다. 그것을 깨고 극복함으로써 또 다른 새로운 형태나 의미를 만들어낼 때 비로소 부정의 역할이 종결되기 때문이다.

종교적 의미로서의 벽과 연꽃 등의 이미지는 이렇게 나타나고 있다. 워터 템플에서의 벽은 외부와 내부를 구별하면서 성(聖)과 속(俗)을 준별하는 전조로서 이 건물이 지니는 의미를 계시하고 있다. '연꽃이라는 것은 불교에서는 매우 상징적인 존재이다. 그리고 물 가운데에서 마음(心)이 거주하며 자연 속에 생명이 있다는 일관된 스토리가 그곳에 있다'[11]라는 안도 타다오의 말이 시사하듯이 수면 위에 하릴없이 피어있는 연꽃도 역시 이 건물의 종교적 신성함과 무관하지 않다. 나아가 '건물의 외부가 연꽃의 색, 나무의 색, 산의 색 및 하늘의 색이라는 자연의 색으로 둘러싸임'으로써 자연과 친숙한 관계를 지니고 있던 기존의 사찰에 대한 연계가 아직은 그리 느슨하지 않다는 것을 내보이기도 한다.

이처럼 부정 혹은 역발상의 결과는 그동안 볼 수 없는 새로운 의미와 형태 및 재료를 지닌 작품으로 나타나고 있다. 그렇다고 이 작품이 기존의 사찰건축에 대한 부정의 결과 나올 수 있는 유일한 해답일 수는 없다. 기존의 것에 대한 부정의 결과 생길 수 있는 다양한 해법 가운데 하나로 인지함이 옳을 것이다. 역시 다시금 부정당할 여지는 남아있기 때문이다.

그러나 중요한 것은 이 작품이 부정이라는 개념의 개입 없이는 나올 수 없는 새로운 형태라는 점이다. 최소한 이 작품에서 보여지는 것은 사찰 혹은 절이라는 것이 지니고 있는 최소의 본질적이고 고유한 의미뿐이다. 어차피 이러한 의미를 충족시키기 위해서는 불상이 위치하는 본당이 땅위에 서있건 수면 아래 자리하건 그다지 문제는 될 수 없다. 안도 타다오의 새로운 형태와 의미의 사찰 건축이 가능하게 된 것은 작가의 감각이나 센스일 수도 있으나 근본적으로는 역시 기존 사실이나 그것이 지니고 있는 제한요소에 대한 부정을 통해서 가능한 일이었다. 이 같은 면에서 볼 때 '쿄오또 도판명화의 정원(京都

11) 安藤忠雄, 前揭書 p.48

圖版名畫の庭園)'이나 '스미요시의 주택(住吉の長屋)' 등 안도 타다오의 많은 작품이 기존의 제한에 부정을 행하는 것으로부터 시작되고 있다는 사실을 자연스럽게 알게 되며 결과적으로 그의 작품세계를 지지하는 것 가운데 하나가 역발상 혹은 부정이라는 개념일 것이라는 사실도 추측 가능해진다.

4. 맺는 말

epilogue

물론 어떤 때는 서로 의견이 충돌할 때도 있다. 그 누구라도 양보할 수 없는 부분, 양보할 수 없는 생각을 지니고 있다. 그것들이 서로 충돌할 때 타협이 아니라 보다 좋은 조건으로 발전하는 계기로 전환시켜가기 위해서는 매우 많은 에너지를 필요로 한다. 그 대신 여러 가지 생각을 서로 충돌시켰을 때일수록 최후에 완성되는 건물은 응축된 느낌이 있으며 깊이가 있고 디자인적으로도 손쉽게 마감할 수 없는 불가사의한 힘을 지니게 된다.
발상하는 것 자체는 단지 새싹에 지나지 않으나 그 행위 없이 건축은 성립하지 않는다. 그리고 그것을 유지하고 키워나감으로써 여러 가지 변화의 가능성이 생겨 나오는 것이기 때문에 발상한다는 것에 가치가 있는 것이다.
미래를 만들어 내는 것은 한 사람 한 사람 각각의 생각의 힘이다. 그러한 에너지가 몇 겹이나 쌓인 것은 그것이 건물이든 나무이든 사회이든 간에 실제로 매우 생동감 있게 보인다. 건축가인 이상 내 자신도 어느 정도의 생각을 건물에 넣어야할까, 어느 정도 생동감 있는 건물을 만들어야 할 것인가에 대해 계속 도전해가고자 생각한다. 그러기 위해서는 항상 새로운 것, 낡은 것, 특수한 것, 어디든지 존재하는 것 그 어떤 것에 대해서도 정면으로부터 부딪히면서 발상의 근원을 찾는 자세를 계속 유지해가지 않으면 안 된다. 그 긴장이 유지 불가능하게 되었을 때는 금방이라도 건축가라는 직업을 그만두어 버릴 것이라고 생각하고 있다.(太陽, 2000. 2., p 8~9)

안도 타다오가 말하는 갈등을 중재하고 해결할 수 있는 발상과 에너지 및 도전이라는 것은 결국 창조적 의지로서의 부정에서 비롯되고 있음을 다시 한 번 기억할 필요가 있다. 발상이 없으면 생각이 없고 동시에 창조도 없다. 물론 어떠한 발상이 필요한가가 중요하다. 역시 부정이라는 개념의 중요성이 다시 한 번 강조되는 순간이다.

마지막으로 부정으로 인한 변화나 창조는 표면적이고 양적인 변화에 그치는 것이 아니라 근본적이고 질적인 변화를 초래하는 경우가 많다는 사실도 다시 한 번 언급해야 할 것이다. 바실리카로부터 로마네스크 및 고딕에 이르는 일련의 변화는 종교라는 절대요소 하에서 질적 변화라기보다는 형태적 변화에 그치고 있으며 이 같은 면에서 모두 중세라는 역사적 틀로 묶을 수 있는 반면에 근대라는 시기는 중세의 절대적인 종교를 산업이라는 존재가 대치함으로써 철저하게 부정하고 있다. 표면적이고 양적인 변화를 초월한 근본적이고 질적인 변화인 것이다. 물론 그 변화에 대한 선악 판단은 항상 유보될 수밖에 없다. 부정에 의해 생겨나는 질적 변화는 또 항상 부정당할 여지가 있기 때문이다. 근대 건축 이후에도 수많은 이론과 경향이 명멸하고 있음만 보아도 쉽게 알 수 있는 일이다.

마찬가지로 르 꼬르뷔제의 필로티나 안도 타다오의 워터 템플 등은 기존의 대상에 대한 표면적 변화가 아니라 근본적이고 질적인 변화로 볼 수 있다. 우리가 감히 이것들을 혁명적이라고 부르는 것도 바로 이 때문이다. 그러나 그것이 부정을 위한 부정이 아닌 새로운 창조를 위한 질적 변화일 때 비로소 또 하나의 경험하지 못한 새로운 결과가 우리를 맞게 된다는 사실을 잊어서는 안 될 것이다. 어떠한 부정이 필요한가는 이제 좀 더 분명해지는 순간이다.

이상에서 살펴본 바와 같이 부정이라는 것은 기존의 사실이나 제한에 대한 대안으로서 나타나고 있으며 결과적으로는 새로운 창조를 위한 행위로 지양되는 성격임을 알 수 있다. 동시에 부정이라는 것은 완전함을 향한 과정일 뿐 완전함 그 자체는 아니라는 사실도 다시 한 번 새겨둘 필요가 있다. 극단적인 부정은 그 자체로도 나름대로의 의미는 있을 수 있지만 그 자체가 역시 항상 부정당할 수 있는 위치에 있는 관계로 부정의 부정이라는 또 하나의 창조 방정식을 항상 전제하고 있음을 고려하면 역시 부정 그 자체는 보다 나은 해답이나 혹은 창조적인 행위를 위해서는 필요한 개념이라고 볼 수 있다. □

유토피아

혹은 유토피아적인 것

Primitive hut, Laugier.

1. 유토피아에 대하여

as to utopia

이미 유토피아(utopia)라는 용어는 새로운 것이 아니다. 근자의 각 학문 분야나 실용 분야에 있어서조차 커다란 의미 부여나 동기 제공 없이 자연스럽게 차용되고 있는 보편적인 개념 가운데 하나가 되어버린 지 오래이다. 이는 유토피아가 그 애매모호하고 불투명한 속성에도 불구하고 무언가 지니고 있을 듯한 막연한 미래 의지와 희망사항 등을 우리가 은연중에 선호하고 있음을 나타내며 역으로 현재의 상황이 불확실성에 처해 있음을 시사하고 있다고 생각할 수 있다.

주지하는 바대로 유토피아(utopia)라는 용어는 건축 분야에서 비롯된 것이 아니다. 용어로서의 유토피아라는 단어는 1516년 토머스 모어 경(Sir Thomas More)이 저술한 '사회생활의 최선의 상태와 유토피아라고 불리는 새로운 섬에 대하여 (Concerning the highest state of the Republic and the new island Utopia)'[1]라는 서적에서 처음으로 나타나고 있다. 제목에서도 나타나는 바처럼 이 저작은 16세기의 영국사회의 현실에 대한 비판과 함께 당시의 악덕을 해소하고 최선의 상태를 지향하고 있음을 시사하고 있으며 그 같은 최선이 실현된 상상의 장소가 유토피아로 명명되고 있음을 보여주고 있다. 사회생활의 최선의 상태를 이루기 위한 제 조직과 사회적 여건이 완비된 곳에 유토피아라는 이름의 섬이 은유됨으로써 결론적으로는 유토피아를 최선의 개념으로 설

1) 토머스 모어의 유토피아는 원래 원어로는 De optimo repubricae statu, deque nova insula Utopia이며 일반적으로 『Utopia』로 약하여 통용되고 있다.
이 저서는 모두 2편으로 구성되어 있는데 1편에서는 주로 군주의 도리와 철학자의 정치참여 및 당시 사회에 대한 은유적 비판에 그 초점이 맞추어져 있으며 2부에서는 일체의 사회적 내지는 종교적 문제도 존재하지 않는 일종의 이상적인 사회인 유토피아 섬의 사회 생활상이 극적인 형식을 빌어 전반적이고 총체적으로 설명되고 있다. 외교사절로 안티워프에 파견된 1515년에 에라스무스의 소개로 피터 자일즈와 만나게 되어 그로부터 들은 이야기를 중심으로 2편을 먼저 저술하였으며 1편은 런던에 돌아온 직후 1516년에 발간하였다.

정하고 있는 것이다. 여기서 우리는 토머스 모어가 사용하고 있는 유토피아라는 개념이 개인이나 개별적 요소보다는 집단이나 사회를 대상으로 설정되고 있다는 것을 알 수 있다.

단어의 기원으로서는 토머스 모어의 동명소설에서 기인하는 유토피아라는 개념에 대하여 여러 가지 정의가 가능할 것이다. 우선 사전적인 정의로는 '거주민들이 일견 완벽해 보이는 사회적 상황 하에 존재하는 이상적 국가나 주(州)'라고 유토피아를 정의하고 있는 브리태니커 사전이나 '토머스 모어의 유토피아에서 나타난 가상적이고 이상적인 지역', '가상적이고 요원한 장소', '특히 법률; 정체, 사회적 조건에 있어서 이상적으로 완벽한 장소', '사회개량을 목적으로 하고 있으나 비현실적인 계획' 등으로 소개하고 있는 웹스터 사전의 정의가 유용할 것이다.

유토피아에 대한 위의 두 가지 사전적 개념에는 가상적(imaginary)이라는 의미와 이상적(ideal)이라는 의미가 공통적으로 포함되어 있다. 가상적이라는 개념은 상상 속에서만 존재할 수 있는 허구적 개념의 성격이 강하며 인간 스스로가 최상 혹은 최선으로 인지하면서 실제 현실에서는 경험할 수 없는 요원한 세계를 그 도달점으로 하고 있다. 아카디아로 대표되는 황금시대와 헤스페리데스, 용궁 등의 섬의 낙원 그리고 에덴의 동산, 무릉도원 등의 산의 낙원, 엘도라도나 아틀란티스 등의 전설의 나라 및 잃어버린 대륙 등의 파라다이스의 개념을 유토피아로 간주할 수 있는 것은 바로 이 개념에 기초하고 있다. 나아가 프로이트(G. Freud)식의 '내적 자기(內的自己)와 외적 자기(外的自己) 사이에 발생하는 괴리에 대한 환상'이라는 정의나 '회귀하지 않는 시간과 공간에 대한 동경' 이라는 칼 만하임(K. Manheim)의 정의도 역시 같은 범주에서 이해할 수 있다.

그림 1 토마스 모어의 『유토피아』(1516)

이 경우 유토피아는 '격리된 공간일 것' 내지는 '변화하지 아니하는 공간일 것'2)으로 규정되는 유토피아 성립의 두 가지 조건을 만족하는 경우가 많으며 그 결과 현실과는 격리된 비현실적인 공간을 이상적인 것으로 상정한다. 유토피아라는 단어의 어원 자체가 ou(nothing)+topos(place) 즉 이 세상에는 존재하지 않는 곳이라는 어원적 의미를 지니고 있는 사실이나 매우 비현실적인 이상향 내지는 파라다이스 등이 현실과는 전혀 관계없는 관념적 대상으로 나타나고 있는 것 등이 유토피아라는 의미의 공상적 허구성을 시사하고 있다. 이 같은 유토피아의 개념은 일반적으로 존재하지 않는 곳 내지는 인간이 도달할 수 없는 신비한 곳 등의 의미가 강하며 세계가 폐쇄적이던 16세기 이전까지는 그 비현실성에도 불구하고 그 파라다이스적 개념이 주는 신비성과 낭만적 사유의 매력으로 인하여 역사상 꾸준히 대두되면서 미화되고 있었으나 16세기 이후 지리상의 대발견과 과학적 합리주의의 승리 등에 의하여 점점 그 신비성이 약화되어 간다.

이상적이라는 개념은 유토피아의 이중적 의미 가운에 또 하나인 최선의 장소(eu+topos)와도 그 맥을 같이하는 것으로, 특정 장소나 사회가 정의나 법률 및 사회적 조건 등을 완벽하게 구비하고 있거나 혹은 그렇게 만들고자 일련의 행위를 포함하고 있다. 이는 실현하고자 하는 규범적 대상이 인간사회인가 아니면 신의 세계인가에 따라 약간의 구별을 요한다. 우선 신의 세계를 그 대상으로 하고 있는 경우는 주로 종교적 이상향으로 귀결되고 있다. 천상의 이상향으로서의 천국이나 극락정토 등을 규범으로 하여 그것을 지상에 창조해 가고자하는 경향으로 크리스트교의 신의 나라나 불교의 불국토(佛國土) 등이 그 예로 열거될 수 있다. 이들은 일반적으로 이상향 만들기 그 자체가 종교적 목적성 및 운동체적 목적성을 지니고 있다.

이와는 달리 인간사회를 대상으로 하는 이상적 유토피아의 개념은 플라톤을 위시한 고대 선각자들의 사상에 그 근거를 두고 있으며 주로 지상의 이상적 사회 혹은 도시국가 건설을 위한 이론을 제시하고 있다. 일반적으로 이 같은 개념에는 현실의 사회나 정치제도 등의 비판 행위와 함께 휴머니즘 등의 진보 신앙이 엿보이고 있으며 그 결과 변증법적 부정이나 통합의 기능을 함께하기

2) 實現されたユートピア, 月尾嘉雄, 北原理雄 共著, 鹿島出版會, 昭和55年,, p.p. 223~224.

도 한다. 이 개념은 '완벽한'이라는 개념과 대응하면서 일종의 이데아(idea)나 에이도스(eidos)와 같은 본질적이고 영원불변하며 정신적인 것이 달성된 상태나 장소를 모색하고 인간과 사회가 추구해야 할 절대 선을 그 목표로 하고 있기 때문에 인간과 인간의 집합인 사회 그리고 건축적으로는 도시의 질적 측면과 주로 연관을 맺게 된다.

절대완벽이라는 개념은 존재할 수 없다는 궤변을 인정할 경우 이 이상적이라는 개념은 완벽을 향한 의지에까지 그 의미가 확산될 수 있다. 이 경우 완벽을 향한 의지가 성공인가 혹은 실패인가에 대한 평가를 받게 되는데 특히 실패한 이상적인 사상이나 계획에도 이상적이라는 의미를 적용시키고 있는 것이 흥미롭다. 심지어는 비현실적이라는 일종의 결과적 판단이 주로 부각되는 나머지 '정치 등에서 너무나 이상적인 나머지 거의 실현 불가능할 뿐 아니라 말조차 되지 않는 의미로 사용되고 있다'는 옥스포드 사전의 정의까지 감수해야만 하는 경우도 있다. 이런 면에서 보면 현실 개혁이나 개량 의지는 충분히 포함하고 있으나 그 방법론이나 대안 등이 현실과는 동떨어져 최소한 당대에는 실현불가능한 일종의 이데올로기로 존재하는 일체의 것도 모두 이상적 혹은 유토피아적이라는 것에 포함되고 있다. 이는 유토피아라는 개념 자체가 현실적으로 실현 불가능하다는 전제가 내재되어 있는 판단이라 볼 수 있다. 이상적인 국가나 사회에 특정 가치와 실제를 제시함으로써 사회 전반을 개선 및 증진시키고자하는 일종의 사회이론으로서의 유토피아니즘(utopianism)이 파생되는 것도 바로 이 개념에 근거하고 있다고 볼 수 있다. '인간사회에 출현한 계급에 대한 투쟁'이라는 의미로 유토피아를 해석하고 있는 칼 마르크스(K. Marx)적 개념이나 '인간이 생활하는 두 가지 세계, 즉 외적 세계와 내적 세계 사이에 모순이 발생하였을 때 그것을 해소하기 위해서 창출된 상상(想像)이며 그 결과 현실보다 나은 완벽한 상상의 상황을 향한 인간의지의 표현'[3]으로 이해하고 있는 쯔끼오 요시오(月尾 嘉雄)의 생각 내지는 루이스 멈포드(L. Mumford)가 말하는 '보다 내적 세계(內的世界)를 향한 도피의 방법이나 보다 외적 세계(外的世界)를 지향하는 재건의 방법'으로서의 유토피아의 개념 등은 이 같은 범주에서 이해 가능하다.

3) 實現されたユートピア, p. 9.

그러나 설령 현실성 내지 실현 가능성 등은 결여하고 있다 해도 역사적으로 나타나고 있던 유토피아적 이론이나 작품을 조사해 보면 역시 그 출발점은 현실이며 목표 또한 헨리 머레이(H. Murley) 등이 주장하는 바대로 인간이나 사회의 완전한 행복 추구가 가능한 공동체 내지 부(富)의 공유에 그 중점이 놓여 있음도 부정할 수 없다. 현실 그 자체와 타협하지 않으면서 보다 원대한 목표를 추구하는 발전적 유토피아라면 토머스 모어의 경우처럼 역사적 발전의 컨텍스트 상에 있어서 상당한 영향력을 행사할 수도 있다는 역사적 선례가 이 같은 사실을 반증하고 있다. 이 같은 면에서 보면 유토피아는 K. 만하임이 말한 대로 현실적이고 즉물적인 이데올로기와 서로 대치를 이루는 관계를 성립시키고 있다고 볼 수 있다. 그 결과 유토피아는 필연적으로 이상과 현실이라는 갭을 사이에 두고 두 개념이 대치하게 되는 관념적 충돌을 야기하게 되며 '현존하는 그리고 현재 그렇게 되기를 추구하는 총체의 구조적 비전'과 '기존 질서가 갖는 제 관계의 파괴와 교정' 사이에서 일종의 방향 설정을 제시하고 있는지 모른다. 유토피아가 기존의 질서를 그대로 유지시키려는 현실 즉 이데올로기적 현실의 한계를 돌파하고 '스스로 실현화 할 수 있는 가능성이 있는' 속성으로 이해될 여지가 있는 것은 바로 이 때문이다.

유토피아는 그 성격상 여러 가지로 모습을 보이고 있다. 여러 가지 분류가 있을 것이나 일반적으로는 공간과 관계하는 유토피아, 시간에 관계되는 밀레니엄 유토피아, 내적 세계(內的世界)에 관계되는 도피적(逃避的) 유토피아 그리고 마지막으로 외적 세계(外的世界)와 관계 맺고 있는 재건(再建)의 유토피아 등으로 구분하고 있는 쯔끼오 요시오의 분류가 설득력 있다.

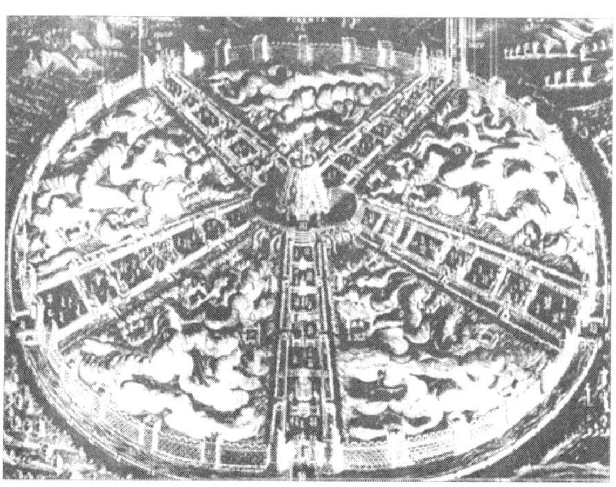
그림 2 The city of Truth. Bartolommeo Delbene. 1609

그러나 이 같은 성격들은 분명하게 구분되는 것이라기보다는 어느 정도 복합적으로 연관 맺으면서 나타난다고 볼 수 있다. 일례로 동양의 대표적인 유토피아로 열거되고 있는 무릉도원(武陵桃源)은 기본적으로는 세인들의 눈에 뜨지 않는 탈공간성과 속세와의 인연을 절연한 탈시간성을 보이면서 모두가 평화롭게 생활하는 일종의 낙원임에는 분명하나 근본적으로는 진(秦) 나라의 환란을 피해 도망 온 사람들로 구성되고 있으며 결과적으로는 혼탁했던 당시의 현실로부터의 도피와 더불어 보다 나은 세상을 건설하고자 하는 의지까지도 복합적으로 함축되어 있다고 볼 수 있다.

유토피아적 발상의 주체가 개인이나 소수에 그 근원을 두는 경우가 많다는 것도 흥미로운 사실이다. 플라톤의 예는 물론이고 무릉도원의 허망함과 스스로의 이상적 동경을 말하고 있는 도연명의 시 한 구절이나 혹은 익히 알려진 존 레논(J. Lenon)의 'Imagine'이라는 노래 한 마디 속에도 역시 개인의 이상적인 희망이 보이고 있다. 혹은 마쯔모또 테쯔오가 실제의 포탈라 궁전을 애매한 색조로 표현하고 있는 것도 역시 고립된 장소성과 연계된 일종의 유토피아를 이야기하고 싶었는지도 모를 일이다. 이 같은 발상은 그 시초가 개인적인 바람이나 희망에서 출발하고 있다. 이는 유토피아적 발상이 종국적으로는 사회나 집단을 대상으로 하면서도 그 시작은 지극히 개인적일 수 있다는 논리를 가능하게 해준다. 그리고 개인적인 것이기 때문에 가시적 정책 등과는 달리 책임 소재에 대해서도 일종의 면책 특권을 지닐 수도 있다. 유토피아적 발상이나 이론이 간혹 자유로운 만큼 무책임한 이론의 남발을 초래하기도 하는 것은 바로 이 같은 면에 기인하고 있다. 그러나 개인 혼자서는 삶을 영위할 수는 없는 관계로 유토피아라는 추상적 개념을 상정하기 위해서는 역시 집단이나 사회라는 또 다른 개념 틀을 도입할 필요가 있다. 거의 모든 기존의 유토피아들이 개인적인 차원이 아니라 집단적이고 사회적인 차원에서 제시되고 있는 것도 바로 이 때문이다.

2. 건축과 유토피아

architecture and utopia

1]

유토피아는 존재한다. 만일 유토피아가 없다면 그것이 있다는 사실을 전제로 건설된 도시들은 어떻게 세워질 수 있었겠는가. 실제로 유토피아를 세우고자 하는 작업은 항상 재시도 되어왔다. 그러나 이런 거의 모든 시도는 실패였거나 혹은 그 결과가 미미하였을 뿐이다....(중략)....정치 사회적 유토피아는 여전히 믿겨지고 있다. 실제로 유토피아를 짐처럼 수평이동하는 문제나 유토피아와 현실 사이의 경계선에 대한 문제들은 우리를 유쾌하지 못하게 한다....(중략)....유토피아 계획은 소망, 꿈, 정신적 체험이며 이런 것들은 그 자체의 비현실적인 성격에 굳이 속박 받지 않는다. 경험되어지지 않은 땅에 도시를 건설하는 것은 미래에 대해 예견하고자 하는 시도이다.

그림 3 primitive hut by Laugier

전술한 바 있지만, 쯔끼오 요시오(月尾 嘉雄)가 말하는 일종의 '격리된 공간일 것' 혹은 '변화하지 아니하는 공간일 것'4)이라는 유토피아의 정의를 따라 유토피아를 현실로부터 공간적으로 혹은 시간적으로 벗어나 있는 별개의 개념으로 이해해 버리면 실제적인 유토피아는 그 어떤 존재의미를 지니지 못하게 된다. 왜냐하면 우리가 접하는 공간은 우선 식별 가능한 공간이어야 한다는 점에서 실존적 공간이며 이는 곧 우리의 경험과 지각에 기본을 두는 공간이라는 것을 의미하기 때문이다. 따라서 시간적으로 그리고 공간적으로 초월적인 유토피아의 개념은 사실 실존적인 차원에서는 그리 유용한 개념이 아닐 수 있다. 로지에의 원시 주거(primitive hut)가 그 의미를 지니는 것은 비록 퇴행적 유토피아이기는 하지만 우리의 경험과 인지를 바탕으로 또 하나의 이상적 가치를 제시하고

4) 實現されたユートピア,op.cit., p.p. 223-224.

있기 때문이다. 우리가 이상 그 자체를 추구하는 바는 부정할 수는 없으나 그 이상 자체가 식별 가능하고 실존적 공간일 때 비로소 그 의미를 지니게 된다고 볼 수 있다. 따라서 우리가 고려해야하는 중요한 사항은 유토피아나 이상 그 자체가 아니라 그것이 반영되고 나타나는 일종의 '이상적(ideal)'이라는 개념이 더욱 절실하게 된다. 우리가 접하는 공간은 실제 생활에서 격리된 공간도 아닐뿐더러 시간적으로도 변화하지 않는 공간은 결코 아니기 때문이다. 오히려 실제 사회 속에 존재하면서 시간적으로도 발전을 도모하는 극히 실제적인 계획으로 나타나고 있기 때문이다.

전술한 바와 같이 유토피아는 개인적인 차원에서의 이상적 추구를 포함하고 있기는 하나 기본적으로는 개인이 아닌 인간 집단, 즉 사회를 대상으로 하는 경향이 강하다고 볼 수 있다. 그 결과 건축적으로는 일종의 공동체적 이상으로 표현되는 경향이 많으며 실제로도 이상적인 사회나 도시 및 집단을 만들려는 수많은 건축적 시도가 존재해왔음도 우리는 이미 많은 자료를 통해 익히 알고 있는 사실이다. 특히 건축이나 도시문제가 여러 가지 측면에서 사회와 관련을 맺고 있는 이상 보다 좋은 사회나 도시를 건설하고자 하는 유토피아의 개념은 여전히 건축적 이론이나 형태를 통하여 계속적으로 나타나고 있기 때문에 건축과 유토피아적 이론을 결부시키는 것은 비교적 간단한 일이다. 또한 역사적으로 나타난 유토피아적 이론 및 계획 등에는 보다 나은 사회건설이나 모든 인간의 행복추구 등을 지향하는 제 이론이나 정치 형태 등이 보이고 있으며 나아가 인간이 집단을 형성한 이래 계속적으로 해결되지 않고 있는 동등성(同等性)이나 형평성(衡平性) 및 적정성(適正性)이라는 일종의 개념적 난제를 해결하는 힌트를 제공해 주고 있음도 사회적 성격이 강조되는 건축과 무관한 것이라는 볼 수 없다.

유토피아적 이론과 마찬가지로 보다 좋은 사회나 도시를 건설하고자 하는 여러 가지 건축 내지는 도시 계획 이론은 그 정도의 차는 있을지언정 역사상 어떠한 시기에서도 그 모습을 나타내고 있으며 과학이나 물질적으로 풍부한 오늘날에조차도 가능한 좋은 도시의 건축적 해결을 위한 여러 가지 시도는 끊임없이 나타나고 있다.

건축 이론으로서의 유토피아의 개념은 세 가지의 중요한 역사적 교훈을 제시하고 있다. 우선은 현실과 완전히 괴리된 공상적 내지는 비현실적 이론은 자연히 도태되는 반면 특정 시기의 현실적 제 조건을 고려하면서 언젠가는 실현 가능한 대안을 제시하고 있는 이론이라면 역사 발전선상에 있어서 후일의 이론 등에 중요한 영향을 끼치는 유용한 이론으로 재등장한다는 사실이다. 특히 후자의 경우는 특정 시기에는 실현 가능성조차 없었으나 기술발전이나 사상적 반전에 의해 후 세대에 그 빛을 발하는 실례를 적지 않게 발견할 수 있다. 예를 들면 과거의 플라톤의 이상도시 이론에 나타나고 있던 공산적 이상사회(共産的 理想社會)는 수직적 계급체계에 철저했던 고대나 중세라는 긴 역사를 통해서는 실현할 수 없었으나 토머스 모어의 사상적 검증을 통해 근대에 이르러서도 그 잔영이 재 투영되고 있다. 현실비판에 따른 이상적 사회건설을 그 주된 목표로 하고 있는 토머스 모어의 '유토피아'는 당시 영국사회에서는 발표조차 주저되었을 만큼 진보적이고 반사회적인 내용을 담고 있었으나 결과적으로는 당시 및 후대의 지식인의 사상이나 정신적 발전에 지대한 영향을 끼치고 있다는 사실도 이를 반증하고 있다. 또한 건축적으로도 고대 로마의 비트르비우스가 가장 이상적이라고 간주하고 있던 건축이론이나 다각형 도시구조 등이 당시로서는 거의 그 예를 찾아보기 힘들었으나 기술적 진보나 사상적 변화에 힘입어 르네상스 시기 이래의 건축이론이나 실제에 있어서 자주 재현되고 있음도 쉽게 접할 수 있다.

그림 4 Mountain of Purgatory, Domentico di Michelino, 1465, from The ideal city, S. Lang.

단편적이긴 하나 이 같은 일례들은 유토피아적 이론의 초현실성 내지는 미래를 위한 발전을 유도하는 역사적 방향성을 시사하고 있다.

다음으로는 유토피아적 이론은 그 자체가 완전한 사회를 추구하고 있는 관계로 인간의 사회화가 진행되는 한 전 역사를 통해 나타나고 있기는 하나 특히 현실 사회나 도시와 깊게 관계를 맺고 있는 경우에는 안정된 시기보다는 경제적 내지 사상적 변환기에 더 자주 등장하고 있다는 사실이다. 실제로 역사적으로 나타나고 있는 유토피아적 이론은 고대의 플라톤이나 중세의 아우구스티누스 등과 같은 선각자에 그 뿌리를 두면서도 주로 르네상스기나 근대 초기의 역사적 변환기에 더 자주 등장하고 있다. 이 두 시기에 대한 역사적 평가는 다각적인 면에서 검토될 수 있으나 중세의 긴 역사적 정체로부터 사상적 내지는 기술적 해방을 표방하면서 과학과 예술이 개화한 르네상스기와 과학기술이 사회적 인프라로서 본격적으로 침투하기 시작하여 사회조직이나 산업기반의 대혁신을 초래한 산업혁명기의 근대초기는 그 어떠한 역사적 시기보다도 더욱 역사적 변혁기로 위치설정 될 수 있음에는 부정의 여지가 없다.

그림 5 Frontispiece of Claude Perrault's commentary on Vitruvius, 1684

이 같은 역사적 변혁기에 유토피아적 이론이 자주 등장하는 것은 당시 사회에 대한 불만의 노정과 함께 급변하는 사회를 위한 새로운 비전의 제시를 필요로 하고 있음을 반증하는 것이기도 하다. 그 비전이라고 하는 것은 당시 사회의 제 요소와 연계되면서 어떤 때는 현실의 제 악덕에 대한 부정으로서의 의미를 지니고 있으며 또 어떤 때는 현실 그 자체가 추구해야 하는 것에 대한 제안으로서의 역할을 수행하고 있다. 유토피아의 반사회성(反社會性)이라고도 이해할 수 있는 이 교훈은 현실에 대한 무분별적 부정(否定)이 아니라 현실 그 자체의 상황적 악덕에 대한 철저한 고찰과 비판을 전제로 한 새로운 대안 및 방향제시를 위한 역동적 벡터로서의 기능을 그 전제로 하고 있다.

마지막으로 종교적이고 환상적인 경우를 제외할 경우 유토피아적 이론의 거의 대부분이 인간과 인간의 집합관계인 도시를 그 주요 대상으로 하고 있으며 도시형성의 이상(理想)이라 할 만한 특정 사실을 위한 기초이론으로 활용되고 있다는 사실이다. '도시(都市), 문(門) 및 탑(塔)은 고대부터 유토피아의 이미지로서 자주 사용되어 왔다. 시인이나 철학가 등은 그것들을 유토피아를 위한 비유의 수단으로서 빈번히 사용해왔다'[5]는 랭(S. Lang)의 말은 도시가 문이나 탑 등과 함께 유토피아적 이미지를 나타내기 위한 일종의 비유로 자주 이용되고 있음을 말해주고 있다. 실제로 역사적으로 나타나고 있는 상당수의 유토피아 이론은 거의 인간 개인 혹은 사회를 그 대상으로 하고 있으며 사회의 시각적 표현이 건축인 관계로 자연스럽게 도시 및 건축적 상황에까지 반영되고 있다. 그리스 로마 신화에 나타나는 이상적 상황이 인간의 형상과 인간사회의 비유로 나타나고 있음을 생각하는 것만으로도 이 같은 사실을 쉽게 이해할 수 있다. 혹은 중세의 아우구스투스의 이른바 '천상의 도시'나 성스러운 예루살렘 내지는 '진실의 탑' 등도 모두 개인적이거나 개별적인 유토피아가 아닌 인간의 조합으로서의 도시라는 이미지를 통해 당시로서의 이상을 실현하고자 의도하고 있다고 볼 수 있다. 이는 곧 유토피아 이론이 인간 그 자체에 대한 애착으로 나타나고 있음을 시사하고 있음과 동시에 그 궁극적 목표가 인간이나 인간의 집합인 사회 그리고 그것의 시각적 표현인 도시의 보다 완벽한 환경에서의 또 다른 공생관계에 놓여 있음을 나타내고 있다.

2)

건축에 있어서의 유토피아적 이론이나 실제 가운데 이상(理想)이라는 단어를 사용하여 나타나는 대표적인 형태 가운데 하나가 이른바 이상도시(理想都市)이다. 이상도시에 대한 이론적 정의는 그것에 내재한 사상이나 계획의 실현여부 등에 따라 다양하게 해석되고 있으며 또 그 정의의 애매함으로 인하여 건축적 유토피아와도 혼재되어 사용되고 있는 경우도 있다.

5) S. Lang, The Ideal City-from Plato to Howard, Architectural Review, 112, August, 1952, p.93.

그림 6 르네상스 이상도시계획

일반적으로 유토피아를 '현실에 대한 불만이나 비판으로부터 파생된 미지에 세계에 대한 동경, 꿈 및 지적 모험이며 그것의 비현실적인 성격으로 인하여 명확한 형이 주어지지 않는 막연한 형상'[6]이라고 파악할 수 있다면 이상도시는 '정치적, 군사적 혹은 교육적 이상을 실현하기 위하여 도시의 이론과 과학을 무기로 하여 이상적 형태로 디자인된 도시'[7]로 정의하는 것이 자연스럽게 된다. 이 정의에 따르면 허구성이 강한 유토피아 이론을 과학적 도시 이론에 입각하여 현실화시키고자 하는 일종의 실현 의지가 내재된 것을 이상도시로 볼 수 있다.

이상 도시는 '이상'이라는 단어가 지니고 있는 의미로 인하여 보다 좋은 사회나 도시를 건설하고자 하는 유토피아의 이론적 영향이라는 선상에 위치하면서 실제의 도시 환경에 이상으로서 적합한 도시나 주거환경을 지향하는 건축적 움직임으로 파악할 수 있다. 역사적으로 보다 좋은 도시를 창출하고자 나타난 여러 가지 건축적 이론이나 실제는 도시 창출이라는 이념으로부터 그 형태나 내부의 배치관계에 이르는 구체적인 측면에까지 걸쳐서 나타나고 있으며 어떤 의미에서는 유토피아적 이론이 이상으로서 묘사되어 온 도시의 여러 측면을 계속적으로 수용하고 있는 형태로 나타나기 때문이다.

건축의 경우 계획의 의도 등은 일반적으로 가시적 도면에 의한 계획적 측면을 통해 어느 정도 강조되고 있음을 생각하면 이상도시에 있어서는 이론적 이상

6) 中嶋 和郎, ルネサンス理想都市, 1刷, 講談社, 1996, p.21.

7) op.cit., p. 22.

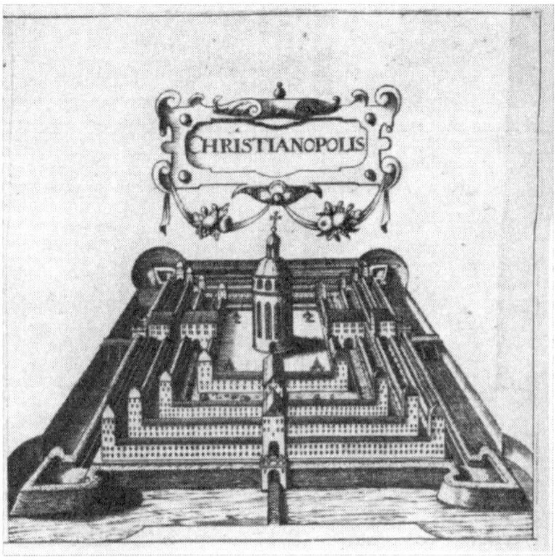

그림 7 Christianoplis, Andreae, 1619

성(理想性)과 건축적 계획성이 서로 복합적으로 관련되고 있음을 비교적 간단하게 유추할 수 있다. 도시 창출 과정에서의 사상이나 아이디어를 참고하고 그것의 시각화를 통해 실제 사회나 도시에 대한 실제적 적용을 시도하는 과정을 통하여 이론 혹은 공상에 머물러 있던 유토피아적 이론이 실제에 적용되기 시작하는 이른바 가시적 전환(可視的 轉換)이 이루어지기 때문이다. 이상의 가시적 전환은 이른바 이상적 계획도시에서 자주 나타나고 있다. 계획된 도시, 즉 계획도시는 '도시공간의 실제적 창조에 선행하는 길이나 경계, 건물 및 오픈 스페이스 등의 미리 정해진 혹은 미리 정형화된 레이아웃을 의미 한다'[8]는 정의를 고려할 경우 다분히 계획성을 내포하게 되며 이 같은 정의에 힘입어 인위적인 계획행위가 선행되는 도시계획을 자연발생적인 도시와는 별도로 계획도시로 구분하여 설정할 수 있다. 이 같은 면에서 볼 때 이론적 이상성과 건축적 계획성을 통해 나타나는 역사상의 제 건축적 계획을 이상적 계획도시로 분류 가능하다. 여기에서 계획성이란 우선은 건축적 이론이나 추상적 측면에 그 중점이 놓여지고 있음을 생각해 보면 이상적 계획도시는 실제의 적용만이 아니라 실제의 실현을 위한 이론적 교량으로서도 충분히 그 역할을 수행할 수 있다.

르네상스 시기의 이상도시가 주로 기하학적 계획도시 형태로 나타나고 있는 것은 그것이 교회 등의 중심시설이나 도시 조직을 비교적 가시화하기 쉬웠기 때문이다. 일례로 크리스티아노폴리스의 경우, 정형화된 기하학적 질서 속에

8) 맥도날드는(W.L.MacDonald)는 미리 의도(predetermined)된 도시 '계획'(plan)과 오직 부분적으로만 계획된 채로 오랜 세월동안 자연적으로 만들어진 도로 및 건물 패턴 간의 구별을 짓는 의미에서 "city planning"이란 '실제적인 도시 공간 창조에 선행하는 도로나 도시벽(wall), 건물 및 오픈 스페이스를 미리 의도하거나 패턴화 시키는 사항을 포함하고 있다고 정의하고 있다(W.L.MacDonald, The Architecture of the Roman Empire, vol.2; An Urban Appraisal. New Haven, p.p. 23-25. 1986). 이런 면에서 보면 계획도시는 일반적인 자연발생적 도시와는 달리 계획단계에서부터 도시지체의 특정 의도나 설계가의 의도가 내재되고 그 결과 패턴화된 도로나 도시 벽(wall), 건물 및 오픈 스페이스 등이 다수 존재하는 도시로 정의할 수 있다.

미리 계획된 도로나 건물을 설정하고 도시 중앙에 교회를 위치시킴으로써 작가 자신이 이상으로 생각하는 종교적 도시 이미지를 완결하고 있다. 도시 기능에 필요한 제반 시설과 작가 자신의 종교적 이상이 결부되어 자족적이고 완결된 형태로 존재할 수는 있지만 역시 한정된 기하학적 틀 내부에서 이루어지는 이상적 계획이기 때문에 외부와의 관계는 완결된 내부만큼이나 완벽할 수는 없었다. 이 시기의 이상적 계획도시들은 거의 이 같은 범주에서 벗어나지 않고 있다.

이상도시나 이상적 계획도시는 사회나 도시의 가장 이상적인 환경을 지향한다는 이론적 숭고함에도 불구하고 풍부한 공상성(空想性) 및 현실성의 결여로 인하여 오늘날 건축분야에 있어서는 어느 정도 소외되고 있음도 사실이다. 특히 도시 형성이론을 다루는 논문이나 연구에 있어서도 공상적 이론보다는 실천을 강조하는 근대적 기능주의나 혹은 탁상공론보다는 합리성을 강조하는 합리주의적 경향의 영향으로 인하여 도시 자체의 실제적 기능관계나 경제적 요소 등을 주로 강조함으로써 역사적으로 계속 고려되어 왔던 이론적 이상을 소홀히 하고 있는 경향도 없지 않다.

그러나 그 어떠한 시기에서도 유토피아나 이상의 개념은 항상 나타나고 있으며 또한 그 궁극적 목표가 인간 및 도시 생활의 완전한 행복추구에 설정되고 있음을 생각해 보면 유토피아나 이상 도시의 이론적 측면은 오늘날에 있어서도 여전히 그 중요한 가치를 지니게 된다. 특히 유토피아나 이상을 가장 구체적으로 시각화 할 수 있는 건축의 경우에는 이상 도시를 창출하기 위한 과거의 제 계획이 천명하고 있던 여러 가지 이론이나 강령 등을 참고함으로써 현 시대에 부합이라는 측면을 넘어서 보다 완전하고 만인의 행복 추구가 가능한 사회 및 도시 건설에 유효하게 응용해야 일종의 사명감까지 부여받고 있다.

3)

신(神)과 인간(人間), 선(善)과 악(惡) 등을 중심 주제로 하는 전시대의 신비적 내지는 종교적 유토피아가 산업구조에 있어서의 사회변화나 계급구성의 변화 등에 의해 새롭게 전개된 사회의 당면 문제를 해결하기에는 역부족이었기 때문에 19세기에 접어들게 되면 고대로부터 면면히 계승되어 왔던 유토피아적

그림 8 T.S.Whitwell, Design for Robert Owen's New Harmony, 1830

속성이나 경향이 어느 정도 변질된다. 그 결과 19세기에는 종교적 혹은 신비적 유토피아보다는 사회의 당면 문제를 해결하는 제 방법에 그 궁극적 이상을 두는 새로운 경향이 나타나게 된다.

산업혁명기의 사회적 대변동은 사람들에게 여러 변수에 직면한 자신의 입장과 의식의 인식을 강요하였으며 펫벤하임(F. Pebbenheim) 등이 지적하고 있는 것처럼 당시의 유토피아의 사상적 경향은 기계 및 공업화에 의한 소외와 그것으로 인한 현실도피 혹은 목가적 취향으로의 복귀 등을 대변하고 있었다. 종교적 유토피아, 사회주의적 유토피아 그리고 자본주의적 유토피아 등으로 대별되는 이 같은 경향은 그대로 당시의 유토피아로서 나타나게 되며 르네상스 시기이래 어느 정도 둔화되어 버린 이상에의 실현을 향한 움직임이 산발적이긴 하나 다시금 출현하게 된다. 특히 이 시기의 유토피아는 고대나 르네상스기의 그것과는 달리 현실로부터의 일탈을 의도한 것이 아니라 오히려 현실비판 등을 통한 적극적인 현실 개조의 의식이 강하였던 이유로 사상적 측면에서는 물론 계획적 측면에서도 제 사회상황을 반영하면서 부조리한 현실에 대면하고 있었다.

종교적 유토피아는 산업혁명에도 영향을 끼친[9] 종교개혁의 신념으로부터 나

9) 여기서 산업혁명에 영향을 끼쳤다고 하는 것은 大月喜雄씨의 의견이기도 하나 종교개혁으로 인해 노동의 가치관의 전환이 이루어졌음을 의미하고 있다. 즉 예전에는 여가와 노동 가운데 여가 쪽에 비중이 놓여졌으나 종교개혁으로 인해 노동이야말로 신에게 봉사하는 길이라는 사실이 사회적으로 전파되었고 그 결과 세속적 직업에도 적극적인 가치가 부여되게 되었음을 나타내고 있다.

타나고 있다. 당시의 종교 지도자가 지배계급에 의한 종교 전쟁을 피하여 신대륙에 종교와 노동을 일체화한 천년왕국(千年王國)을 건설하기 시작하였으며 신에 대한 의(義)로서의 노동을 통하여 세속적 직업에 가치를 부여하고 노동의 가치관의 변혁을 주장하였다. 이들은 유럽 본토에서는 자신들의 종교적 의지를 관철시키기 어려움을 인식하고 주로 신대륙을 향한 이상향 건설을 꿈꾸고 있었다. 16세기 후반의 유그노 교도를 필두로 하여 17세기 전반의 청교도, 17세기 후반의 퀘이커 교도, 18세기 전반의 모라비아 교도 및 그 후반의 세이커 교도 등의 아메리카 신대륙 향발을 그 일례로 들 수 있다.

사회주의적 유토피아(utopian socialism)는 산업 발전에 의한 농촌 인구의 도시 유입에 따라 나타나고 있던 도시 환경의 열악화에 대한 개선 등에 초점을 맞추고 있었으며 특히 그 가운데에서도 사회적으로 소외된 노동자에 대한 계몽을 통한 지위향상에 주력하던 일련의 사상적 경향으로 나타나고 있다. 개별적인 철학적 배경은 어느 정도 상이하지만, 생 시몽, 샤를르 휴리에 및 로버트 오웬 등으로 대표되는 유토피아적 사회주의는 사회적으로 불행한 계층에 대한 무지로부터의 구원이나 재정 내지는 장치의 선행을 통해 그 환경을 개선할 수 있다는 계몽주의적 믿음에 거의 기초하고 있었다. 그 결과 R. 오언은 교육(敎育)을, C. 휴리에는 '정념(情念)'이라는 다소 추상적 수단을 이용하여 사회적으로 소외된 계층의 제반 상황의 향상을 도모하게 된다. 이 같은 경향은 사회주의적 유토피아를 자본주의 체제가 안고 있는 모순을 일찍이 지적하면서 이익의 사회 환원이나 노동자를 포함한 개인적 자유의 보장 등을 위한 일련의 실험적 운동으로 연계되었으며 주로 노동자에 대한 교육과 계몽 등을 통하여 공산(共産) 내지는 자족적(自足的) 공동체를 건설하고자 하는 사회적 움직임으로 발전해 간다.

자본주의적 유토피아는 자본의 생산성을 향상시키기 위해 생산의 근원인 노동자에게 일정의 투자를 행하고자 하였던 산업자본가들에 의한 일련의 경향으로 요약할 수 있다. 작업환경의 열악함이 생산능력의 저하를 초래하고 결국에는 자본주 자신에게도 손해를 끼칠 것이라는 생각에서 출발된 자본주의적 유토피아는 주로 가부장적(家父長的) 박애주의와 상업주의적 재투자 원칙에 근거하여 노동자의 주거나 복지 측면에서의 개선과 협동 체제를 중심으로 사

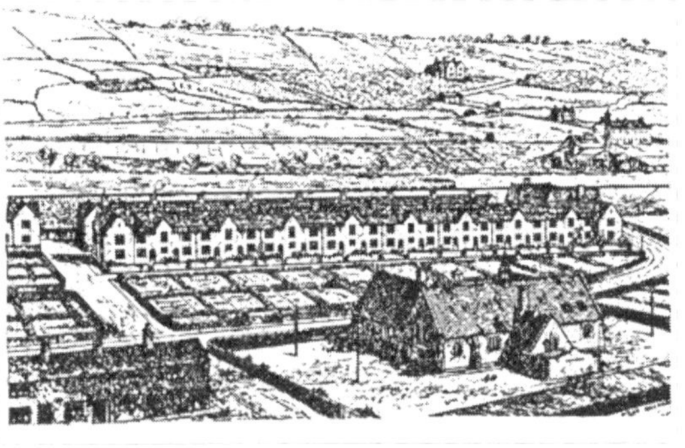

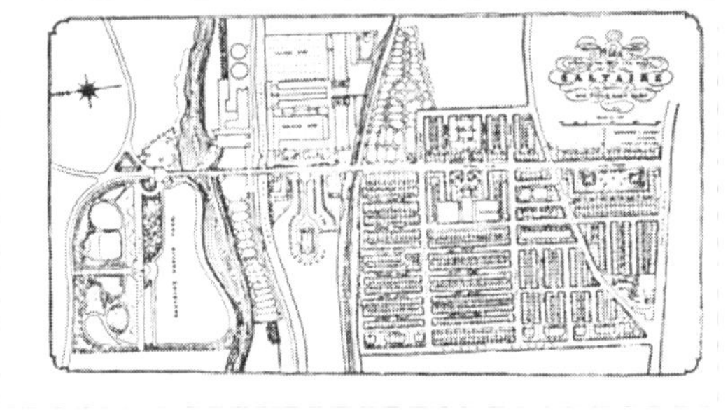

그림 9 코프레이(1844년)와 솔테아(1850년)

업이 진행되는 이른바 사회 개량적 경향을 띠고 있는 경우가 많았다. 이들의 계획은 그 행위 주체가 이상적 계획을 실행시킬 수 있는 자금력을 지닌 자본주였기 때문에 자본 모집에 곤란을 겪고 있던 유토피아적 사회주의나 종교적 사회주의에 비해 상대적으로 실현성이 높을 수밖에 없었다. C.E. 아크로이트에 의한 코프레이(1844)이나 아크로이튼(1860) 및 티투스 솔트(Titus Salt)의 대규모 공동 커뮤니티인 솔테아(Saltire) 등 19세기 후반에 그 모습을 나타내고 있던 일련의 계획들이 그 예가 될 것이다. 그러나 이 같은 유토피아적 경향들은 각각의 성격이나 주장사항은 상이하긴 하나 당시의 가장 심각한 문제, 즉 노동 및 노동자에 대한 문제에 대해서는 공통적 관심사를 보이고 있었다. 이는 당시의 유토피아가 주로 산업과 노동자 사이에 존재하는 물질적 정신적 격차를 극복하는데 커다란 중점을 두고 있었음을 시사하고 있다.

우리가 더더욱 높은 단계의 도덕에 도달하기 위해 열심히 노력하고 있다면 우리는 가부장적 상태나 낡아빠진 생산방법을 극복하고 더더욱 생산적인 노동 요원, 최고의 산출액을 약속하는 방법, 가장 발전한 공장관리 방식을 채용하지 않으면 안 된다. 우리는 기술과 실로 인간적인 생활방식 사이에 있는 밀접한 관계를 절대로 간과해서는 안 된다. 기술적 진보를 위해 일하는 것은 우리의 외부적인 생활을 더욱 쾌적한 것으로 하기 위한 것 이상의 더욱 높은 경지를 지향하는 것이라는 사실을 깨닫지 않으면 안 된다. 이는 신을 숭배하는 길인 것이다.[10]

이 같은 면에서 보면 상기의 고트프리드 트라우프의 말은 그 의미하는 바가 크다 아니할 수 없다. 당시의 유토피아는 생산성의 향상이나 생활의 쾌적함

10) 곳트프리드 트라우프의 「윤리와 자본주의」 가운데 수록된 내용을 하기의 문헌으로부터 재인용 함. F.ペッペンハイム, op.cit., p.p.37-38.

등을 지향하고 궁극적으로는 신(神)에 연계되는 새로운 자본주의적 이상을 실현하고자 했기 때문이다.

추구하는 이상은 상이했지만 19세기의 제 유토피아적 계획은 어느 정도 과거의 유토피아 이론과도 그 맥을 같이 하며 그 결과 전대의 이상적 계획도시에서 나타나고 있는 이상성이나 계획성을 공유하고 있었다. 예를 들어, R. 오웬의 '뉴 하머니(New Harmony)'와 같은 협동체 계획에서는 토마스 모어나 반데르 넥크의 이상도시에서 발견되는 규칙적, 기하학적 둘러싸기나 기하학적 중심관계를 이용한 내부의 분할하기 등이 사용되고 있으며 과거의 제 이상적 계획도시와의 어느 정도의 연관성도 유지하고 있다. 그러나 이들 계획은 일반적으로 건축적 계획방법 보다는 오히려 노동자 혹은 산업의 균형적 발전 및 그를 실현시키기 위한 공동생활 등 사회사상에 주된 중점을 두고 있기 때문에 그 사상의 이상성(理想性)에도 불구하고 과거의 유토피아적 계획도시에서 나타나고 있던 제 건축적 형태에 대한 관련 정도가 어느 정도 희박해지고 있음도 사실이다. 심지어는 C. 휴리에(C. Fourier)의 팔랑스테르나 고당의 파밀리스테르 계획처럼 현실적으로 제시되었던 몇몇 계획도 전체 계획의 기하학적 속성보다는 랜드스케이프 가운데 위치하는 자연친화적 내지는 도피적 경향을 나타내기도 한다.

이 같은 면에서 당시의 이상적 계획들은 내부지향적 혹은 폐쇄적이었다는 지적을 피할 수 없다. 사실 따지고 보면 이상도시에는 외부가 존재하지 않았다. 르네상스 시기의 이상도시나 근대 초기의 그것에도 역시 완결된 내부로서의 도시만이 모습을 보이고 있을 뿐이었다. 모든 것이 내부에서 완결되며 이상적인 자급자족이 이루어져야만 했다. 헤겔이 계층적 질서를 좋아했던 것처럼 이상도시의 내부도 구심적이며 동시에 계층적인 공간구조를 보이고 있었다. 이른바 사회라는 외부가 없는 유토피아였는지도 모른다. 사회관계나 경제 시스템을 수용하면서 물리적인 구축을 시도하던 일련의 이상적 계획들은 결국 시간을 초월할 능력도 없었으며 그렇다고 사회와 접촉하면서 재건의 의지를 불태우기에는 규모나 기반이 미미하기만 하였다. 결국은 유토피아가 지니는 격리성만을 가슴에 품은 채 사회로부터 이격되어가는 일종의 도피적 유토피아의 모습만이 그들을 포용할 뿐이었다.

그림 10 1853년 런던 파라다이스 로우(Paradise Row)의 빈민굴
(L..Benevolo, The history of the city, p. 751.)

19세기 중반 당시 영국 런던의 파라다이스 로우(paradise row) 빈민촌에서 무참하게 깨진 자수성가의 꿈과 생존을 위한 몸부림으로 하루하루를 연명해 가던 도시 빈민들의 꿈은 단지 몽상적인 허상만을 아니었을 것이다. 오히려 파라다이스(paradise)라는 단어가 이제는 이 비참한 현실을 벗어났으면 하는 일종의 원망으로 느껴질 정도로 시니컬하기도 하다. 혹은 파라다이스라는 개념조차 없었다면 이들의 일상을 지탱할 그 무엇도 가치가 없는지도 모를 일이다. 역시 인간의 자유 의지와 진보 의지는 어느 정도 유토피아와 손을 잡을 때 비로소 그 가치가 존재하는지도 모른다.

현실성이 없다는 사실만으로 유토피아적 이론이나 작품을 무시하기보다는 오히려 그 이론 등에 내재되어 있는 여러 가지 역사적 의미에 주의해 가면서 보다 나은 사회건설을 위한 기본적인 이론으로 유효하게 활용해야 할 당위성 또한 등장하게 된다. 이는 곧 유토피아가 현실과 관계있는 실제로서는 그 즉물성의 결여로 인하여 어느 정도 제한을 받고 있음에도 불구하고 사회적 발전이나 사상의 성숙을 위해서 참고해야 하는 또 하나의 중요한 이론으로서의 의미를 지니고 있음을 시사하고 있다.

4)

나름대로의 최선의 이상을 제시하면서 역사적으로 명멸한 이상적 계획들이 포기되거나 실현되지 않은 결정적인 이유 가운데 하나는 역시 발상과 계획의 주체가 개인이었다는 사실일 것이다. 혹은 마치 신흥 종교의 교주와 신도처럼 뜻을 같이 하는 몇몇 사람들에 의한 부분적이고 폐쇄적인 계획이었기 때문일지도 모른다. 재력도 없고 동지도 그리 많지 않았다. 그렇다고 자선 사업도 아닐 것이며 사회봉사는 더더욱 아니었을 법이다. 개인적인 비전 제시 정도에서

끝내기에는 유토피아가 지니고 있는 매력이 너무도 달콤했을 것이다.

비트루비우스가 방어용 이상도시로 다각형 도시 디자인을 상정했을 때는 로마에 걸맞는 세계 최고의 요새 도시를 꿈꾸었을 것이며 자신이 건축을 한다는 것을 자랑스럽게 생각했을지도 모른다. 선과 악으로 가득 찬 도시를 그려내면서 인간이 살아가야 할 이상적 도시를 상정하고 있던 아우구스투스도 어쩌면 종교적 사명일 수도 있는 무거운 짐을 벗어내고 자신의 의지만으로 즐거운 천상의 세계를 그리고 있었을 것이다. 르듀(C.N.Ledoux)가 멋들어진 그림으로 자족적인 솔테르 제염공장을 그려냈을 때도 역시 건축은 유토피아를 실현시킬 수 있는 유일의 장치로 생각했을 것이다. 자신이 생각하는 최선의 상태를 자신의 의지로 만들고 싶은 것은 건축가로서는 인지상정일 수밖에 없기 때문이다.

자신이 생각하는 이상적 비전을 버리기에는 유토피아는 너무 분명한 그림으로 자신을 유혹한다. 함정도 아닌 것이 환상도 아니니다. 최선의 상태는 분명히 존재한다는 믿음은 유토피아를 영원히 지지하는 친구일 수밖에 없다. 사회적 합의에 이르지 못한 자신만을 탓할 수도 없는 일이다. 자신을 인정해 주지 않는 기존 사회의 메카니즘에 대항하기에는 아직은 성숙되지 않은 이론일지라도 유토피아는 영원할 수 있다는 신념만이 그들을 지지하고 있는지 모른다. 교회를 개조한 수정궁이 철골과 유리로 치장한 근대 건축의 유토피아를 천명하면서 만국박람회의 인기를 독차지하고 있을 때 그들은 때 이른 이상을 버리지도 못한 채 안으로만 작아질 뿐이었다. 결국은 외부와 단절된 내부 지향적 몽상으로 끝나버리는 허상인지도 모른다. 아무리 자족을 이루고 계급적으로 평등을 이루고 있다 해도 역시 개인의 한계는 사회의 그것을 추월할 수가 없었다.

주변으로부터의 비난도 만만한 것은 아니었다. 허구를 빙자한 유혹이라는 점이 항상 공격의 핵심이었다. 엥겔스가 노동자 등의 사회적 불행계급을 위한 근대 초기의 집단주의적 제 계획에 '유토피아적'이라는 수식어를 붙인 것도 노동계급의 현실적 요소나 개선방향에 대한 근본적 대책보다는 개인의 관념만을 강조하는 비현실적 계획이라는 사실을 아이러니컬하게 비유하고 있다. 심지어 '오늘날 유토피아에 대해 기술하는 것은 정신적 고갈의 징후이며 실제로 그것을 설계한다고 한다면 그것은 범죄 행위이다'라고 현실의 제 문제로부터 도피하여 실제 설계가 아닌 환상적 설계에 몰두하고 있는 건축가를 일갈하고 있는 듯한 영국 건축가 도릭 프라이스의 언급도 유토피아가 지니는 허구성과 비현실성을 비난하고 있다.

사회나 조직도 역시 단호하다. 건축가 자신에게 사회를 조절하라는 지시도 내린 적이 없다는 것을 은연 중에 항변하고 있다. 아무리 자본이 많은 투자자라 해도 역시 그가 할 수 있는 것은 부분적인 것일 수밖에 없었다. 거의 모든 유토피아를 일종의 선언(宣言) 정도로 간주하면서 도도하기만 하다. 합의가 필요하다고 할지도 모른다. 공감을 얻으라고 종용할지도 모른다. 사회의 공감을 얻게 되면 유토피아는 자연스럽게 소멸될 운명이라는 것을 아직은 모르는 모양이다. 최선의 상태는 찾았다 싶으면 다시 멀리 달아나고 만다. 혹은 아무리 찾아도 그 모습조차 보이지 않기도 한다. 그렇다고 아니 찾을 일도 아니다. 모든 유토피안들은 원초적인 업보를 지니고 있는 셈이다. 어찌 보면 개인으로서는 너무나 버거운 짐이 아닐 수 없다. 유토피아는 유토피아로 존재해야 한다는 숙명을 알기까지는 또 얼마나 많은 시간을 투자해야하는지 답답해 할 뿐이다.

3. 논의, 다시 한 번

debate again

유토피아의 허구 : 공동체적 환상

산업사회의 문제를 이상적으로 해결하고자 하는 일련의 유토피아적 시도들은 여지없이 공동체라는 일종의 도시적 집합개념을 통하여 나타나고 있다. 물론 이들이 추구하는 것은 그 공동체 내에 거주하는 모든 사람이 보다 더 행복한 상태에서 이상적으로 생활하는 것이었으며 건축은 이 같은 유토피아를 건설하는데 중요한 기초를 제공해 주었다. 그러나 이 유토피아적 발상은 항상 성공하거나 의미 있는 일만은 아니었다. 특정 계급만의 집단화라던가 혹은 신 경제 질서를 역행하는 원시공동체적 혹은 공산 사회주의적 계획 등은 이미 변화된 경제 질서 내에서 그 위상을 상실하고 있었음도 주지의 사실이다. 왜 그러했을

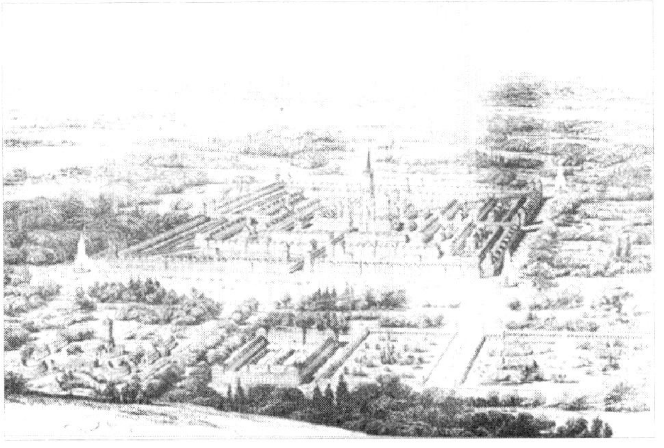

그림 11 빅토리아 모델 타운 조감도

까. 이른바 공동체적 환상이라는 것이 바로 그 이유 가운데 하나였다.

빅토리아 모델 타운을 통해 이 같은 면을 좀 더 깊게 살펴보기로 하자. J.S.버킹검이 '국가적 해악과 그 실제적 치유책; 모델 타운의 제시(National Evils And Practical Remedies with the Plan of a Modes Town)'에서 명시하는 바처럼 빅토리아 모델 타운은 전체적으로는 사방 1마일의 기하학적 경계를 기조로 하면서 도시의 외곽으로부터 기하학적 중심에 이름에 따라 재산과 면적 등의 요인에 의해 배치순위를 결정해가는 배치를 도입하고 있다. 기하학적 중심부에 근접하는 지역에 도시 및 거주민이 가장 필요로 하는 공공시설이나 오픈스페이스, 행정기구 등을 차등적으로 설치하여 전체 모델 타운의 정치 및 문화의 중심지로 승화시키고자하는 중앙 집중적 도시계획 패턴을 보이고 있다. 모든 계획개념이 기하학적 중심과 그곳으로부터 파생하는 8개의 도로경계에 기초하여 행해지고 있으며 계획에 필요한 주택이나 공공시설 등을 기하학적 중심을 향해 사회 신분별로 차등적으로 배치하고 있다. 도시의 중심부에는 주요 공공시설이나 행정기구가 자리하며 그 한가운데 탑을 설치하고 있다.

J. S. 버킹검이 빅토리아 모델 타운을 통해서 얻고자 하는 것은 당시 사회적 악덕이 해소되고 사회 각 계층이 적절한 노동과 더불어 행복하게 거주할 수 있는 일종의 커먼웰스, 즉 공동체를 만들고자 하는 것이라 볼 수 있다. 이른바 '공동체적 환상'으로 볼 수 있는 이 개념은 그 자체적으로 다분히 이상적이며 예전의 유토피아 이론이나 이상적 계획 등이 추구하고자 하는 면과 상당 부분 유사한 면을 지니고 있기 때문에 어느 정도 유토피아적 경향을 띠게 되는 것도 사실이다. 그러나 유토피아 이론 자체가 비교적 허구성이 강하며 실제적으로 다양한 문제가 제기될 수 있다는 점은 빅토리아 모델 타운에서도 나타나고

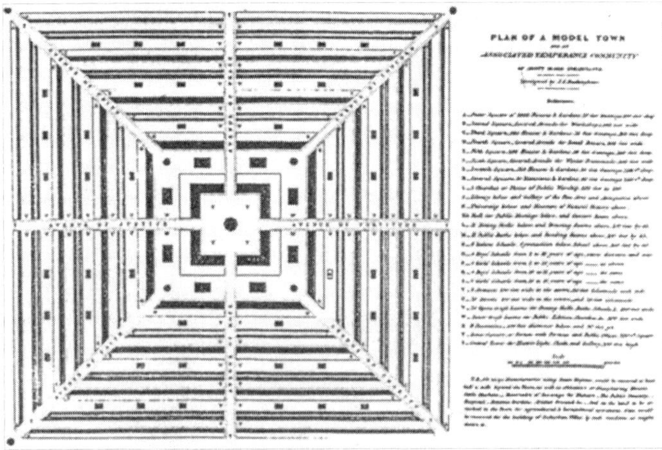

빅토리아 모델타운의 배치 및 평면 : *from: J.S.Buckingham, op.cit., 1849.*

있었다.

우선 유토피아적 환경의 설정에 있어서의 허구성을 들 수 있다. 빅토리아 모델 타운은 실제 생활에서 격리된 공간도 아닐뿐더러 시간적으로도 변화하지 않는 공간은 결코 아니다. 오히려 실제 사회 속에 존재하면서 시간적으로도 발전을 도모하는 극히 실제적인 계획으로 나타나고 있다. 따라서 빅토리아 모델 타운은 순수한 유토피아적 성향의 계획이라기보다는 사회적 악덕이라는 외적 자기가 개혁의지를 지닌 내적 자기와 갈등하는 이른바 재건의 유토피아의 성격을 띠게 된다. 그 결과 적절한 노동과 기술에 근거한 산업적 측면의 강조가 뒤따르게 되며 이 같은 실질적인 강령과 종교적 내지는 유토피아적 성향이 복합되고 있는 것이다.

그러면 빅토리아 모델 타운에는 이상적 경향과 실제적 경향 가운데 어느 부분에 더 많은 강조가 이루어지고 있을까. 보는 시각에 따라 달라 질 수 있는 사항이기는 하나 외면적으로는 당시 산업사회에 대한 포용의지가 강한 것으로 나타나고 있음을 보면 다분히 실제적인 계획으로 간주할 수 있다. 산업에 대한 이해나 사회계층 구분에 대한 수용, 개인의 사유재산권의 인정 등이 이를 반증하고 있다. 이 같은 면은 당시 사회나 산업화에 대한 전면적인 부정을 행해오던 로버트 오언과 같은 유토피아적 사회주의나 산업화와는 별개로 자신들만의 영역을 확보하고자 한 종교적 유토피아 등과는 확연히 상이하게 나타나고 있으며 오히려 산업체제와 개인의 능력별 차이 및 사유재산 등을 인정하던 샤를르 휴리에나 산업체제의 인정 하에 노동자의 근로조건 개선에 힘을 쏟고 있던 산업자본가에 의한 유토피아 등과 그 맥을 함께 하고 있다. 그럼에도 불구하고 기존 사회에 대한 반발과 그 제도적 대안으로서의 공동체, 즉 모델 타운을 제시하고 있음은 당시 시대적 경향과 결코 무관하지만은 않다.

여기서 J. S. 버킹검의 빅토리아 모델 타운도 당시의 이른바 유토피아적 사회주의의 범주에 포함시킬 수 있지 않을까 하는 의문이 또 발생하게 된다. 물론 19세기 초라는 시대적 배경이나 사회적 문제에 대한 해결책 제시라는 커다란 흐름에서 보면 동일 범주에 포함시킬 수 있다. 그러나 그의 모델 타운이 당시 일련의 시대적 경향과 근본적으로 구분되는 것은 그리고 구분할 수밖에 없는 것은 바로 행복이라는 이상적 개념을 특정 대상이 아닌 전체적 대상으로 설정함으로써 만인을 위한 인류애적 이상을 가장 큰 목표로 설정하고 있다는 점이다. 당시 계획이 특정 대상을 위한 한정적 모델이었음을 고려할 경우 이 같은 면은 빅토리아 모델 타운이 당시 경향보다는 근본적으로 고대로부터의 이상적 경향이라는 큰 틀을 계승하고 있음을 어느 정도 시사하고 있다. 즉 그는 당시의 제 문제를 해결하는 방법으로서 실제적인 경향을 수용하면서 기본을 이루는 개념 체계로 이상성이라는 유토피아적 이론과 사상을 설정하고 있는 것이다.

그러나 이른바 이론과 실제의 문제는 당연히 그 적절한 조화를 현안으로 하고 있다. 빅토리아 모델 타운이 산업사회가 갖고 있는 기존의 선과 악을 설정하고 그 악을 선화하는 일종의 필터로서 이상적 통치개념이 함께 어우러지는 양상을 보이고 있는 것도 이 때문이다. 일반적으로는 실제적 치유책이나 대안으로 개혁이나 발전을 도모할 수도 있다. 그러나 빅토리아 모델 타운에서는 재건의지가 유토피아적 발상에 근거하고 있다는 사실이 실제적 개선의 성격을 모호하게 하는 아킬레스건으로 작용하고 있다.

특히 가능한 모든 사회구성원의 행복이라는 절대 강령을 추진하기 위해 어쩔 수 없이 설정하고 있는 인간에 대한 선(善)의 의지라는 부분에서는 이론의 실제로의 적용을 방해하고 있다. 그의 이론대로라면 빅토리아 모델 타운에 거주하는 사람들은 우선적으로 성실하고 선하며 일체의 강령에 순종하는 선인(善人)으로 규정되어야 한다. 또한 그러기 위하여 모델 타운 내의 운영체계나 시설관계에 대한 통제 및 관리가 수반되기도 한다. 이는 인간의 본질에 대한 논의를 야기하므로 상세한 설명은 불가능하나 간략히 말하자면 실제적인 인간성에 대한 파악이나 사회적 상황과 연루된 인간의 특성을 고려한 것이라기보다는 인간 의지에 대한 확신이나 희망이라는 차원에서 해석할 수밖에 없는 이상적인 슬로건으로 이해할 수 있다. 이 같은 발상에서 절대적 명제가 되는 것은 인간의 성실함과 선함이며 그것이 기존의 사회구조나 기술적 측면과 조화를 이룸으로써 공존공영의 커먼웰스나 평화로운 재산 분배 등이 이루어지게 된다. 이는 실제적으로 검증되지 아니하고 검증할 수도 없는 인간의 절대 선에 의지하지 않고는 평화로운 커먼웰스가 성립될 수 없다는 논리로까지 비약 가능하다. 인간의 절대 선은 목표가 될 수는 있어도 수단은 될 수 없다. 플라톤의 이데아로부터 논의된 수많은 유토피아적 이론이 인간의 절대 선을 추구하고 선과 정의로 가득 찬 사회를 만들고자 하고 있었음을 상기해 보면 쉽게 이해가 가는 성격이다.

실제적으로는 상당한 문제가 발생되어 왔던 사실임에도 불구하고 각 계층을 한데 어울려 배치하고 있는 것이나 각자의 재산이나 능력을 고려한 상태에서 차등적으로 지역을 배분하고 있는 것도 곧 각자 주민이 스스로 평화롭고 선하게 살아갈 수 있는 성향의 인물임을 전제하고 있는 것이며 그 기저에는 인간사회 전체의 행복이라는 절대적 목표를 이룩하기 위한 이념적 전제가 되고 있다. 실제적인 문제와 그에 대한 개혁을 전체 주민의 행복이라는 대전제와 결합시키는데 있어서 그 구성원 자체의 절대 선을 규정하고 있는 점, 바로 이것이 빅토리아 모델 타운의 이상성이 지니고 있는 한계로 작용할 수도 있다.

다음으로는 사회 각 계층을 하나의 공동체 내에 존재시키는데 있어서의 허구성이다. 이론적인 면에서 그는 각 계층이 각자의 고유의 영역과 직업을 지닌 상태로 평화롭게 공존공영 가능한 일종의 공동체를 제시하고 있다. 물론 이는 사회 각 계층의 보다 원만한 화합이라는 측면에서는 일견 수긍이 쉽게 가는 사항이며 또한 전술한 주민의 절대 선을 고려할 경우 이상적으로는 충분히 가능한 발상이기도 하다.

빅토리아 모델 타운의 주민들은 각자의 능력이나 재산 등에 의한 기존 사회의 등급을 이미 지니고 있는 채 입주하게 되며 이에 따라 기존 사회의 경제력에 의한 위계질서가 자연스럽게 나타나게 된다. 이는 군인, 시민 철학자로 구성되는 플라톤적 3계급 개념과도 접맥될 수 있는 것이기는 하며 기본적으로는 평등적 사회를 추구하는 유토피아 이론에서도 최소한의 소수 엘리트를 규정하는 등의 위계질서화와도 그 연관성은 추적 가능하다. 그러나 유토피아에서 종종 보이는 이러한 위계질서의 정점에 서는 것은 플라톤의 현인이나 토머스 모어가 말하는 철학자 등 인격적으로 수양이 된 인물인데 반하여 빅토리아 모델 타운에서 형성되는 차등적 기준은 경제력이라는 당시의 자본주의적 이데올로기로 설정되고 있다. 따라서 빅토리아 모델 타운에서 나타나는 차등적 배치는 필연적으로 사회적 부의 차이에 의한 배치로 될 수밖에 없다는 한계를 보이게 된다.

물론 모델 타운 내의 경제적 하층계층에 대한 세심한 배려도 눈에 띄지 않는 것은 아니다. 또한 J. S. 버킹검 자신도 사회적 불행 계층에 대한 박애주의적이고 계도적인 배려는 여러 면에서 보이고 있다. 그러나 그 같은 배려는 환경이나 설비 측면 등의 물리적 개선과 전체 시설에 대한 자유로운 이용 내지는 원활한 커뮤니케이션의 교환 등을 위한 시설 내지는 공간적 배려에 그치고 있을 뿐 전체적으로는 역시 사회적으로 상층계층을 위한 넓은 공간과 훌륭한 시설에 더 많은 비중이 놓여져 있음을 부정할 수 없다. 따라서 그는 전체 거주인의 평화로운 화합을 위하여 각 계층의 공존을 의도하고 있으나 한편으로는 기존 사회에서 일어날 수 있는 첨예한 계급간의 갈등을 간과하고 있다고도 볼 수 있다. 특히 당시 만연하던 사회적 불만 가운데 하나인 핍박받는 계층, 즉 노동자 계층에 의한 아래로부터의 혁명이라는 사회적 이데올로기 차원에서 본다면 빅토리아 모델 타운은 역시 사회적 상부계층을 중심적으로 배려하고 있는 부르주아적 내지는 젠틀맨적 계획이라는 비난을 면하기 어려운 것이다.

아울러 기존의 유토피아 이론이 수직적이고 강력한 통치체제보다는 수평적이고 동등한 사회체제를 선호하고 있었다는 사실을 고려할 경우 빅토리아 모델 타운에 나타나는 사회계층 구성은 공존공영의 이상성을 위협하는 또 하나의 허구로 작용하고 있다.

이 같은 면은 오늘날에도 마찬가지로 나타나고 있다. 근대 이후 수많은 단지계획을 통해 우리는 항상 유토피아적 환상과 현실이라는 갭 사이에서 갈등할 수 밖에 없었다. 르 꼬르뷔제가 유니테 다비타숑 이후 인구 백 만을 위한 도시 등에서 보여주고자 했던 도시 인프라와 건축 및 인간집단의 이상적인 조합이 어느 정도 성공하고 있는지는 아직도 의문이다. 필시 이곳에서 르 꼬르뷔제는 모든 도시민들이 나름대로의 행복한 삶을 영위하기 위해 노력했을 것이다. 쾌적한 환경조성은 물론 교통이나 도로 등의 도시 인프라 구축 혹은 디자인적 위계에 이르기까지 건축가가 생각할 수 있는 한 가장 이상적인 도시를 만들고자 했을 것이다. 그것의 실현 여부를 떠나서 우선은 이 같은 발상은 누구에게라도 필요한 것이며 동시에 누구나 가능한 일이기도 하다.

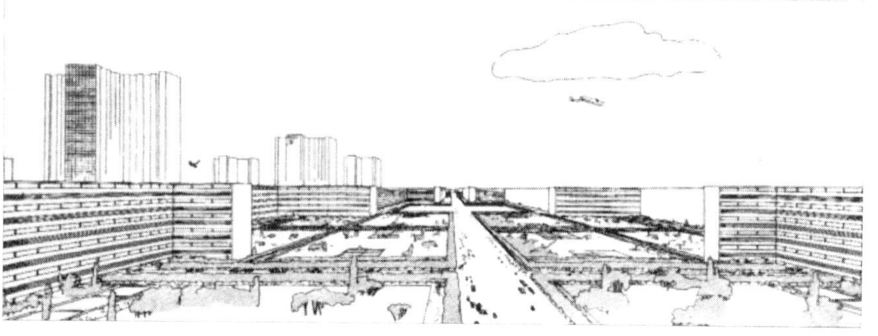

그림 13 백만인을 위한 도시. Le Corbusier.

그러나 그가 의도한 일종의 유토피아가 어느 정도 실현되었을까. 더욱 복잡해져 가는 도시구조와 계급구조는 예전의 유토피아적 계획보다 더 복잡하다. 혹은 오늘날조차 택지개발과 맞물려 지어지는 무수한 단지와 작은 도시들이 과연 어디까지 인간의 삶의 질을 이상적으로 높이고 있는지도 문제가 아닐 수 없다. 토머스 모어의 유토피아에서처럼 모든 사람이 평등하고 거의 동일한 주거에서 거주하며 공동 생산에서 공동 분배까지 아무런 문제없이 행할 수 있는 도시구조가 이미 아니다. 그렇다고 J. S. 버킹검의 의견처럼 도시의 각 계층을 원만하게 조합하고 융화시키는 것도 역시 공동체라는 단위로 인간을 이상적으로 묶어버리려 하는 공상일지도 모른다.

넥서스라는 곳. 넥스트 어스(next us)라는 의미를 지니면서 현재보다는 나은 주거환경을 창조하고자 세계의 건축가가 힘을 모아 만든 이상적 집합주거 가운데 하나로 유명한 지역이다. 바다와 면한 쾌적하고 아름다운 환경에 거주밀도도 여유롭고 건물 개개의 디자인도 세련되어 마치 이제까지는 존재하지 않는 또 하나의 유토피아로 치부할 수도 있는 문제이다. 그러나 이곳에는 그곳에 거주하는 사람들을 가능한 한 쾌적하고 아름다운 환경에서 거주하게 할 뿐 그 이외의 사람들에 대한 배려는 없다. 아니 있을 수가 없다. 있을 필요도 없는지 모른다. 모든 사람이 공유할 행복 운운하는 것도 의미가 없다. 모두라는 개

그림 14 넥서스 월드 카시이 프로젝트 가운데 포잠박 동(棟)

념의 범위가 항상 모호하다. 내가 속한 사회라고 항변하면서도 결국은 자기를 포함한 소수만의 완전한 자족만을 추구할 수밖에 없을지 모른다. 고급 빌리지나 단지에 몸을 숨기고 사회로부터 고상하게 격리된 수많은 고급 주택지는 역시 아직은 우리 모두가 향유할 수 있는 유토피아이기에는 요원할 뿐이다.

무릉도원도 아니고 유토피아도 아니다. 극단적으로 말하자면 그곳에 거주하는 사람들에 한정된 유토피아일 수도 있다. 어차피 모든 사람이 동일한 조건에서 행복하게 살 수 없음을 다시 한 번 인식할 수밖에 없다. 유명한 건축가에 의해 지어진 단지로 인해서 아무나 거주할 수도 없다. 이미 공동 분배라는 것 자체가 소설 속의 유토피아에서만 가능한 일이기 때문이다. 어디까지가 유토피아의 매력인지 우리는 분명히 알고 있지만 어디까지가 유토피아의 한계인지는 그다지 신경 쓰고 있는 듯싶지 않다. 불요불급에 불가근불가원일지도 모른다. 혹은 처절한 패배주의의 원천일지도 모른다. 그러나 최소한 재건의 에너지로서의 유토피아의 매력 정도는 이제 인식해야할 일이다. 다시금 파라다이스 로우(paradise row)의 가슴 쓰린 냉소는 없어야 할 것이다. 어려운 일이 아닐 수 없다.

4. 맺는 말

epilogue

유토피아는 그 비현실적 측면에도 불구하고 역사와 현실이라는 시간적 및 공간적 범주와 그 틀을 같이하는 개념으로 우리에게 나타나고 있다. 아득한 과거지향과 비현실적이면서도 발전적인 미래지향이라는 그리고 최선의 상태의 공간과 현실 그 자체의 공간이라는 틀을 왕래하면서 항상 우리 곁에 머물고 있다.

유토피아는 막연한 과거나 비현실만을 강조하지 않는다. 그리고 유토피아 자체의 존재 여부도 어찌 보면 그다지 중요한 문제가 아니다. 유토피아는 인간과 그 정신 내지는 그 환경과의 교감이자 시공에의 틀에 얽매이면서도 동시에 그것을 초월하는 이데올로기이며 현실을 멀리하기보다는 현실적 제 문제를 함께 고민하면서 보다 나은 장소를 구축해 가는 일종의 발전적 행위로서의 시도이기 때문이다. 그리고 바로 확실한 대안이 아닌 일종의 시도나 실험이라는 점에 유토피아의 매력이 내재하고 있다.

유토피아는 자신이나 사회가 도달하고 싶다고 바라는 상태를 어느 정도 완성시킨 상태로서 표현되고 있다. 인간을 위한 개선된 환경이 전재되기도 하며 물리적, 제도적, 정신적인 측면의 이상적 희망들이 포함되기도 한다. 불완전함을 그 특징으로 하는 현대의 부조리한 세계에 대처하기 위한 판도라의 상자일 수도 있다. 희망은 곧 목표이기 때문이다. 유토피아라는 개념은 과거의 역사가 그러하였듯이 오늘날 시대정신의 한 부분을 차지하면서 현재와의 갈등구조를 지니고 순환되고 있다. 환경과 사회 조건의 최선이라는 목표를 지향하는 정신적 에너지로서 항상 유토피아는 우리 옆에 존재한다. 유토피아 자체가 아니라하더라도 최소한 유토피아적 사고와 그 의지만으로도 인간의 발전과 행복 추구라는 절대불변의 이상을 실현하기 위한 역동적 디딤돌로서 항상 우리 곁을 지킬 뿐이다.

이미 파괴나 도피는 아니다. 막연한 희망도 아니다. 시간과 공간을 초월하고자 하는 것은 건축가의 욕심 비슷한 유토피아일 수 있으나 그 자체는 너무나 매력적이다. 안으로만 향하는 내심만큼이나 무한 공간 내에서 자유로워질 수 있다면 그것으로 또 하나의 유토피아가 탄생할지도 모를 일이다. □

계 급

혹은 건축가와 계급

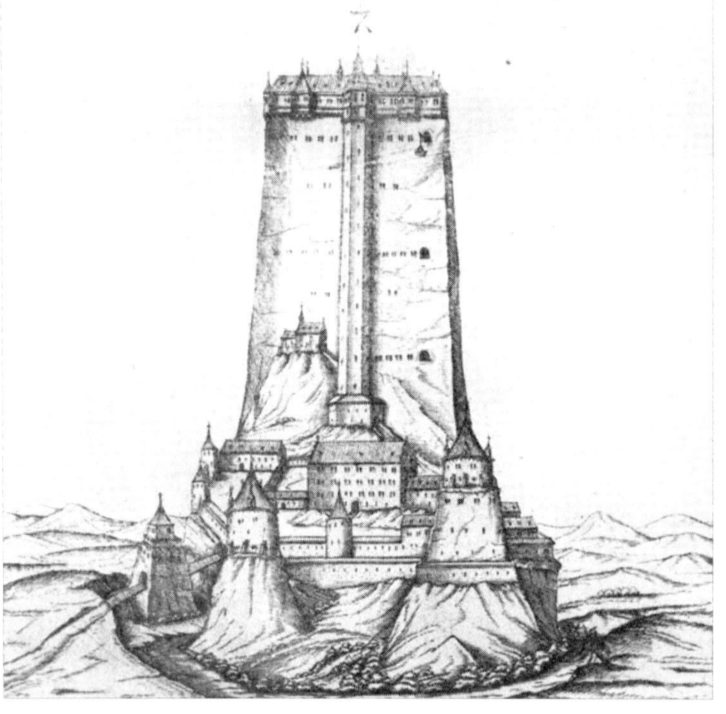

Matthaus Greuter, wunderbarlich Hauss
from A history of Architectural History by H.W.Kruft

1. 계급에 대하여

as to class

계급(class)이란 이른바 계급 사회를 이루는 기본 개념 가운데 하나로서 넓은 의미로는 사회 내부에서 직업이나 신분 혹은 재산 등에 따라서 구별되는 사람들의 집단이나 유사한 사회경제적 위상을 소유하는 계층을 나타낸다.

역사적으로 계급 사회는 천부적 계급사회로부터 사회적 및 경제적 계급사회에 이르기까지 다양하게 형성되고 있다. 천부적 계급사회는 권력이나 종교 등의 불가침적 성격에 의해 보장받는 특수계층이 위계질서의 정점을 구성하게 되며 외형적으로는 수직적이고 강력하며 그 속성은 폐쇄적 내지는 답습의 경향을 보이고 있다. 고대국가 이후로 자주 등장하는 신권(神權)이나 왕권 등이 그 좋은 일례일 것이다.

그러나 근대 산업혁명 이후 경제적 이데올로기가 정치 내지는 종교적 이데올로기를 대체한 이래 시장 논리에 의해 발생되는 경제적 계급사회가 그 모습을 드러내었으며 공통된 경제적 이익에 대한 의식 즉 계급의식이 조성됨에 따라 새로운 개념의 계급이 성립되었다. 레이몬드 윌리엄스(Raymond Williams)가 근대초기의 사회상을 나타내는 키워드로서 클래스(class)를 중요한 인자로 열거하고 있는 것도 이 같은 측면을 잘 나타내고 있다.[1] 계급에 대한 이 같은 시각은 일종의 사회학적 해석으로 일반적으로는 시장에서 가치법칙이나 각 개인에게 원칙적으로 자기 자신이나 소유물에 관한 자유로운 처분권을 주는 법적 질서의 존재 혹은 이를 바탕으로 한 자유로운 노동자의 발생 등이 계급 형성 즉 계급사회의 역사적 전제가 된다.

경제적 계급사회는 신과 인간이라는 이원론적 틀에 얽매여 계급형성이 부분적

---

1) 레이몬드 윌리엄스는 근대초기를 규정하는 키워드로서 클래스(class) 이외에도 데모크라시(democracy), 산업(industry), 아트(art) 및 문화(culture) 등을 열거하고 있다.
最適化社會の硏究 その2、ヒューマン ルネッサンス硏究所 刊, 1992. 3. p.23.

현상에 불과했던 중세적 신분사회 등에 대립하여 근대 자본주의사회라는 특수한 한 시대를 대표한다. 따라서 계급사회의 역동성은 신분사회 또는 미개사회의 그것과 전혀 다르며 신분사회의 형성이 위에서부터 밑으로 진행한다고 한다면 계급사회는 반대로 밑에서부터 위로 진행하는 양상을 보이게 된다. 이와 같은 계급 사회관은 F.퇴니에스의 '게마인샤프트에서 게젤샤프트로'의 사회학적 공식이나 M.베버 등의 '합리화의 진행' 설 등을 기저적 가설로 삼고 있으며 G.루카치의 '역사와 계급의식'(1923)에도 이러한 관점이 내재되어 있다.

동일한 계급에 속하는 집단은 일반적으로 유사한 계급의식(class consciousness)을 공유하고 있다. 계급의식이 특정 개체나 존재가 동일 계급에 소속하고 있다고 생각하는 공통 의식임을 고려할 경우 이는 동일 계급에 속하는 특유의 하위문화를 공유하면서 계급의 이해를 반영하는 계급심리[2]를 통해 구체화된다. 개인이 어느 특정 계급에 대하여 소속감과 일체감을 갖게 되는 주관적 의식은 항상 계급의식 내에 내재하고 있으며 이는 곧 계급귀속의식(class belongingness)이라는 새로운 공감대를 형성하게 된다. 특히 계급 간에 힘의 관계가 성립하는 경우를 계급구조(class structure)라는 용어를 이용하여 구분하고 있다. 계급구조는 사회 내의 계급 구성 상태와 그곳으로부터 야기되는 의존과 대립, 착취와 피착취 및 지배와 피지배 등의 특정 힘 관계가 존재하는가를 나타내는 것이기 때문에 사회구조의 실질적 내용과 분석을 위해서 중요한 개념 가운데 하나로 자리 잡고 있다.

계급과 관련지어 생각해야하는 개념 가운데 사회적 성층(成層)[3]과 계층(階層)이라는 개념 또한 정의해 둘 필요가 있다. 사회적 성층은 사회 구성원이 재력이나 권력 및 권위 등에 따라 상하 우열의 사회적 지위로 구분되는 과정 특히 그 결과로서의 상태를 나타내는 말로서 필연적으로 계급과 위계질서와 관계 맺고 있다. 현대적 개념에서 본다면 생산력이 향상되어 분업이 확대됨에 따라

---

2) 계급심리는 동일하거나 비슷한 사회적 경제적 생활에서 생기는 신념이나 태도 혹은 판단의 공통성과 유사성의 심리구조를 말하며 포괄적으로는 동일 계급의 이데올로기 하에서 운동하는 것으로 일반적으로는 다른 계급에 대한 우월감 또는 열등감 등의 비교우위개념으로 나타난다. 따라서 계급심리는 결과적으로 각 계급간의 동류의식(同類意識)을 전제하고 있다.

3) 성층이란 본래 지질학상의 개념으로서 지층이 오래 된 연대순에 따라 상하로 포개지는 상태(또는 그 형성과정)를 가리키는 말인데 이것이 사회현상에 전용된 것이다.

각종 사회적 지위를 점유하는 집단이 형성되며 유사한 사회적 지위에 있는 사람들은 하나의 계층을 형성해가면서 몇 개의 계층과 그 어떤 방법으로 상하관계의 틀을 이루어 중층적 상태(中層的 狀態)를 나타내게 된다. 사회의 이와 같은 중층적 또는 단계적인 상태나 구조를 사회적 성층이라 하며 이를 구성하는 각 층을 계층이라고 한다.

일반적으로 성층화 혹은 성층 형성의 과정은 다양하지만 개략적으로는 시기적 변화 특히 시대별 이데올로기의 변화와 거의 직접적인 변화를 맺고 있다. 절대적 권한행사가 가능하였던 선택된 소수를 위한 사회체제 하에서는 계급적이며 수직적인 위계질서가 형성되며 근대 이후 산업혁명으로 인한 경제 이데올로기가 지배하는 체제 하에서는 기존의 권위적 위계는 경제적 부의 축적 여하에 따른 계급으로 재분배된다. 또한 합리와 기능성이 이데올로기적 덕목인 근대 이후는 기존의 경제적 이데올로기와 함께 개인이나 집단의 능력이 우선시 되며 혈연이나 계통 없이도 개인적 역량에 힘입어 기존의 위계를 선점할 수도 있다. 위계질서의 붕괴라고도 할 수 있는 이 같은 속성은 근대 이후의 현대문화를 규정하고 있는 또 하나의 이데올로기로 자리 잡고 있다.

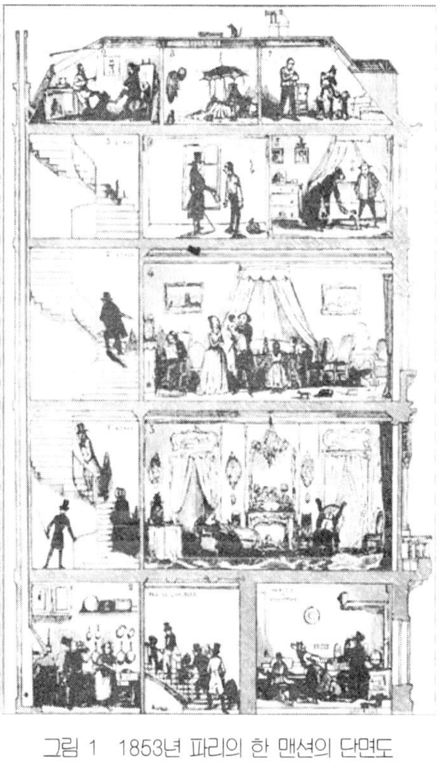

그림 1 1853년 파리의 한 맨션의 단면도
from : L. Benevolo, History of the city

계층(stratum)은 사회구성을 규명하기 위해 사용되는 또 하나의 개념으로 사전적인 의미로서의 계층은 '재산 · 지위 · 신분 등 객관적 조건이 동일한 사람들의 집단'을 나타내고 있다. 계급이 주로 물질적 · 객관적 기반에 입각하여 경제적인 측면에서 사회구성을 밝히는 개념인 데 대하여 계층은 여러 지표를 써서 사회 및 집단의 구성을 내부적으로 밝히는 데 사용된다. 또 계급의 경우 각 계급 간의 역학적 관계가 문제되지만 계층에서는 각층 간의 역학적 관계의 존재를 따질 필요가 없다.

2. 건축가와 계급

architect and class

건축에서의 계급은 어떠한 의미를 지니고 있으며 또 어떠한 형상으로 나타나는 것일까. 건축이 사회를 반영하는 물질적 산물이라고 한다면 그리고 사회가 필연적으로 계급 구조를 지니는 계급사회라고 한다면 이는 곧 건축이 그 사회를 이루는 계급 이익을 대변하는 존재로 자리매김 되는 것을 의미한다. 건축 역사를 보는 한 이 같은 사실은 명백하다. 굳이 여러 가지 예를 들 것도 없다. 그 지역의 계급적 우월자의 형상과 궁전이 다른 것에 비해 과장되게 그려지고 있는 고대 바빌로니아의 판화만 보아도 알 수 있다. 네로 황제의 황금 궁전과 거대한 동상도 역시 두말할 필요도 없다. 계급분화와 역시 그에 따른 위계가 명백하다. 건축 또한 자연스럽게 그 뒤를 따르고 있다. 정도와 성격이 달라졌을 뿐 오늘날에도 건축이 사회 계급을 반영한다는 것은 역시 불변이다.
건축을 일반적으로 정치나 문화 등의 상부구조를 형성하기보다는 그 영향관계 상에 위치하는 이른바 사회적 하부구조로 규정할 경우 건축과 계급의 관계가 흥미롭게 나타나고 있다. 건축이 이러할진대 하물며 건축가는 두말할 나위로 없다. 피라미드 건설을 위해 비록 동원된 수많은 노동자들이 '쿠푸의 친구들'이라는 명목으로 공사에 참여했다고 하더라도 그들은 진정 친구를 위해 그 커다란 구조물을 올리지는 않았을 것이다. 그들은 계급구조로부터 자유로울 수 없었다. 건축가 또한 마찬가지였다. 이 같은 전제를 기본으로 여기서는 건축 자체보다는 건축가에 초점을 두고 계급과 관련된 몇 가지 사항을 생각해 보기로 한다.

1) 건축가는 어떠한 계급에 속하는가 그리고 어떠한 계급을 대상으로 하는가

건축가라는 집단이 자체적으로 특정 사회적 성층을 이룬다고도 볼 수 없다. 왜냐하면 건축가라는 집단은 클라이언트라는 존재와의 매개를 통하여 자신의 작품이나 결과물을 제시하는 기본적인 패러다임 내에 존재하기 때문이다. 건축가는 철학자들과는 달리 자신이 제시하는 특정의 원리나 결과를 진리연하면서 상대에게 제시할 수 없다. 철학자는 남들이 인정하던 인정하지 않던 자신이 고민하고 밝혀낸 일종의 진리연하는 사실을 통해 남들을 계도하고 더 나은 삶으로 이끌 수 있는 권리가 있다. 일종의 의무일 수도 있다. 그러나 건축가는 남이 인정하지 않는 진리나 결과에 대해서 남을 강요할 권리가 없다. 오직 자신의 학습이나 경험상의 좀 더 나은 제안(the better proposal)을 행할 뿐이다. 그렇다고 순수 예술가처럼 자기만족이나 예술원리에 대한 진지한 추구도 그리 만만한 일이 아니다. 예술가는 골방에서 고민하면서 만든 자신의 작품을 보고 나르시스적 환희를 느낄 수 있는 일종의 권리가 있으나 건축가가 혼자 골방에서 그림만 그리는 것은 무능과 무책임이라는 것에 대한 면책이 불가능해진다. 그렇다고 사회나 문화를 계도해간다는 거창한 슬로건도 무색하다. 항상 건축은 사회변화나 예술적 경향의 변화를 추종해왔기 때문이다.
수많은 아방가르드적 예술운동이 범람하던 근대운동(Modern Movement)에서조차 건축은 아방가르드적 색채는 띠었을 뿐 진정한 사회예술운동의 선구는 아니었다. 어찌 보면 일견 거창한 존재로도 보이기도 하는 건축 혹은 건축가라는 집단은 실상 어디에도 그 뿌리를 내리지 못하는 부초 같은 존재일 수도 있다는 불안감의 표현이었을지도 모른다. 따지고 보면 이 같은 불안은 건축가 스스로 그 무엇도 할 수 없다는 한계로부터 시작되고 있었다. 자기만족으로 시작된다 하더라도 타자만족에까지 완벽하게 연계되어야하는 건축이라는 존재의 원죄를 다시 한 번 인지해야 할 순간이었다. 그 만큼 건축이나 건축가가 다른 사람의 존재나 계층 혹은 사회 문화적 상황에 종속되고 있다는 일종의 원죄는 생각보다 그리 만만한 것은 아니었다. 건축가는 그 어떠한 사회적 성층에도 대응 가능한 또 하나의 특수한 성층이 되어야만 했다. 계급이 다양해지면서 우리가 눈을 돌려야하는 대상이 그만큼 다양해졌다. 다시금 쿠푸의 친구들이 될 수도 없

그림 2 도무스 아우레아(Domus Aurea)

었으며 특정한 계급만의 독점으로서 건축을 방기할 수도 없었다. 더 늦기 전에 건축가 스스로가 어떤 계급이어야 하며 어떤 성층을 이루어야 하는가를 고민할 수밖에 없다. 건축의 사회성 운운은 별도로 하더라도 일반적으로 사회적 내지는 지적 레벨이 통용되는 경우에만 건축가가 의도하는 작품성과 개념이 표현 가능하기 때문이다. 최소한 누구를 위하여 건축을 하는지는 알아야 할 일이다.

일례로 법적인 하자가 없음에도 불구하고 어느 특정 지역의 빈민촌에 비버리 힐즈 풍의 고급 별장을 지어달라는 클라이언트의 요구를 과연 건축가는 수용할 수 있을까하는 문제를 생각해보자. 건축가는 클라이언트의 요구를 수용하고자 하는 이상 그와 동등한 내지는 그가 속한 성층의 특성을 이해할 의무가 있음은 당연하다. 그리고 클라이언트의 요구와 그에 대한 대가가 보장되는 한 건축가는 클라이언트의 의견을 무시할 수 없는 존재이기도 하다. 따라서 건축가는 클라이언트의 취향이나 수입 및 가족관계 등의 기본적인 자료부터 그가 원하는 형태나 기능 등을 조사하고 협의하면서 작업을 진행해야 할 것이다. 결국 이 같은 일은 클라이언트의 계층 혹은 성층 속성을 이해하는 것과 다름이 없다. 당연한 이야기이지만 건축가는 그 클라이언트의 요구에 부합하는 작품을 만들어야하며 그것은 당연히 그 클라이언트가 속하는 계층이나 성층의 거의 대부분을 나타내게 된다.

물론 반대의 논리도 가능하다. 빈민촌 주민 가운데 한 사람이 자신에게 맞는 집이나 건물을 부탁할 경우 역시 그의 성층이나 계층 논리에 합당한 작품을 제시해야 할 것이다. 그러나 이 같은 경우는 그리 흔한 일은 아니다. 건축이라는 수단을 통해 건축가와 빈민촌의 클라이언트가 연계될 확률은 극히 적기 때문이다. 따라서 건축가는 모든 성층의 요구에 응할 필요는 있으나(이는 곧 누구라도 클라이언트가 될 수 있는 가능성은 존재한다는 의미이다) 실제적으로는 건축가를 필요로 하는 성층이나 계층에게만 대응되게 된다. 역사적으로 건축가는 권력 계층으로는 상위계층을 경제적 계층으로서는 자본가 계층을 주로 상대해왔으며 그 결과 자연스럽게 건축가에게도 상류사회라는 성층이 부여되어 왔음을 우리는 이미 알고 있다. 이는 곧 건축가가 스스로 자신의 지위나 성층을 형성해 온 것이 아니라 건축가가 상대하는 혹은 건축가를 필요로

그림 3 호화저택과 빈민용 간이식당. 필리핀

하는 계층이나 성층에 의해 반사적으로 지워나 성층이 형성되고 있음을 반증하는 사실이기도 하다.

그렇다고는 해도 건축가는 클라이언트의 모든 요구에 대응하는 것은 아니다. 건축가로서의 모럴이나 양식 등의 거창한 이야기는 접어두더라도 그 어떤 건축가라도 선뜻 빈민촌에 비버리 힐즈 풍의 호화 주택을 지으려하지 않는다. 빈민촌에 거주하는 사람과 고급주택 소유자인 클라이언트가 각각 다른 성층임을 알고 있기 때문이다. 사회의 각 계층은 나름대로의 공감대를 형성하고 이른바 유사한 계급문화를 지니고 있기 때문이다. 물론 다른 성층이라 해서 서로 배타하거나 거리를 둘 필요는 없다. 서로 인정하면서 나름대로의 생활을 유지하면 그만일 수도 있다. 그러나 이것은 이론적이며 이상적인 논리일 뿐 현실적인 설득력은 없다. 이상적이라고 한다면 혹은 많이 양보하여 계층 차이가 존재하더라도 이상적인 사회라 한다면 각 지역은 각 계층이 골고루 함께 분포해야 할 것이다. 그러나 어느 지역을 가 보아도 유사한 계층끼리 어울려 살 뿐 각 계층이 이상적으로 어울려 살고 있는 지역은 여간해서 보기 힘들다. 극단적이고 일반적으로 말해 빈민촌에는 그 사람들이 모여 살고 비버리 힐즈에는 또 다른 그들이 모여 산다.

역시 이른바 계층 정서에 반한다는 기본적인 상식만으로도 빈민촌에 호화별장을 짓기는 쉬운 일이 아니다. 건축가는 이 두 가지(혹은 그 이상)의 계층에 대응할 수밖에 없다. 건축가는 특수한 계층의 클라이언트에 의해 위치가 정해지기도 하지만 동시에 다른 계층의 일반적 상황까지 고려하지 않으면 안 되는 새로운 계층으로 자리매김 된다. 실상의 클라이언트와 허상의 클라이언트를 동시에 고려할 수밖에 없는 또 하나의 피곤한 특수계층일지도 모를 일이다.

좀 더 이야기를 발전시켜보자. 건축가가 빈민촌에 호화 주택의 건축을 꺼리는 것은 그것을 지을 수 없다는 불능(不能)의 개념은 아니다. 지으려고 한다면 지을 수 있다. 그저 크라이언트의 의뢰와 법적 하자만 없으면 외형적으로는 전혀 문제될 일이 아니다. 건축이라는 것을 하나의 행위로 보면 더더욱 그러하다. 필요로 하는 니드(need)와 그것에 대한 대응만이 존재할 수 있기 때문이다. 클라이언트나 건축가 측에게는 실상 그리 큰 문제는 없다. 그러나 빈민촌이라는 상황에 속하는 계층들에게 문제는 그리 호락호락하지 않다. 따지고 보면 빈민촌 사람들은 별장 자체의 호사스러움이나 세련된 외관 같은 외형적 요소를 문제 삼는 것은 아니다. 다만 호화 주택이 그곳에 지어진다는 사실 자체가 납득이 안 가는 것이다. 그 사람들에게는 호화 주택 자체는 문제가 아니다. 또한 그것을 지으려는 크라이언트도 문제는 아닐 수 있다. 문제가 없는 주택과 문제가 없는 사람의 일을 부탁 받은 건축가는 더더욱 문제가 아닐 수 있다. 그럼에도 불구하고 그곳에 호화스러운 주택은 지어진 적도 없을뿐더러 지으려하지도 않는다. 법적인 하자가 없음에도 그러하다. 그렇다고 도덕적인 문제가 있는 것도 아니다. 경제논리 하에서는 지극히 자연스러운 자본행위이기 일 수 있기 때문에 최소한 자본주의 윤리라는 측면에서는 그리 비난받을 일은 애초부터 아니다.

건축가가 누구를 상대하는가는 중요한 문제이다. 어느 성층 혹은 계층을 대상으로 눈높이를 맞추어야 함을 결정하기 때문이다. 이론적으로는 건축가는 두 계층을 모두 수용해야 한다. 모두가 클라이언트가 될 수 있기 때문이다. 그러나 건축가는 역시 자본이 있는 부유한 클라이언트를 더 안중에 둘 수밖에 없다. 빈민촌 주민은 클라이언트가 될 확률이 상대적으로 적기 때문이다. 그러면서도 그 계층을 무시할 수는 없다. 건축가는 스스로 위치지울 계층이나 성층이 존재하지 않는지도 모른다. 혹은 화이트 컬러나 프롤레타리아 등의 애매한 계층구분도 역시 쉽지 않다. 결국 건축가라는 계층은 클라이언트에 따라 동반 상승하는 반작용적 위치 설정과 그것을 견제하는 또 다른 세력 사이에서 한 없이 진자운동을 하는 존재일지 모른다. 사실은 실질적인 클라이언트와 허상의 클라이언트를 동시에 지니고 있는 것이다. 즉 양날의 칼을 지니고 있는 존재인 것이다.

그러나 빈민촌에 지어지는(만약 지어진다면) 건물과 비버리 힐즈에 지어지는 건물은 다르다. 투자한 만큼의 결과라고 치부해버리면 아무 것도 아니긴 하나 근본적으로 건물이 입지할 상황과 맥락이 다르기 때문이다. 마찬가지로 빈민촌 건축가와 비버리 힐즈 건축가는 다르다. 다른 이유는 오직 한가지이다. 대상으로 하는 성층이 다르기 때문이다. 건축이라는 것을 한다는 점은 같지만 어느 사람의 부탁에 의한 혹은 누구를 위한 건축을 하는가에 따라 건축가의 위치나 성층 또한 바뀌게 된다. 건축가도 마찬가지이다. 결국 계층이 다르면 상황도 다르다. 클라이언트가 다르면 건물도 다르다. 역시 건축가가 다르면 건축물도 다르다. 이는 결국 건축가는 양날의 칼을 조심스럽게 써야 할 뿐 두 날을 동시에 사용할 수는 없다는 사실을 의미한다. 또 하나의 아이러니가 탄생하는 순간이다. 어느 날을 사용할지를 항상 생각해야한다.

그림 4 캐탈 휴이크(Chatal Huyuk)

그렇다면 모든 건물이 거의 차별 없는 경우에는 건축가의 입지가 어떠할까. 건물이 차이가 없다는 것은 그 사회에 존재하는 사람들의 성층상의 구분이 없음을 의미한다. 재산이나 취향 혹은 지식정도에 따른 성층 구분이 없음을 의미한다. 빈민촌도 비버리 힐즈도 없다는 사실을 의미한다. 성층도 없고 계층도 없는 이상적 사회에서는 필시 건축가라는 직업조차도 존재하지 않을 것이다. 인류 역사상 가장 오래된 주거 집락에 속하는 캐탈 휴이크(Catal Hyuk)와 같은 곳에서는 건축가 자체가 의미가 없을 것이다. 모두가 건축가일 수 있으며 건축을 한다는 것은 그저 생활의 일부분 정도였을 법이다. 나무 하나 잘라내어 그것으로 기둥을 치고 흙으로 벽 바르고 지붕 만들고 하면 그만인 일이기 때문이다. 그 누군가 최초로 시작한 집 짓는 행위를 그 후손들이 자연스럽게 배워가면서 건축이라는 행위를 발전시켰을 법이다. 당연히 지어지는 건물들도 고만고만하다. 특별한 기술도 필요 없다. 옆집과 유사하다는 것만으로도 그들은 동지이며 또한 계층이었다. 토머스 모어의 유토피아에서도 모든 집들이 거의 유사한 모양으로 지어지고 거의 유사한 생활과 문화를 공유한다. 마찬가지로 여기서도 아버지가 건축가였다. 아들은 그저 아버지가 한 대로 집을 올리면 그만이었다. 건축가라는 직업은 별도로 존재하지 않으며 그저 스스로 선대로부터 물려받은 기술을 이용하여 주위의 건물과 유사하게 집을 지으면 그만일 뿐이다. 로버트 오웬이나 기타 많은 사회개혁가들이 사회적 불행계층을 위한 건물을 기획했을 때도 역시 특별난 건축적 지식을 필요로 하지 않을 정도의 단순한 배치와 형태만을 제시하고 있을 뿐이다. 그들에게는 멋있는 건축물이 중요했던 것이 아니라 살기 위한 생활의 일부로서의 건축이 필요했던 것이다.

그러나 이제 문제는 그리 간단하지 않다. 안도 타다오(安藤忠雄)의 스미요시의 나가야(住吉の長屋)을 이른바 도시 게릴라라고 칭하던 기억을 되살릴 필요가 있다. 그만그만한 주변의 집들과 유사한 재료들로 이루어진 일종의 마찌나미(街並)에서 장식 없는 단조로움과 노출 콘크리트라는 재료적 상이함으로 어깨 견주고 있는 이 건물은 필시 주위로부터는 일종의 반항이자 저항으로 보였을 법이다. 함부로 거하면 안 될 듯싶은 기존의 맥락에 대한 부분적 반발을 의도하고 있는 것이다. 일종의 계층 논리나 정서와는 무관한 표정이 아닐 수 없다. 주변의 상황을 극복한 것인지 무시한 것인지에 대한 평가는 물론 애매하다.

그림 5 안도 타다오, 스미요시 나가야(住吉の長屋)

분명한 것은 그러한 일을 건축가가 하고 있다는 사실이다. 그러한 일을 해야 건축가라고 불러준다는 것이 오히려 바른 표현일 수 있다. 주변의 집과 유사한 건물들은 굳이 건축가가 아니라 근처의 복덕방 할아버지라도 할 수 있는 일일 것이다. 따지고 보면 수많은 건축 관련자 가운데 실로 건축가라고 불리는 사람은 그다지 많지 않을지 모른다. 다른 계층과의 애매한 관계 속에 성립하는 건축가라는 계층이 이제는 다시 한 번 자체적으로 계층분리를 행하는 순간이다.

건축을 하지만 건축가가 있고 그렇지 않은 사람들이 있다. 전공의 심도 정도의 문제가 아니다. 운이나 요행의 문제도 아니다. 누가 만든 것도 아니다. 무시무시한 계층논리의 틀 속에서 진자처럼 움직이다가 명멸하는 또 하나의 새로운 계층인 것이다. 특수하지 않으면서도 특수해야하는 계층. 혹은 특수해야만 하는 계층. 너무나 계층논리에 순응하면 작품이나 작가가 존재하기 어렵다. 스스로 파 놓은 함정이 이제는 질곡이다. 또 하나의 새로운 계층의 탄생이다. 그럼에도 불구하고 그곳에 사는 사람은 주변의 많은 사람들과 거의 유사한 성층을 이루고 있음을 기억해야한다. 결국 일상적인 단계에서의 건축가라는 직업은 역시 그리 만만치는 않다. 아마도 복덕방 할아버지는 이런 생각을 안 할 것이다. 이런 생각 역시 어쩔 수 없는 건축가의 몫인 것이다.

또한 건축가는 근본적으로 목사 등의 자선사업가와는 다른 속성을 지니고 있는 사회적 성층임을 재삼 고려할 필요가 있다. 만약 어느 정도 건축적 지식이 있는 목사라면 아무런 대가없이 빈민촌의 집을 고쳐주거나 새롭게 지어줄 것이다. 목사라는 계층은 남을 위한 무보수 봉사가 가능한 계층이기 때문이다. 그러나 일반적인 건축가라면 아무런 대가없이 건축행위를 하기는 여간 어려운 것이 아니다. 건축가가 자선사업가가 될 수 있는가 하는 문제는 계층이나 성층과 관련지어 생각해 볼 수 있는 또 하나의 중요한 건축가의 속성이 아닐 수 없다.

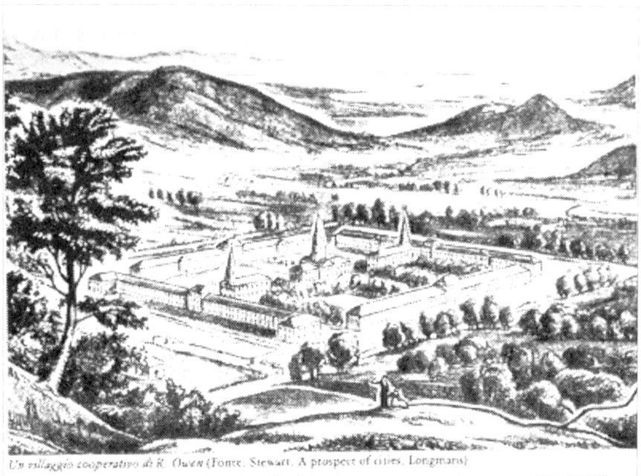

Un villaggio cooperativo di R. Owen (Fonte: Stewart, A prospect of cities, Longmans)

Queste due ambientazioni fantastiche degli anni '40 del secolo scorso testimoniano la suggestione che i modelli insediativi antiurbani e collettivisti dei due grandi pensatori esercitarono per tutto l'800.

그림 6 로버트 오웬, 조화와 협동의 마을, 1817년.

앞 서 말했듯이 근대 초기의 근로자를 위한 공동의 커뮤니티를 건설하고자 하였던 오웬(R.Owen)이나 버킹검(J.S. Buc kingham) 같은 인물은 정규교육을 받은 건축가들은 아니었다. 오히려 사회사상가나 자선사업가일 수도 있다. 우리가 그들을 건축가라고 부르기를 꺼려하듯이 그들 또한 건축가라고 칭해지기를 원하지 않을 것이다. 혹은 봉사운동 가운데 하나인 하비타트

(habitat) 운동 또한 몇몇 건축가가 참가는 하겠지만 역시 정규교육을 받지 않은 사람들도 충분히 지을 수 있는 정도의 매뉴얼화 된 주택 건설에 머무를 것은 자명한 일이다. 목사가 지은 집이나 하비타트에서 지은 집과 비버리 힐즈에 지은 집은 다르다. 다를 수밖에 없는 것이다.

역시 건축가의 의지만으로는 되는 일이 아니다. 아무리 건축가 스스로 자선사업가를 꿈꾸어도 근본적으로 자신의 비용과 노력과 노동력을 무상투자 하지 않는 한 참된 자선 사업가는 될 수 없다. 되고는 싶어 해도 여간 힘든 게 아니다. 목사는 목사 나름대로 필요한 집을 짓는다. 건축가도 역시 나름대로 필요한 집을 짓는다. 그러나 목사가 비버리 힐즈의 주택을 지을 필요 없듯이 건축가도 빈민촌에 화려하고 웅장한 주택을 지을 필요가 없다. 역시 각자의 계층이나 성층 논리 내에서 움직일 수밖에 없는 존재일지 모른다. 건축가가 자선 사업가가 될 수 없다는 사실. 그렇다고 비버리 힐즈를 버리고 빈민촌으로 뛰어 들어갈 수도 없는 일이다. 세속적인 건축가라는 계층을 벗어나는 행위는 생각보다 만만치 않다. 비극적이긴 하지만 그리 낙심할 일도 아니다. 건축가라는 라벨이 붙어 있는 한 건축한다는 것은 역시 쉬운 일은 아니다.

2) 만인을 위한 건축은 가능한가?

그러나 흥미로운 사실이 있다. 우리는 챠탈 휴이크에서의 주택들이나 토마스 모어의 유토피아에 나오는 건물들 혹은 로버트 오웬 등이 건설한 공동 커뮤니티에 자리하고 있는 건물들을 작품이라고는 부르지 않는다. 그리고 역시 그들을 건축가라고 부르지도 않는다. 건축이라는 행위의 주체가 모두 건축가는 아니라는 모양이다.

따지고 보면 건축가라는 직업이나 계층이 정착하게 된 것은 르네상스시기였다. 그 이전까지는 건축가라는 존재는 별도의 직업이라기보다는 임호텝 같은 관료나 혹은 미궁을 설계했다고 전해지는 다이달로스와 같은 장인 등이 행하는 많은 일 가운데 하나였다. 수많은 교회가 지어지고 있던 중세에 이름난 건축가가 없다는 사실도 사실은 아니러니컬하다. 중요하지 않았던 것이다. 필요한 건물을 짓는 것은 그것이 생활 때문이거나 권력 때문이거나 혹은 종교 때문에 중요했던 것이다. 비트루비우스가 황제에게 건축에 대한 여러 지식을 남긴 것도 건축 자체에 대한 지식 전달이라기보다는 한 나라를 치국하는데 있어 필요한 전술적 건축의 지식을 전해주고자 하고 있는지도 모를 일이다.

르네상스는 예술가만이 아니라 건축가에게도 황금기였다. 메디치 가문 등 신흥 부르주아의 비호와 원조를 받으면서 건축가는 서서히 그 자리를 확보하게 된다. 알베르티(L.B.Alberti)의 힘도 컸다. 그로 인해 그 전까지 장인이나 숙련 직공(artisan) 등이 행하던 일체화된 건축행위가 건축가가 할 일과 장인이 할 일로 구분되었다. 기획과 디자인은 건축가가 맡게 되고 도면대로 만드는 일을 장인에게 넘겨졌다. 건축가로서는 커다란 공이 아닐 수 없었다. 건축가의 지위가 상승되는 순간이다.

동시에 많은 건축가들이 예술가를 자처하면서 저술가로서도 이름을 널리 알리고 있었다. 믿고 의지한 곳은 비트루비우스(Vitruvius)였다. 비례론부터 건축론에 이르는 수많은 저술이 마치 건축가가 당연히 써야하는 양 그 모습을 보이고 있었다. 건축가로서의 새로운 지위를 공고히 하는 또 하나의 전술이었다. 브루넬리스키는 메디치의 보호를 받아가면서 플로렌스를 아름답게 만들어나갔다. 필라레테(Filarete)는 스포르챠라는 군주와 힘을 합쳐 그들이 거주할 이상적 도시와 여러 건물을 디자인하였다. 예전의 임호텝의 영광이 재현되는 순간이다. 나아가 세력을 얻고자 하는 쪽과 독립적이고 안정된 지위를 확보하고자 하는 쪽 쌍방의 요구가 잘 맞아떨어진 셈이었다.

근세에 들면서 이미 건축가들은 안정된 지위에서 나름대로의 성역을 만들고 절대 권력과 살롱 문화에 익숙해져 가면서 건축을 점점 더 성역화 내지 고품격화하고 있었다. 거대한 궁전이 지어지면서 건축가들의 이름도 함께 건물에 새겨졌으며 화려한 극장과 문화를 빙자한 아름다운 양식과 건축물이 건축가의 지위를 더욱 돈독하게 해 주고 있었다. 당시 왕정의 절대적 권력가였던 퐁파돌 부인이 수플로(Jacques Germain Soufflot)의 이탈리아 견학을 지원하지 않았더라면 프랑스 신고전주의의 최초 건물인 성 쥬느비에 교회는 이미 그 모습조차 보일 수 없었을지 모른다. 절대왕정에 봉사하던 바로크에 대항한 신고전주의의 배후에도 당시 귀족들의 부(富)가 한 몫하고 있었다는 사실도 역시 역사의 아이러니가 아닐 수 없다. 건축 아카데미 교사였던 불레는 일생동안 실제 건축의 경력을 쌓을 기회조차 없었음에 비하여 그의 제자인 르두

(C.N.Ledoux)가 화려한 극장 등을 역사에 남길 수 있었던 것은 루이 왕조의 왕실 건축가라는 타이틀 덕이었다. 역으로 푸리에(C. Fourier)가 기가 막힌 이상으로 무장한 이론을 제시하면서도 막대한 자금을 밀어줄 투자자를 찾기 위해 밤새 기다릴 수밖에 없었던 것도 역시 힘없는 건축가의 초상으로 우리에게 기억되고 있다.

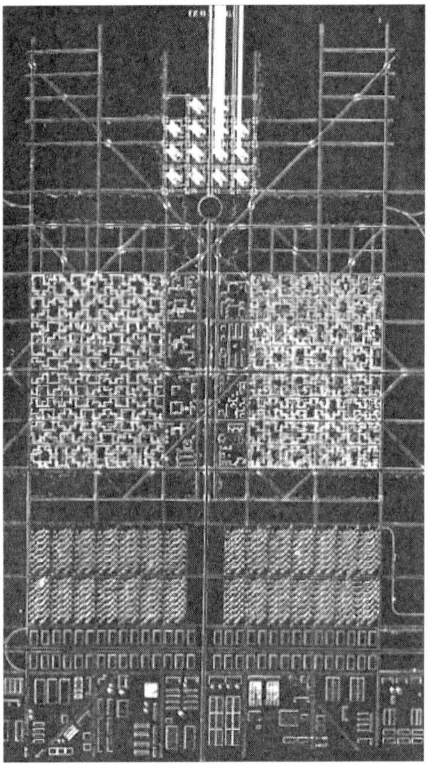

그림 7 빛나는 도시. 르 꼬르뷔제

물론 모두가 그런 것은 아니었다. 르두 같은 건축가들은 권력에만 매력을 느끼는 건축에 대해 약간의 회의를 느꼈을지도 모를 일이다. 모두가 즐거울 수 있는 공간을 건축가가 만들어 주어야한다고 생각했을지 모른다. 솔테르 계획은 그렇게 건축가의 지위에 대한 경고로 모습을 나타내고 있다. 혹은 가르니에(T. Garnier) 등도 최소한 사회 변화에 대응할 만한 건축의 입장을 느끼고 있었을 법이다. 따지고 보면 로버트 오웬이나 기타 많은 사회 사상가들이 사회적으로 불행한 계층을 수용하기 위한 일련의 흐름을 창출하고 있었던 것은 오히려 건축가에 대한 경고였을지도 모를 일이다. 우리가 아무리 그들을 건축가라고 칭하지 않는다 해도 그들은 분명 사람이 거주하고 생활할 공간을 만들었다. 건축가가 의당 해야 할 일은 그들이 한 셈인지도 모른다. 오늘날 건축 역사책의 한 페이지에 그들의 일련의 실험이 모습을 보이고 있는 것도 이 때문일지 모른다. 나태해지고 안주하던 건축가에게 경종을 울려준 것만으로도 충분히 건축가의 역할을 다했기 때문이다.

근대건축은 조금 성숙한 모습의 건축가를 보여주는 듯 했다. 그들은 어찌되었건 '만인을 위한 건축'이라는 것을 표방할 정도로 성숙하고 발전된 건축기반을 지닌 세력이었다. 그러나 따지고 보면 건축에서 말하는 만인(萬人)이라는 개념만큼 모호한 것도 없다. 근대 이전의 특수적 혹은 특권적 계층을 대상으로 진행되던 고급 건축이 근대건축에 이르러 많은 사람이 공유 내지는 향유 가능한 건축을 지향하게 되었음은 주지의 사실이다. 그러나 이 경우 만인이라는 개념은 이상적인 레벨에서의 '모든 사람'이라는 의미가 아니라 아마도 '보다 더 많은 사람'이라는 비교 우위의 개념으로 이해함이 타당할 지도 모른다. 기본적으로 모든 사람에게 만족을 줄 수 있는 건축은 존재해 오지 않았다. 계층적으로 말해 하위 계층에 눈높이를 맞추면 상위 계층으로서는 불만을 표시할 수밖에 없으며 반대로 상위계층에 레벨을 맞추면 여지없이 하위계층의 원성과 힐난을 감내해야 했다.

그렇다고 평균치라는 개념이 존재하는 것도 아니다. 따라서 근대 건축이 말하는 만인이라는 개념은 오히려 그동안 특수적 내지 특권적 계층에 속하던 건축을 보다 더 많은 사람에게 재분배한다는 개념으로 해석할 수밖에 없게 된다. 르 꼬르뷔제가 유니테 다비타시용(Unite d'habitation)을 통해 보다 많은 사람을 집합적으로 수용하려고 했던 것도 빌라 사보아 같은 특권적 저택 문화를 보다 많은 사람에게 향유시키고자 하는 건축가로서의 최소한의 모럴(moral)이었을지도 모를 일이다. 백만 명을 위한 도시를 계획한 것도 같은 맥락에서 해석 가능하다.

결국 만인을 위한다는 것은 그리 만만한 일은 아니다. 이집트의 피라미드를 건설하기 위한 노동자 주거군이나 혹은 노동자들을 위한 커뮤니티 혹은 도시 일반시민을 위한 보편적 주거계획 등은 모두 만인을 위한다는 표피적 사실조차도 설득하기 힘들다. 유니테 다비타시옹이나 몇 몇 근대적인 도시계획도 어찌 보면 만인을 위한다는 슬로건 아래 그동안 만인을 위해오지 못했다는 자괴심을 표방하려는 듯한 느낌마저 들기도 한다. 새삼스러운 일이 아닐 수 없다. 만인을 위한다는 건축이 의외로 존재해오지 않았음을 그 때서야 건축가들이 알았는지도 모를 양이다. 혹은 주관적 특수로부터 객관적 다수로의 전이를 통한 자본의 또 다른 집적을 바랬는지도 모를 일이다. 인터내셔널 스타일(international style)이라는 허울로 치장한 만인 공통의 언어로 느리던 건축을 빠르게 전이시키기 위한 또 하나의 방법론이었는지도 모를 일이다.

역사적으로 스텝 피라미드나 화려한 궁전을 제작한 건축가의 이름은 존재할 수 있지만 그것을 짓기 위해 하루하루 피땀을 흘리던 노동자 주거단지를 지은 사람은 그 어디에서도 이름을 찾아볼 수 없다. 만인을 위한 건축을 표방한다면 피리미드 건설 이전에 절대다수의 많은 사람들을 위한 주거에 건축의 모든 힘을 쏟아야만 했다. 아무리 피라미드의 주인인 파라오가 만인의 대표성을 지닌다 해도 역시 만인이라는 개념 자체는 존중할 일이었다. 혹은 중세의 수도원이라는 일종의 종교적 평등사회에서 조차 화려한 성당 건축물은 건축 작품으로서 작가와 더불어 뽐내고 있지만 그 평등한 수도원 생활의 메카니즘을 설계하거나 고안한 사람의 이름은 좀처럼 찾아내기가 힘들다. 더 많은 사람은 특별히 신경을 써 주지 않아도 나름대로 알아서 잘 살 양이었다.

근대 초기의 수많은 노동자들의 주거를 위한 일련의 실험들도 결코 건축가의 몫은 아니었다. 로버트 오웬이나 샤를르 퓨리에 혹은 버킹검 등과 같은 사람들이 건축가의 성층이나 능력을 비아냥거리듯이 듯이 사회적 다수, 특히 불행했던 다수를 수용하고자 일종의 커뮤니티를 제안하고 실행할 때도 건축가들은 화려한 극장이나 문화시설 혹은 저택 등을 좀 더 호사스럽고 멋지게 지을 연구를 해 왔는지도 모를 일이다. 탓할 일은 아니지만 생각은 역시 많다.

그림 9 위는 하세가와 이쯔꼬의 타꾸마 저예산 집합주택. 아래 그림은 같은 지역에 있는 사까모또 카즈나리의 작품.

그렇다면 단지 만인을 위한 건축을 하는 것으로 그동안 건축이 행해온 것에 대한 면죄부가 가능할 것인가. 생각보다 쉬운 일은 아니다. 유니테 다비타숑과 같은 경우는 별도로 하더라도 최근 쿠마모또를 세계적이고 예술적인 건축도시로 만들고자하는 기치 아래 시작된 구마모또 아트폴리스(本熊 アートポリス) 계획 가운데 하나인 다꾸마 단지도 이 같은 면에서 많은 생각을 던져주고 있다. 하세카와 이쯔꼬 등 한창 잘 나가는 건축가들이 일반 서민을 위하여 저예산으로 저층 집합주택을 짓는다고 할 때까지는 그동안 유명한 건축가의 손길로부터 소외되었던 저소득층도 나름대로는 만인을 위한 건축의 덕을 볼 수 있다고 생각 했을지도 모

를 일이다. 수적으로 훨씬 많은 저소득층에게 건축적으로 훌륭하다고 검증된 디자인과 기능과 센스를 부여한다는 사실 자체가 이제 건축의 보편화 내지는 만인화가 가능하리라는 설렘을 주었을지도 모를 일이다.

그러나 생각만큼 그리 호평은 아니었다. 세련된 디자인과 첨단적인 재료를 도입하여 한껏 차별화를 기대한 건축가의 의도와는 별개로, 실제 거주민들은 동선이 불편하다든가 빗물이 샌다든가 빛이 충분히 안 들어온다든가 하는 일상적인 푸념을 늘어놓을 뿐이었으며 게다가 공영주택이라는 한계로 인하여 단지 전체는 처음의 깔끔한 이미지로부터 멀어져만 가고 있다. 한껏 디자인적으로 모양을 낸 발코니에는 햇볕 좋은 날이면 여지없이 이불 더미로 뒤덮이고 있으며 원색의 화려함으로 시작된 건물 외장 또한 어느덧 사람 손길이 닿지 않음을 힐난이라도 하는 양 애매한 무채색으로 전락하고 있다. 단지 전체에는 깔끔함보다는 산발적인 쓰레기 더미와 버려진 물건들로 전혀 예쁜 구석이라고는 찾아볼 수 없으며 자연히 길을 거니는 사람의 표정조차 그리 고급스럽고 여유 있어 보이지 않는다. 도무지 좋은 느낌은 찾아보기 힘들다. 단지는 그저 생활에 찌든 표정만큼의 모습을 보여주고 있을 뿐이다. 특히 사까모또 카즈나리(坂本一成)가 설계한 단지의 경우는 더더욱 심각하다. 알루미늄 패널로 멋을 낸 발코니와 그 것을 가로지르는 프레임이 그 전위적인 디자인에도 불구하고 이제는 흉물스럽고 폐허화된 이미지로 단지 입구에서 나태한 표정을 짓고 있다. 색상까지도 잿빛 폐허를 암시하는 양하다. 어디까지가 건축가의 면죄부적 디자인인가를 생각할 수밖에 없다.

같은 단지라도 모두 그런 것은 아니다. 거의 같은 시기에 유사한 지역에 세워진 또 하나의 단지는 느낌부터가 다르다. 후꾸오까 넥서스 21의 일환으로 세워진 하이앗트 단지의 경우는 비교적 잘 정리된 도로 네트워크를 비롯하여 깔끔한 거리 환경과 수많은 편의시설로 무장하고 있다. 더욱이 단지의 입면과 평면은 건축가들이 하고 싶은 개념과 재능을 한껏 반영이라도 한 듯 세련되며 도시적이다. 단지 입구에 설치되어 있는 방범용 오토 락 시스템과 밤에도 불이 꺼질 줄 모르는 입구의 콜로내이드도 단지의 세련됨을 일층 더 해주고 있다. 심지어 아무리 둘러보아도 베란다에 걸린 이불 조각이나 너절한 세탁물들은 눈에 띠지도 않는다. 주민들이 이미지를 만드는 것인지 관리 회사가 이미

그림 10 NEXUS WORLD KASHII

지를 강화하는 것인지 혹은 건축가라는 존재의 보이지 않는 이름이 건물의 품위를 원천적으로 정해버리고 마는지 조금은 애매한 경우이기도 하다. 그러나 이유야 어찌되었던 간에 이 건물을 설계한 건축가들은 이른바 도시의 집합주거라는 새로운 이미지를 표현하고 있다고 자랑스럽게 이야기하고 있을 지도 모를 일이다.

왜 두 단지가 이렇게 분위기가 달라야 하는가에 대한 의문이 생길 수밖에 없다. 단지 타꾸마 단지는 시영(市營)이고 넥서스 단지는 개인 분양이라는 차이만으로 발생하는 것은 아닐지 모른다. 좀 더 크게는 각각에 거주하는 계층과 그 문화 및 수준의 상이함과 혹은 자본의 흐름이라는 또 다른 변수 등이 이 같은 차이의 배후에 자리하고 있음은 더 이상 설명할 필요가 없다. 하긴 건축가의 책임은 아닐지 모른다. 타꾸마 단지에 참여한 건축가들은 이제껏 특정 계층에게 더 많이 부여되던 이른바 '건축적' 건축이라는 것을 일반적이고 다수인 사람들이 경험할 기회를 준 것만으로 자위할지도 모를 일이다. 건축가 스스로 특수계층임을 혹은 특수계층을 상대로 하는 계층임을 실토하는 아이러니임을 아는 양 모르는 양 그저 시나 공공단체에서 책정한 예산의 한계나 거주민의 생활수준 혹은 의식상태 등을 핑계로 삼을 지도 모를 일이다.

따지고 보면 만인은 위한다는 것은 허구일 수 있다. 오히려 그러한 발상 자체는 건축가가 아니라 철학자나 시나 국가 공공 단체의 몫일지도 모른다. 건축가가 아무리 만인을 위한다고 항변해본들 그 한계는 너무나 많다. 자선사업가가 될 수 없는 계층이기 때문이다. 스스로는 그 무엇도 하기 힘든 계층이기 때문이다. 생각보다 건축가가 상대할 계층은 그리 많지 않다. 그럼에도 불구하고 수많은 계층을 건축가는 상대해야 한다. 굳이 입으로 만인을 외친다고 될 일이 아니다. 만인을 전부 위할 수는 없다. 마음이라도 만인을 모두 생각하면 그만이다.

그림 11 NEXUS Sea side Momochi. 하이아트 집합주거

그저 만인이던 한 명이던 건축가는 스스로에게 맡겨진 일을 최대한 훌륭하게 완성하면 그만인 존재일지도 모른다. 만인의 환상으로부터 벗어날 때이다. 건축가가 너무 많은 일을 하려한다는 것 자체에 대한 경종일지도 모를 일이다.

3. 맺는말

epilogue

몇몇 위대한 건축가에게 한정된다는 유보를 달고 있기는 해도, 비트루비우스가 말하는 건축가는 전지전능한 신에 버금가는 존재이어야 했다. 예술은 물론 문학에도 능통하고 공학이나 의학 및 천문학은 물론 음악에도 조예가 깊어야만 하는 존재였다. 역사에 대한 지식은 차라리 기본이었고 철학 또한 건축가가 소홀히 해서는 안 되는 절대 강목이었다. 어디에도 정통하다는 것은 곧 어느 것도 할 수 있다는 것과 같았으며 그렇기 때문에 건축가는 다시 한 번 신이 되기를 강요받고 있었다. 재주만 있는 영원한 장인 다이달루스 보다도 의술과 권력까지 손에 얻고 신의 자리까지 올라간 임호텝(Imhotep)을 우리가 더 좋아하는 것은 아마도 비트루비우스의 책임인지 모른다. 라쇼드퐁 공예학교에 입학(1900년)하여 회화와 건축에 흥미를 느끼던 르꼬르뷔제가 페레 주택을 시작으로 건축실무에 입문(1905년)한 이래 도미노형 양산 주택(1914년)을 거쳐 300만의 현대도시(1922년)와 빛나는 도시(1935년) 그리고 유니테 타비타숑(1948년)으로 이어지는 일련의 과정에 손을 대고 있던 사실도 역시 비트루비우스의 유혹이었다. 한명을 만족시키면 되는 일을 만인을 만족시켜야하는 일로 대체하려한 그를 우리는 애써 이해하려 하고 있다. 이제는 오히려 삽과 곡괭이를 양손에 들고 파리의 역사적 유물들을 싹쓸이하면서 샹제리제 거리를 만들어 버린 오스만(Hausmann)의 권력도 역시 건축가가 탐내야하는 덕목이 될지도 모를 일이다.

그림 12 Philbert Delmore, allegories of bad and good architect.
from : *A History of Architectural Theory by H.W.Kruft*

건축가의 목표가 높아진 이상 건축가가 상대해야 하는 계층도 자연스럽게 정해지고 말았다. 권력의 정점에 근접할수록 건축에는 힘이 실리고 건축가에게는 명예와 부가 보장되었다. 그로 인한 반사적 영광은 다시 한번 건축가를 전지전능의 신으로 만드는 듯 하였다. 간혹은 권력의 대행으로서 네로 황제와 함께 불타는 로마 시내를 보았을 법이며 가끔은 자비로운 표정으로 산업체 노동자들의 비참한 주거 환경을 가슴 아파했을 것이다. 간혹은 대상을 바라보는 눈이 교만해졌을 것이며 또 그만큼 미안한 마음에 겸손을 배우고자 했을 것이다. 어차피 미노스왕의 앞에서는 천하의 다이달루스도 괴물 미노타우로스를 위한 미궁을 지을 수밖에 없었다. 이름 없는 목사의 손으로 몇 채의 집이 지어지면서 다이달루스의 원죄는 어느 정도 보상되는 듯하였다. 그러나 역시 모두가 허상이었다. 건축가가 상대해야 하는 계층은 생각보다 그리 많지 않았다.

건축가가 할 일이 많은 것은 사실이다. 건축가의 손길을 기다리고 있는 많은 일들이 존재하고 있는 것도 사실이다. 건축가의 손을 통해 많은 것이 만들어지고 있는 것도 사실이다. 그렇다고 빛이 있으라하여 빛이 생기는 식의 창조는 아니다. 아무리 무에서 유를 창조한다고 우리가 강변하여도 신이 아닌 한계는 늘 우리 곁을 떠나지 않는다. 생각은 많은데 손이 따라주지 않는다. 위할 대상은 많은데 건축가라는 개인의 힘은 역시 신의 그것과는 상대가 되지 않는다. 딱히 교만해서도 아니다. 구엘이나 구겐하임 같은 크라이언트가 건축가의 지위를 올려주어도 항상 마음 한 구석에는 동네 한 구석의 허름한 집에서 살고 있는 소녀 가장의 구김살 없는 표정이 마음에 걸릴 뿐이다. 아무리 클라이언트를 위해 호화로운 주택을 설계한다 해도 이내 자신이 설계한 주택의 반도 안 되는 평수의 아파트로 피곤한 발길을 옮겨야 하는 건축가 스스로의 표정이 안쓰럽기도 하다.

'먼저 자신이 만들고자 하는 그 방이 어떻게 되고 싶은지를 생각하라. 그리고 그것들을 조합하여 스스로 완전한 것이 되게끔 하라'라는 루이 칸(L. Kahn)의 말을 빌리지 않더라도 역시 건축가에게는 최소한의 역지사지(易地思之)는 필요한 일이다. 자신이 만들고자 하는 방이 어떤 상태로 되기를 바라는지 생각하듯이 자신이 만들 건축을 향유할 대상이나 계층이 어떤 것을 바라는지 알아야 할 일이다. 지적 횡포나 권력의 편견 대신 다시 한 번 원점으로 돌아와 자신의 위상을 자리매김 할 순간이다.

대상은 많다. 계층도 다양하다. 우리가 스스로의 칼로 스스로의 발을 잘라내는 프로크루스테스의 침대가 아니길 바랄 뿐이다. 미국에서 가정 가난한 동네라고 할 수 있는 앨라배마 주 헤일에서 사무엘 막비와 루럴 스튜이어(Rural Studio)가 보여준 건축이 이제는 더 이상 신화가 되어서는 아니 될 일이다. □

중 심

혹은 중심적인 것

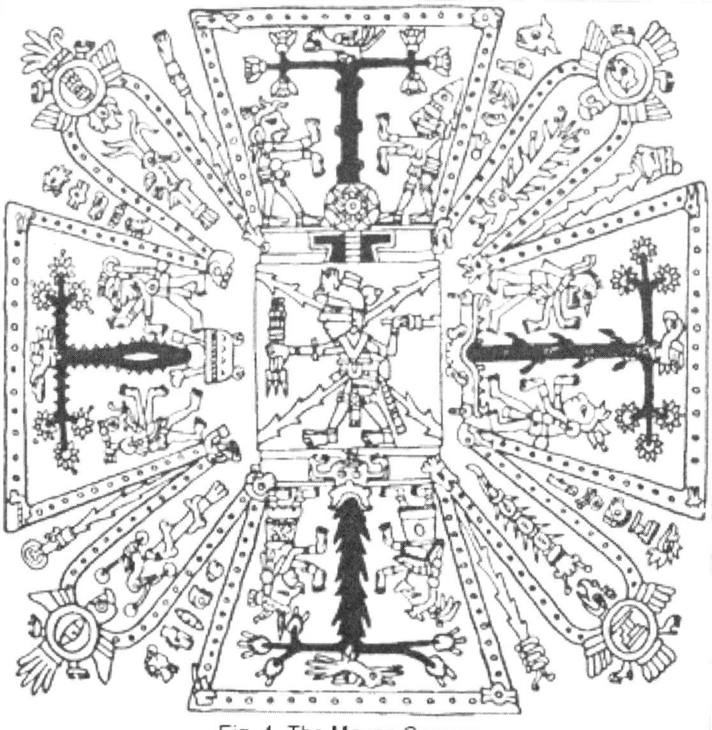

Fig. 4 -The Mayan Cosmos

the Mayan cosmos

1. 중심(中心)에 대하여

as to center

중심이라는 단어의 사전적 의미는 한 가운데가 되는 곳, 마음 속(心曲)이나 줏대 혹은 매우 중요하고 기본이 되는 부분으로 정의되고 있다. 이는 물리학적 내지 수학적 측면에서의 중심과 인간 개인적 차원에서의 기본이 되는 측면 모두에 해당하는 것이며, 이것이 추상적이고 포괄적인 개념이 될 때 매우 중요하고 기본이 되는 것이나 부분으로 표현되고 있음을 보여주고 있다.
중심의 의미를 좀 더 구체적으로 알아보기 위하여 이와 유사한 개념인 센터(center)라는 단어의 사전적 의미를 기본으로 유추해보면, 한 가운데, 영향, 활동, 세력 등의 중심, 출소(出所) 및 근원, 흥미나 감정 등이 집중하는 곳에 있어서 중심, 초점, 중핵(中核) 혹은 중심인물, 심(芯)이나 코어 및 주요 지점이나 장소, 물건 혹은 중심부, 중심시설, 종합지구 등을 의미하는 것을 알 수 있다. 이상에서 열거한 센터, 즉 중심의 개념을 의미별로 대별하여 정리하면 중심의 어원적 개념은 기하학적 중심을 포함한 중앙 부분, 근원, 초점, 중핵이나 중추 및 기반 등의 속성을 지니는 의미로 요약 가능하다.
일례로 인간 중심주의적 세계관이라고 하면 인간이 세계 및 일체 상황의 중심이며 궁극의 목적이라고 보는 세계관으로 다른 무엇보다도 인간에게 가장 근본적이며 중요한 지위를 주고자 하는 입장을 말한다. 이는 우주 삼라만상이 근본을 이루던 우주 중심적인 고대나 신(神)에게 최고의 가치를 부여하던 신 중심적인 중세에 대해서 근대의 일반적이고 기본적인 세계관을 말하며 이 경우 인간과 그 주체성이 이 세계관의 근원을 이룰 뿐 아니라 다른 무엇보다도 중시되는 중심 요소가 되고 있음을 의미한다. 수백만의 신도들이 메카 신전을 찬미하는 것은 그들이 존재하는 근원이며, 그들이 숭배해야만 하는 절대로서의 중심을 나타내고 있다. 마찬가지로 중심지 이론[1]이라고 하면 주변지역에 재화나 서비스를 공급하는 중심기능을 갖는 장소로서의 중심지가 공간적으로 어떻게 입지해야 하는가를 연구하는 이론으로 이 경우에는 도시의 중핵이나 중추를 나타내는 중심의 의미가 강하다 할 수 있다. 중심업무지구(CBD)이 권력, 자본 및 정보가 대량 집적된 도시의 중추관리기능 지역을 나타내는 것도 같은 맥락에서 이해할 수 있다. 이처럼 중심이라는 단어는 단순한 지정학적 가운데라는 의미 말고도 근원 등의 의미를 포함하여 개념적이며 물리적인 환경 모두에게 적용되고 있는 의미로 우선 인식할 필요가 있다.

중심이 중심으로서의 의미를 지니기 위해서는 주변이라는 요소를 동반할 때 비로소 가능하다. 중심과 주변과의 관계는 그 성격이 종속적인가 혹은 상대적인가에 따라 의미와 역할이 다양하게 나타난다. 중심이 지니는 의미가 강할수록 모든 힘들이 발생하고 수렴하는 곳으로서의 성격이 강해지며 일종의 우주원리와 같은 중심지향적인 경향으로 나타난다. 이 경우 주변 혹은 테두리는 중심의 성격을 강조하는 방향으로 진행되면서 성격과 기능을 일층 강조하게 된다. 이 같은 상황에서는 누가 내지는 어떤 존재가 중심을 선점하는가가 중요한 사안이 될 수 있다. 세계의 중심을 운운하던 옴파로스나 만다라에서의 우주의 중심, 나아가서는 중국(中國)이나 일본(日本)이라는 이름이 각각 세계의 중심과 해의 중심을 나타내고자하는 것도 지나친 이데올로기일지언정 중심에 대한 강한 열망과 선점 의지를 보이기에 충분하다.

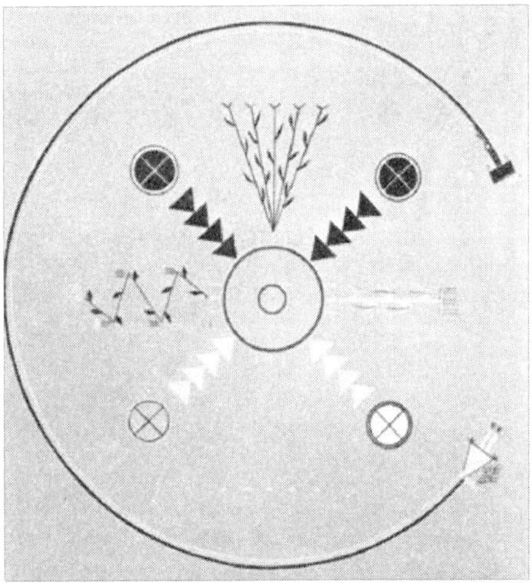

그림 1 Navajo sandpainted Mandaras

중심이 주변과 조화를 이루게 되면 자연스럽게 균형 상태가 된다. 이는 힘이나 시설 등의 물리적 균형일 수도 있고 권력의 그것일 수도 있으며 이념적인 균형일 수도 있다. 이론적으로는 동등한 가치 분포일 경우 균등의 상태까지 수렴할 수 있는 상태일 것이다. 그러나 실제로는 동등한 분배는 존재할 수 없고 또한 중심이라는 존재의 의미가 계속 남아있는 한 가치의 차별은 발생하기 때문에 이상적인 면에서의 균형 상태를 상정

1) 도시의 수·규모·분포와 기능에 대한 이론으로 W. 크리스탈러가 그의 저서 《남독일의 중심지(1933)》에서 최초로 제기하였다.

할 수밖에 없다. 동시에 물리적이고 가시적인 해답이 없다는 것도 개념상의 혼돈을 초래하기도 한다.

일례로 특정 중심에 집중되는 힘이나 권력을 주변에 분산한다는 발상은 물리적이고 강제적인 떼어주기 식으로는 균등 상태를 유지할 수 없다. 중심이 지니고 있던 역사나 문화 등의 요소와 그로 인한 정체성 등 비가시적인 측면은 이미 물리적인 관계를 넘어서고 있기 때문이다. 상당수 유토피아적 발상이 실패하는 경우도 역시 이 같은 경우에 속하며 이는 곧 중심과 주변의 적정한 역학 관계가 항상 전제되어야 할 필요성이 있음을 시사하고 있다.

그럼에도 불구하고 중심을 중심답게 만드는 것은 역시 주변이라는 존재가 있기 때문이다. 중심은 그것이 근본이던 초점이던 혹은 주요 지점이건 간에 항상 비교 우위적 개념을 전제하고 성립하기 때문이다. 중심은 자생적으로 발생할 수 없으며 무제한적이고 무한정적인 중심 또한 존재하기 힘들다. 중심이 비로소 중심이 되는 경우는 기본적으로는 테두리나 주변이 한정된 공간이나 영역을 형성할 때이다. 주변이나 테두리에 의해 특정 공간을 둘러싼다는 것은 그 공간을 제한하여 공간의 힘을 특성화시키는 것을 의미하기 때문이다.

중심의 의미는 무한정 과장되지 않는다. 주변과의 관계에서도 마찬가지이다. 중심이 모든 발전의 핵이라는 사실을 부정하는 일종의 주변혁명론[2] 같은 경우는 안정을 추구하고자 하는 경향이 강한 중심과 항상 변화의 에너지가 넘치는 주변과의 관계에서 주변이 변화의 헤게모니를 선점한다는 이론으로 중심과 주변간의 새로운 패러다임으로 제시되고 있다. 혹은 중심 자체의 의미가 부정당하기도 한다. 구심점도 축도 절대성도 거부하는 포스트 모던이나 중심성을 해체하는 해체주의 등도 탈중심 내지는 다중심적 사고로 무장한 채 우주와 신과 인간 내지는 인간의 이성 자체가 중심이 되어오던 역사적 흐름에 반

2) 일정한 생산양식이 성숙하여 혁명적인 변혁이 불가피하게 되었을 때 혁명은 그 생산양식이 발전하고 있는 중심지에서가 아니라 오히려 주변지역에서 시작된다고 보는 혁명관. 이러한 가설을 처음으로 정식화(定式化)한 사람은 영국의 마르크스주의 철학자 M. 코언포스이다. 역사적으로 볼 때 봉건주의·자본주의뿐만 아니라 사회주의 혁명 역시 중심지가 아닌 주변부에서 일어났는데, 이는 모든 생산양식은 중심지에서는 안정성을 확보하나 주변지역에서는 여러 낡은 관계가 남아 있게 됨으로써 제도의 확고한 정착이 어렵기 때문이다. 이 점이 주변혁명론의 논리 근거이며 단순히 사회주의 혁명뿐 아니라 역사상 모든 혁명의 일반적인 법칙으로서 주변혁명을 제시하고 있는 점이 특징이다.

기를 들면서 현대라는 무중심적 사회를 대변하고 있다.

2. 건축과 중심

architecture and center

1)

극단적으로 말해 건축의 역사는 이른바 중심 찾기의 역사일지도 모른다. 혹은 중심에 대한 의미 부여의 역사이며 중심에 대한 선점(先占)의 역사이기도 하다. 시대와 역사에 따라 중심에 어떤 대상이 자리하는가가 달라졌으며 건축 또한 그 그늘에서 벗어날 수 없었다. 우주와 자연이 곧 권력과 일치하던 시기는 여지없이 도시나 지역의 중요한 지점에 신전이나 궁전이 들어서면서 중심의 의미를 극대화하기에 분주하였으며, 신과 종교가 중심을 이루던 시기에는 자연스럽게 그것을 위한 위계질서가 성립되면서 중심의 의미 전이가 이루어지고 있었다. 정주(定住)로부터 시작된 건축과 도시의 발생은 가장 중요한 지역에 중요한 의미를 지닌 시설과 공간이 선점되어야한다는 일종의 당위를 동반하면서 이른바 중심 찾기에 힘을 쏟고 있었다.

거석들이 원형의 중심을 향하면서 환상열석을 이루고 있는 스톤헨지의 중심은 힐 스톤이라는 방향석의 인도를 받아 정확하게 하지의 태양을 받아들이고 있던 제단이 차지해야만 했을 것이다. 우르(Ur)의 백색 사원이 언덕 정상 위를 선점할 수밖에 없었던 것이나 이집트나 마야 문명의 피라미드들 혹은 아크로폴리스마저도 같은 맥락에서 이해 가능하다. 주술과 만복을 기원하는 종교적 의식이나 권력의 정점으로서의 의미 모두 우주 질서와 순응하는 절대적 이데올로기로 승화시켜야만 했던 당위성이 중심 찾기를 통해 실현되고 있었던 것이다. 마찬가지로 여지없이 성당을 중심으로 구성되고 있던 중세의 도시나 마을에서도 역시 종교는 전지전능한 중심의 자리를 확고하게 차지하고는 신이 아닌 인간이 그 중심을 대체하기 전까지 그 긴 세월 동안 미동도 없이 모든 특권과 의미를 향유하고 있었다.

신보다는 인간이 그리고 전체보다는 개체나 부분도 나름대로 중요한 의미를

그림 2 Francesco di Giorgio Martini, *illustration of Vitruvius.*

지닐 수 있다는 객관적 합리는 기존의 중심의 의미를 변질시키기에 충분하였다. 이제 중심은 주변의 모든 것들을 균형 잡아주는 구심점으로서의 의미를 자연스럽게 획득하게 된다. 아마도 이때부터 중심이 주변과의 연계에 의해서 그 의미를 지니게 되고 중심과 주변의 조화를 이루기 위해서는 일종의 구심점으로서 필요성이 제기되었는지도 모른다. 건축을 테두리에 의해 형성된 공간들의 균형을 제시하는 것이라고 볼 때 균형의 획득과정에서 중심의 필요성이 자연스럽게 제시되기 때문이다. 수많은 계획도시는 중심부에 대한 저항 없이도 자연스럽게 오픈 스페이스나 시장을 도시의 중심으로 설정하기를 주저하지 않았으며 간혹은 다수의 중심을 지닌 복합적 도시를 만들어가기도 하였다. 그럼에도 불구하고 중심은 기존의 그것처럼 강한 메시지는 없을지 모르나 여전히 그 누구나 탐내는 중요한 부분으로 자리하고 있었다. 과거의 영광이 이제는 기념물화되어 박재가 되고 있기는 하지만 중심 자체가 지니는 의미는 바로 우리들 자신이 부여했기 때문이다.

이제는 신도 종교도 심지어 인간마저도 중심으로부터 사라지고 있는지 모른다. 우주적 질서를 신이 대신하고 그 자리를 인간이 대신하는 순환체계 속에서 중심마저도 그 의미의 전이를 통해 변질되고 있다. 우리가 중심 시설 혹은 중심 건물이라고 부르는데 주저하지 않는 것들이 너무 많기도 하고 혹은 예전에 비해 그 의미가 너무 축소되기도 하여 이제는 선뜻 중심이라는 단어조차도 사용하기가 무색해지고 만다. 우리 앞에는 궁전도 없다. 신전도 없다. 심지어는 내가 이 세계의 중심이라는 확신도 없다. 오직 합리로 무장한 탈중심 혹은 다중심의 애매한 철학만이 균형 잡기를 빌미로 하여 또 다른 중심의 탄생을 예고할 뿐이다.

2)

세계를 4개의 영역으로 분할하는 두 개의 도로의 교점을 대지에 배치하여 중심을 둘러쌈으로서 도시를 창조한다.[3]

R. 슈바르츠의 상기 언급은 교차라는 수단에 의해 나타나는 4방위 개념과도 일맥상통하는 개념으로 중심의 개념 및 역할을 암시하는 정의로서 매우 유용하다. 이 문장에서 나타나고 있는 한 중심은 특정 지역을 4개로 균등하게 분할하는 한 선과 그 선에 직교하는 교차점에 발생하는 지역 혹은 공간을 칭한다. 또한 그 역할은 실질적으로는 도시를 창조하는 근본으로서의 기능을 지니고 있으며 개념적으로는 세계의 중심을 이미 그 안에 포함하고 있음을 시사하고 있다. 동시에 중심은 구획된 지역으로 둘러싸임으로써 비로소 그것의 의미가 정착되고 있음도 유추할 수 있다. 도시에서의 중심 찾기는 도시를 만드는 가장 기본적인 일이었던 셈이다.

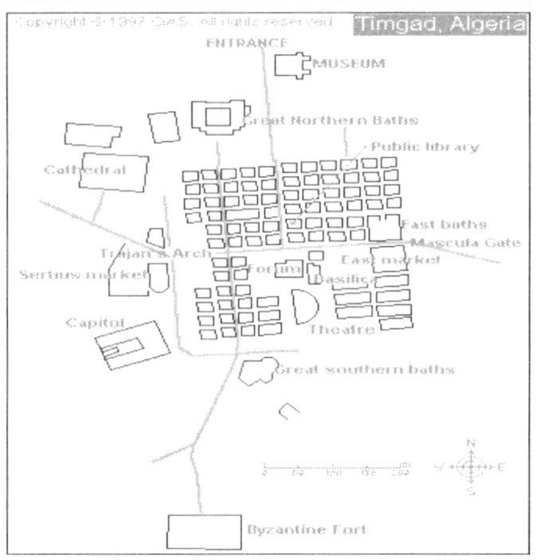

그림 3 plan of Timgad

역사적으로 중심이라는 개념은 여러 형태로 나타나고 있으며 그만큼 다양한 의미를 내포하고 있다. 가장 일반적인 중심의 개념 및 표현은 기하학적 의미를 통해 나타나고 있다. 실제로 임의적인 수평 및 수직 축의 교점 혹은 C.N.슐츠의 개념을 빌리자면 '인간의 공간의 기본적 특질을 도해하고 있는 심벌로서의 수직 축과 확산의 가능성으로서의 수평면'[4]의 교점은 기하학적 의미에서의 중심과 그 맥을 같이 하고 있다. 평면적인 개념으로서는 전술의 세계를 4분할하는 두 개의 길(道)의 교점이라는 개념으로 파악할 수 있으며 그 때 중심은 대지의 특정 교점에 놓여지게 된다. 두 개의 축에 의한 공간의 4분할이라는 개념은 템프럼(templum)의 신성 공간(神聖空間) 상세에서도 잘 나타나고 있다. 여기에서는 하늘과 땅이 서로 직교하면서 4개의 가장

3) C.N.シュルツ, 建築の世界-意味と場所, 前川道郎, 前田忠直 共譯, 鹿島出版會, p.34.
4) C.N.シュルツ, op.cit., p 33

중요한 포인트를 향해 방향 지어진 두 개의 축, 즉 남북 방향의 카르도(cardo)와 동서 방향의 데쿠마누스(decumanus)에 의해 4등분되며 그 분할된 각각의 공간은 신성시된다.5) 전체적인 구성관계는 동서방향의 데쿠마누스를 경계로 하여 북측의 공간은 후방, 남측의 공간은 전방으로 설정되어 있으며 전체를 관할하는 존재가 북측을 등지고 중심에 위치한다. 즉 두 개의 축이 이루는 중심은 전체를 총괄하는 특정 존재가 위치하는 장소가 되며 결과적으로는 우주의 중심으로서 상정되게 된다. 이 같은 천상분할의 주요 원칙은 다시 16등분되어 각 구획별로 기본속성이 규정되고 있다. 방향별로는 북동, 남동, 북서 및 남서 방향이 양호, 부분 양호, 불량, 부분 불량 등의 대표 개념으로 설정되며 건축적으로도 에트루리아나 초기 로마제국의 거의 모든 도시나 성지 축조에 있어서 성스런 원리의 하나가 된다.6)

로마의 창조신화에 있어서는 이 카르도와 데쿠마누스의 교차지점, 즉 중심을 문더스(mundus)라고 부르고 있으며 이는 지하 세계에 이르는 축임과 동시에 사자(死者)의 영혼이 지상으로 나오게 되는 '슬픈 지하 신(神)의 게이트'로 묘사되고 있다. '사자는 영원불멸의 신이 된다'는 사상이 지배적이던 이 시기에 문더스는 매우 의미가 깊은 곳이었음에 의심의 여지가 없다. 또한 사자에 대한 의식을 규칙적으로 행하는 도시 등에 성스런 문(門)이나 벽으로 둘러싸인 문더스가 설치되어 있었던 사실로부터도 중심부가 지니는 의식적 내지는 정신적 중요성을 읽어 낼 수 있다.

그림 4 Geb and Nut

또 하나의 공간적 개념으로서는 세계를 누트(Nut)과 게브(Geb) 사이의 공간으로 이해하고 있던 이집트의 사상으로부터도 유추할 수 있다. 여기서 게브는 생명이 생성하는 존재의 기초로서 그리고 누트는 어느 정도 고귀하고 접근 불

5) E.A.Gutkind, Internatinal History of city Development, vo IIV, p 16.
6) E.A.Gutkind, op. cit., p. 17.

가능한 속성으로서 나타나고 있다. 특히 누트의 형상은 태양의 순로로서 기술되고 있으며 그 특성은 초월성, 질서 및 창조적 파워인 비(雨)의 형상으로 경험되게끔 된다. 이 경우 개념적으로 하늘과 땅의 결합이 상정되는데 이 때는 대지가 수평면으로 또 대지와 하늘을 연결하는 예를 들면 비(雨)와 같은 가상의 선이 수직으로 대응한다. C.N.슐츠가 산(山)을 '대지에 그 근원을 두면서 두 개의 기본요소인 하늘과 땅이 접하는 포인트를 형성하고 게다가 땅보다는 하늘에 가까운 이유로 세계의 축(axis mundi)이 관통하는 중심이 된다'[7)]라고 파악하고 있는 것도 같은 개념으로 이해할 수 있다. 만다라 도시계획 개념에서도 역시 전체의 중심에 위치하는 '문디스 프레이트'가 도시를 우주로 연계시키는 중핵으로 표현되고 있다.

이 같이 기하학적 의미로서의 중심은 기하학적 중심을 통과하는 임의의 선이 무수히 존재함에도 불구하고 건축적으로는 주로 수직 축과 수평축에 의해 형성되고 있다. 기하학적 중심을 통과하는 축의 개념은 건축이나 도시계획에 있어서도 매우 중요한 계획수단으로서 계속적으로 나타나고 있다. 일반적인 사항이기는 하나 직교축을 이용하는 패턴은 고대 중국의 주(周)나라의 제도(帝都) 계획이나 바그다드와 같이 명백한 권력구조와 관계 맺고 있는 특정의 절대적인 통치 시스템을 나타내기 위하여 사용되고 있다. 일종의 축성(軸性)이라고도 할 수 있는 이 같은 속성은 특히 기하학적 중심과 관계하면서 계획도시를 형성하는 중요한 개념으로서 자주 나타나고 있다.

다음으로 중심은 영향, 활동, 세력 등의 출소(出所) 및 근원을 의미하는 일종의 근원성(根源性)을 나타내고 있다. 이 경우는 모든 대상의 근원이나 시작을 의미하는 개념이 우선시되는 경향이 강하며 주로 종교적 내지는 성서적 측면 등 어느 정도 신비성을 동반한 채로 나타나는 것이 일반적이다. 특히 이 개념은 과거 사상에서 나타나는 자국 본위의 성향 즉 자신의 국가나 사회를 세계의 중심으로 간주하는 성향 혹은 종교적 이상이나 완벽한 통치체제를 꿈꾸는 유토피아적 계획 등에서 자주 나타나고 있다. 예를 들어 그리스인들에게는 델피(Delphi)의 옴파로스가 세계의 중심임을 나타내는 상징이었으며 마찬가지로 로마인들에게는 '세계의 頂(카프트 문디)'로서의 캄피도리오 언덕이 세계

7) C.N.Shultz, 建築の世界-意味と場所, p. 25.

그림 5 the Aztec skull mountain at the center of Paradise

의 중심으로서의 의미를 지닌 존재로서 설정되고 있었다. 바꾸어 말하면 세계의 중심이라는 것은 세계가 그곳으로부터 시작된다는 의미를 내포하고 있으며 종국적으로는 세계가 발현되는 근원지로서의 개념이 강조됨에 따라 그 어떠한 것보다도 우월적인 존재의식이 내재하게 된다.

이 밖에도 중심의 근원성은 이집트의 예술 및 종교에 있어서도 쉽게 발견할 수 있다. 이집트의 최고신인 태양신, 즉 라(Ra)신은 만물을 키우는 역할을 담당함으로써 중심신으로부터 생성되는 만물의 개념이 강조되고 있으며 결과적으로는 신에로의 귀의(歸依)가 이집트의 생활 및 예술의 원동력이 되고 있다. 이 같은 경향은 신의 아들인 파라오에로 그 중심을 이동하여 그에게 전권이 양도됨과 동시에 조각 및 회화에 있어서도 파라오의 상(像)이 핵심이 되고 이를 따라 여러 신의 상과 사람들의 모습이 묘사되는 강력한 위계적 질서를 성립시키는 결과를 초래한다. 역사적으로는 기하학적 형태이던 비 기하학적 형태이던 특정 지역의 중심은 일반적으로 중시되고 있었으며 특정 도시나 사회의 가장 중요한 의식 시설이나 통치 시설 등이 위치하는 경우가 많았다는 사실은 중심의 개념 자체가 만물의 시작이며 근원을 나타내는 경향이 강하다는 사실을 시사하고 있다.

이 같은 근원적 의미의 중심이나 기하학적 중심은 그 수효가 거의 유일에 수렴할수록 그리고 의미가 유일의 근원을 나타낼수록 영향은 최대화된다. 그리고 중심이 오직 하나만 존재하게 되면 일반적으로는 그것의 유일성이 강조되며 일원론적 성격이 나타나고 있다. 또한 유일성이라는 매력으로 인해 절대적 권력과 자주 결합되어 가치를 극대화하기도 하며 특정 존재의 권력 및 계급질서와 관련된 절대성과 함께 어느 정도 배타성을 띠면서 나타나기도 한다. 이 같은 경향은 절대 권력이 발생한 국가나 도시일수록 강하게 나타나며 계급적인 위계질서의 반영으로서의 성격을 보이게 된다.

예를 들어 만물의 근원으로서의 태양신의 상징적 절대성이 이양된 이집트의

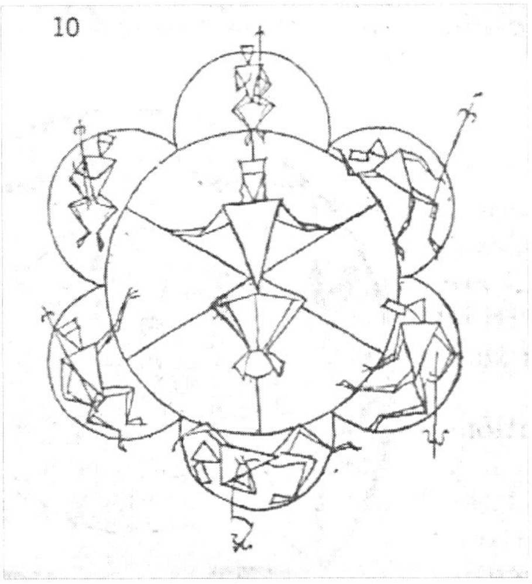

그림 6 The wheel of fortune

파라오의 권력 및 상징성은 타의 추종을 불허할 정도로 절대적이며 그 결과 모든 국가의 의식이나 행위의 정점을 이루고 있다. 이 같은 사상은 결과적으로는 영혼불멸의 사상과 연관되어 절대성의 극단적인 형태인 거대한 스케일의 피라미드 축조에까지 연계되고 있다. 이 경우 피라미드는 파라오에게만 국한된 특수한 권리로서 매우 배타적인 성격을 나타내고 있다. 지상 낙원의 상징으로서 축조된 바그다드 계획에 있어서도 수평 및 수직 축이 교차하는 기하학적 중심부에 왕권 및 종교적 권력이 복합적으로 위치함으로써 주변 전체에 대하여 절대적인 영향력을 행사하는 블록을 구성하고 있다. 이곳에서도 고대 중국이나 오리엔트 제국처럼 그다지 강력하지는 않지만 궁전이 주변의 일반주거로부터 격리되어 위치함으로써 자연스럽게 중심의 배타성이 형성되고 있다. 바그다드의 경우는 절대성과 배타적인 속성이 지나치게 강조된 나머지 폐쇄성에까지 이르고 있다는 사실을 나타내고 있다.

일반적으로 절대 왕권의 고대 국가나 특정 이데올로기 및 교리 등에 무조건적인 종교적 도시 공동체 등에서 중심의 개념이 자주 이용되고 있는 사실은 폐쇄적이며 집중적이고 자기 결정이나 자기 신뢰에 대하여 권위주의적임과 동시에 보수적인 유일적 경향[8]으로서도 파악할 수 있다.

또한 중심은 특정의 도시공동체에 있어서 궁전이나 신전 등 도시 공동체에 있어서 대표적이고 존경받는 특정 존재나 건물이 위치하고 있는 장소적 의미로서도 이해할 수 있다. 이는 전술한 만물의 근원 및 시작을 의미하는 중심의 개념으로부터 유추할 수 있는 특수한 권력체계의 성립으로도 볼 수 있는 속성으로 중심의 중요성을 더욱 강조하는 방편으로 이해할 수 있다. 고대 이집트의 피라미드의 경우 대표적이며 존경받는 존재인 파라오의 현실(玄室)이 평면적으로는 피라미드의 중심부에 설치되어 있는 사실이나 크스유퀴티의 경우 소유(所有)를 의미하는 '성스런 중심석(中心石)'이 칸챠스[9] 중심에 보존 되어

8) Lesnikowski, Rationalism and Romanticism in Architecture, p 2.

그림 7 Traditional Hindu Mandaras

있는 사실 등이 이 같은 경향을 말해주고 있다. 실제로 이 같은 경향은 중심의 근원성이 중요시되는 한 역사상의 거의 모든 경우에 있어서 지켜지고 있는 속성 가운데 하나라 할 수 있다.

또한 중심은 숭배됨과 동시에 보호되어야 하는 장소로서 나타나고 있다. 인도의 만다라의 도시계획 개념도를 보면 9개의 정방형으로 구성되는 '금제(禁制)의 도(都)'에 주신이 위치하고 있으며 주위에는 8개의 주요 수호신이 놓이고 나아가 36개의 소신(小神)이 그것을 둘러쌈으로써 강제적으로 보호되고 있다. 이처럼 숭배되며 동시에 보호되어야 하는 장소로서의 중심은 비교적 종교적 색채가 강하며 어느 정도 종교적 경향과 연관된 형태로 표현된다. 전술한 크스유퀴티의 중심석(中心石)이나 그것을 둘러싸는 공간의 성격 및 메카의 카바 신전의 성스런 흑석(黑石)과 중심공간의 관계 등도 이 같은 성격을 반증하고 있다. 이 경우 일반적으로 상징적 개념을 동시에 표현하는 경우가 빈번하며 특정의 의미부여 등에 자주 이용된다. 예를 들어 '진실의 도시'나 '지상의 도시' 등을 필두로 하는 거의 대부분의 이상적 개념의 계획도시에 나타나는 중심의 개념이 그것으로 일종의 이상성을 강조하는 경향으로 파악 가능하다.

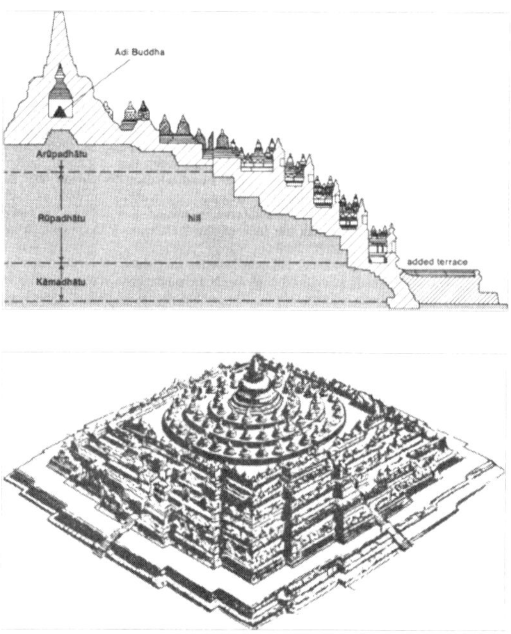

그림 9 the pyramidical temple of Borobudur

중심이 유일성을 지니게 될 때 중심에 대한 강조가 이루어지는 경우도 많다. 바빌론의 지구라트의 경우처럼 수직적 측면을 강조하여 일종의 포칼 포인트로 설정하는가하면 거대한 궁전이나 기념비적인 건축

9) 칸챠스라 함은 일카의 지배자와 그 가족 및 從事가 생전과 사후에 피라미드로 된 후에도 생활 가능한 벽으로 둘러싸인 궁전의 내부를 칭한다. S, モホリーナギ, op..cit., p 165.

물처럼 규모를 과장하기도 한다. 레오나르도 다빈치의 스케치에 등장하는 중앙 집중형 교회 평면과 같은 새로운 개념의 도입 또한 중심이 지니는 의미를 개별 건물에서 최대화하려는 의지로 해석할 수 있다. 그러나 일반적으로 중심의 유일성과 권력적 측면을 극대화시키는 방법은 보로부두르(Borobudur) 사원의 경우처럼 규모와 수직적 요소의 동시 강조 및 기하학적 중심의 강조 등으로 나타나고 있다.

3)

흥미와 관심 등이 집중하는 면에서의 중심의 개념으로서는 '중심이라는 것은 그 주변을 위한 초점(focus)으로서의 기능을 수행한다.[10]'는 C.N.슐츠의 정의가 유용하다. 이 같은 기능은 일반적으로는 종교, 정치 혹은 경제적 이익의 개념과 연계되며 중심을 이루고 있는 특정 대상의 결집에 의해 이루어지고 있다. 이는 중심의 구심적 속성과도 연관되는 속성으로 절대적 강제성과는 비교적 관계없이 주변의 자유의지에 기초하여 임의적이며 창조적으로 형성되는 것이 일반적이다. 특히 이 개념은 C.N.슐츠의 표현을 한 번 더 빌리자면 '사물이 서로 모이는 즉 특정 장소로부터 다른 장소에로의 전환'을 의미하는 결집(gathering)의 개념으로서도 이해할 수 있으며 일반적으로는 상징화 및 건물이나 사물의 구체적인 치환에 있어서도 자주 구현되고 있다.

흥미와 관심을 유발하는 초점으로서 기능하기 위해서는 보편적 다수의 접근이 용이할 필요가 있다. 특정 존재나 대상에 이르는 최단거리 개념으로서의 중심이라는 의미가 필요한 것도 이 때문이다. 예를 들면 고대 로마의 경우 주요 신전이나 행정 기관 등이 사람들이 용이하게 접근할 수 있는 지역에 위치한 포룸 등과 연계되어 위치하고 있다는 사실은 관심과 흥미의 대상으로서 중심의 결집(gathering)을 강조한 것으로 볼 수 있다. 이 경우 중심 내지 중심시설은 주변 전체를 향한 권력 행사와는 달리 공동의 종교적 또는 행정적 편의시설이라는 속성이 더욱 부상되며 결과적으로는 전체의 이익을 대변하기 위한 기능이 더욱 강조됨을 의미한다. 따라서 이 개념은 중심부가 전체 지역으

10) C.N.Shultz, Genius Loci, op. cit., p 12.

로부터 교통 면에서 가장 경제적이며 최단거리에 위치해야 한다는 개념을 반영함과 동시에 최대이익의 추구라는 공동의 목적을 위해 중심의 역할이 전향되고 있음을 의미하기도 한다. 이 경우에 있어서는 일반적으로 최단거리로서의 기하학적 중심이라는 개념이 충분히 활용되며 특정의 도시공동체의 모든 곳으로부터의 공통의 최단거리를 지닌 곳에 중심이 설정되게끔 된다.

예를 들어 그리스의 아고라는 거의 모든 경우에 있어서 전체의 지리적 중심에는 위치하고 있으나 역사상의 일반적인 두 개의 특권, 즉 왕권과 종교적 권한이 행사되는 곳이 아니라 전체 시민의 제 행위가 이루어짐과 동시에 공공시설의 이용이라든가 정치를 향한 직접적 참여 등 공통의 최대 이익이 보장되는 주요한 장소로 기능하고 있다. 또한 개인주의와 방위시설 등의 공통의 목적을 보이고 있는 르네상스 시기의 제 계획도시에 전체의 중심을 병력의 집결지로서 혹은 공동사용을 위한 오픈 스페이스로서 설정되어 있는 사실도 중심의 최단거리 개념이나 공동의 최대이익의 추구가 강조되는 경우로서 파악할 수 있다. 일반적으로 중심에 대한 이 같은 개념은 절대적 권력이 발생한 경우보다는 전체적으로 공동의 관심을 추구하는 경우에 있어서 더욱 잘 나타나는 이른바 근대적 속성으로서도 이해할 수 있다.

이 같은 면에서 본다면 그리스의 폴리스가 의미의 창조적 치환에 기초하는 중심이라는 C.N.슐츠의 주장은 흥미나 감정 등이 집중하는 면에서의 중심의 개념을 잘 설명하고 있다. 특히 흥미나 감정 등이 종교적 목적과 부합하는 경우에는 종교의 본래적 신비성 및 구속성 등과 연계되어 주변 전체의 흥미나 감정을 특정 대상을 향해 집중시키는 개념으로서도 유효하다. 예를 들어 전술의 메카 신전의 중심부분에 제단이 설치되어 종교적 구속성과 함께 주변의 관심이나 흥미를 결집할 수 있는 전체의 중심에 위치하고 있음은 이 같은 사실을 반증하고 있다.

그림 9 Agora of Athens

3. 논의, 다시 한번

debate again

15세기 중반 이탈리아 반도는 플로렌스나 밀라노 및 베니스 등과 같은 개인적인 군주제의 정립상태였으며 새로운 영토를 획득하게 되면 자연스럽게 그 지역 원주민에게 새로운 칙령이 부가되고 그들은 새로운 정복국가의 문화를 수용하던 시기였다. 새로운 승리자의 문화를 위한 기념비적인 선언은 상대적으로 그 가치가 중요해졌으며 도시는 새로운 아이덴티티의 정립뿐만 아니라 권력의 유지라는 양자를 조절하는 존재로 부각되고 있었다. 각 도시는 거주하는 시민들의 권리와 의무가 사회적이고 정치적인 단일 의지 하에 놓이게끔 계획되었으며, 그 결과 15세기 경에는 마치 고대 로마 문명의 부활을 꿈꾸는 양 작은 도시로부터 보다 큰 국가적인 체계로 중심 이동하고 있었다.

스포르친다(Sforzinda)는 이 같은 배경에서 나타나고 있다. 이 도시는 그 이름에서도 알 수 있듯이 밀라노 군주였던 프란체스코 스포르차(Francesco Sforza)를 위해 제안된 것으로 필라레테(Filarete)는 1451년 이래 이 작업에 연관된 것으로 기록되고 있다. 이 도시는 건축적으로나 우화적으로 밀라노 군주제를 위한 이상적인 국가체제를 표현하고 있으며 후일 이탈리아의 다른 군주 국가를 위한 계획도시의 일종의 전형으로 자리하게 된다.[11]

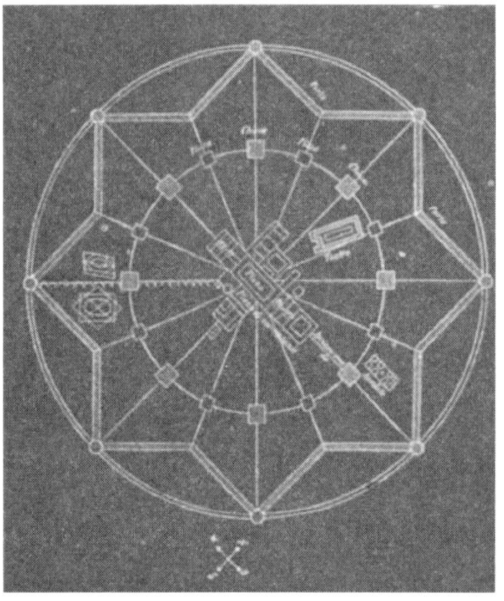

그림 10 Sforzinda by Filarete

스포르친다에 대해서는 여러 가지 논의가 가능하다. 역사적으로 나타난 르네상스 이상도시 가운데 최초의 실례라는 사실부터

11) 이 같은 면에서 오즈칸(S.Okan)은 필라레테를 철학가이면서도 그의 파트론인 밀라노 공국의 프란체스코 스포르차를 지지하기도 한 일종의 정치적 엔터테이너이기로 보기도 하며 결과적으로 필라레테가 당시 권력 있는 르네상스 지배자를 통해 어느 정도 그의 사상을 팔고 있었음은 분명하다고 지적하고 있다.
Suha Ozkan, Development of Thinking and Theory in Architecture, An Essay on a presentation, October 21, 2001

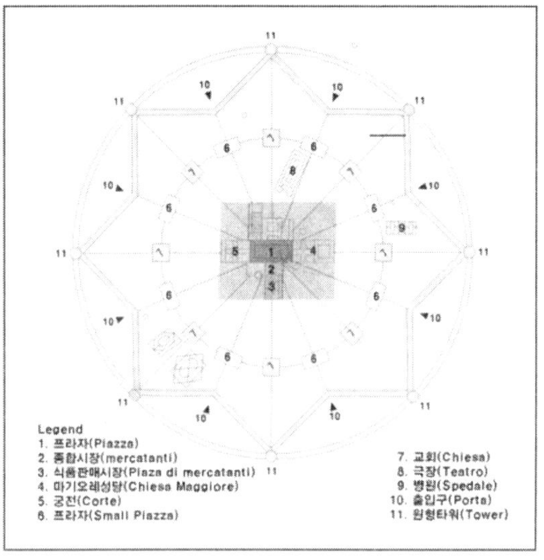

그림 11 스포르친다의 주요시설 구성도

인본주의적 사상과 천문학적 기술이 어울린 일종의 이상적 계획이라는 것 나아가서는 철저한 기하학적 구성에 따른 도시 내부 기능의 분화 등 근대적인 속성이 내재하고 있었다는 사실 등 이 계획이 지니는 역사적 평가와 중요성은 매우 크다 할 수 있다. 그 가운데 여기에서는 중심의 의미를 다시 한 번 생각하기 위해서 이 계획에 나타나고 있는 기하학적 중심부의 처리방법 및 중심이 지니는 의미를 살펴보기로 한다.

스포르친다 계획의 가장 큰 특징 가운데 하나는 기하학적 속성과 르네상스의 인체 비유 중앙 집중 이론 나아가서는 방사형 도로 시스템의 채용 등 다양한 측면을 통하여 중심지향의 성격이 강하게 나타내고 있다는 사실일 것이다. 스포르친다의 평면을 보면 전체적으로 기하학적 중심이라는 개념이 명쾌하며 그 중심부에 도시 전체의 핵심 시설들이 배치하고 있는 전형적인 구심적 패턴임을 알 수 있다. 도시의 중심부는 107×214 미터의 장방형 광장(piazza)이 위치하고 있으며 이것을 둘러싸고 군주를 위한 궁전과 교회, 시장 및 상업용 광장이 위치하고 있다. 중심부를 제외한 지역의 공간구성에 대해서는 감옥이나 시장 관저 같은 공공시설과 공중목욕탕이나 여관 등의 일반 생활공간 및 교회 등 도시 생활에 필요한 제 시설이 나름대로의 직능분리의 원칙에 따라 배치되고 있다. 이 같은 배치는 기하학적 중심이라는 부분에 대한 가중치를 충분히 고려한 계획으로 볼 수 있다.

전체적인 패턴에서도 이 같은 면을 찾아볼 수 있다. 우선 성형(星形)의 도시 경계는 정사각형을 45도 교차 중복하여 만들어지고 있다. 성형의 경우 마주보는 돌출부끼리의 방향성이 발생하기 때문에 정사각형만의 형태보다는 중심부분의 강조가 비교적 용이해진다. 자연스럽게 중심부가 방향성을 띤 동적인 요소로 강조되고 있는 것이다. 방사형 도로 시스템도 역시 기하학적 중심부의 강조와 무관하지 않다. 방사형 도로 및 운하의 종결점으로서의 중심에 대한

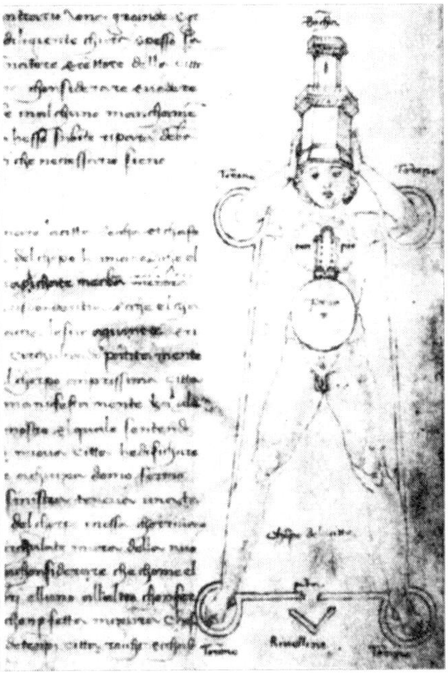

그림 12 마르티니(Martini)의 그림 중에서

의미 부여는 자연스럽게 중앙 광장을 포함한 중심부로 연결되고 있다. 특히 방사형 도로에 의한 중심지향성은 르네상스의 시대적 흐름 가운데 하나였던 인간중심사상의 구체적 표현으로도 이해 가능하다. 인체의 배꼽 부분을 중심으로 설정하여 주요한 시설을 위치시키고 머리 부분에는 성벽을 설정하고 있는 디 조르쥬 마르티니의 그림은 스포르친다의 중심부 구성과 그 주변의 시설군의 배치 및 성벽의 존재까지 유사하며 역시 인간적 척도와 인간 중심적 사고에 입각하여 중심부를 강조하고 있음을 알 수 있다.

스포르친다에서 나타나는 기하학적 중심성은 기하학이 지니는 완벽하고 이상적이며 합리적인 성격과 연관되어 새로운 질서를 모색하는 또 하나의 근거를 제시하고 있으며 '모든 것은 질서에 의해 이루어진다(everything will be done in order)'는 필라레테의 계획 개념을 강하게 반영하고 있다.

물론 이것만은 아니다. 중심부나 중심이라는 개념에 관련된 부분은 이 이외에도 다수 존재한다. 스포르친다의 중심의 절대적 근원성은 초기 계획에서 그 모습을 보이고 있는 도시 중심부의 탑이라는 존재를 통해 나타난다. 365피트의 높이와 365개의 창을 지니고 있는 것[12]으로 묘사되고 있는 이 탑은 그 자체적으로 주술적이며 상징적인 의미를 지닌 존재임과 동시에 도시외곽으로부터 중심을 향해 방사형으로 뻗어나는 도로와 연계되어 일종의 도시적 비스타(vista)를 형성하는 랜드마크로 설정되고 있다. 특정 도시의 중심에 탑을 설치하고자 하는 경향은 주로 고대로부터의 이상도시 및 제 계획도시 등에서 자주 나타나고 있는 경향 가운데 하나이며 주로 상징성을 강조하는 경우가 많다. 필라레테가 천문학이나 주술 등을 비롯하여 이른바 선과 악의 연구에도 조예가 깊었음을 상기해보면 그도 탑이 지니는 상징성 및 신비성을 인지하고 있었

12) Hanno Walter Kruft, A history of Architectural Theory, from Vitruvius to the present, translated by Ronald Taylor, Princeton Architectural Press, 1994. p. 54.

음을 추측할 수 있으며 이 같은 면에서 일련의 이상도시 계획이나 이론 등과의 연계성을 시사하기도 한다.

물론 이 탑은 본 계획에서는 누락되어 있는 관계로 그 의미와 기능이 분명하지 않다. 그러나 스포르쟈라는 군주의 힘과 새로운 도시 국가로의 부흥 및 그에 따른 질서 체계의 확립이라는 절대 절명의 슬로건을 어떤 식으로라도 해결하고자 고민하고 있던 필라레테에게는 탑이라는 존재가 유혹적이었을 것이다. 크라이언트로서의 스포르쟈의 존재도 무시할 수 없었을 것이다. 역시 탑을 통한 중심이라는 개념과 의미는 새로운 승리자를 위한 기념비적 선언을 해결하기 위해서 가장 간단하고 분명하게 도입될 수 있었던 무기였을 법이다. 어디 그 뿐인가. 디 조르쥬 마르티니의 그림이 시사하고 있듯이 필라레테는 세계의 중심이기를 원하는 군주의 욕망과 그 중심에는 인간이 있다는 인본주의적 강조라는 두 마리의 토끼를 중심부의 탑을 통해 함께 잡고 싶어 했을 지도 모른다.

스포르친다에서 탑이 상징적인 측면에서의 중심이라고 한다면 중앙 피아짜는 동선이 결집되는 최단거리의 개념과 모든 이익이 발생되고 집중되는 실질적인 면에서의 중심을 이루고 있다. 피엔짜 같은 중세의 일부 도시나 바스티드 계획 등에서도 도시의 중심부에 대한 광장화는 그 모습을 보이고 있기는 하나 여전히 광장이 도시의 주요소라기보다는 기존 세력의 보조기능이나 교통 및 상업상의 유리함을 확보하기 위한 경우가 대부분이었다. 그러나 스포르친다에 이르러 그동안의 도시 중심부의 광장화는 좀 더 분명하고 체계적인 성격으로 나타나고 있다.

스포르친다에서는 도시 중심부를 점하는 중앙 피아짜와 각 스퀘어 상에 존재하는 피아짜 등 두 가지 타입의 광장이 고려되고 있다. 도시의 중심부에 위치하는 피아짜는 그 폭과 길이의 비율이 1대 2로 이상적 비례와 정형적인 형태를 보여주고 있으며 주변에는 궁전과 성당이 위치하며 또한 종교적 권위와 정치적 권위를 상징하는 모뉴멘트가 별도로 설치되어 있다. 여기서 한 가지 주목해야하는 사실은 중앙 피아짜의 성격과 기능이다. 우선 이 피아짜가 그리스의 아고라나 중세의 다양한 오픈 스페이스처럼 무작위적이고 편의적으로 만들어진 것이 아니라 정확한 계산과 비례체계 및 형태에 입각하여 계획적으로

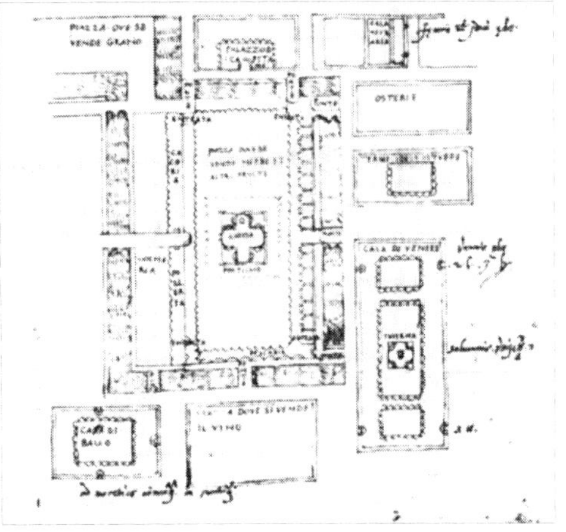

그림 13 소규모스퀘어 부분의 배치 상세

설정되고 있다는 사실이다. 물론 광장이나 시장 등의 일종의 오픈 스페이스에 적용되는 2대 1이라는 비율도 그러하지만 전체적으로 기하학적 규율과 질서에 순응하면서도 소 스퀘어 등의 다른 광장보다 위계질서 상의 우위를 점하고 있는 사실 등을 미루어보면 애초부터 필라레테가 도시의 중심화를 위해 중앙 피아짜라고 하는 광장을 의도적으로 설치하고 있음을 읽어낼 수 있다.

그러면 필라레테는 광장을 통해 어떤 것을 의도하고 있었을까. 우선 피아짜를 도시 중앙에 설치함으로써 기존의 중세적 질서를 재통합하고자하는 의도가 엿보이고 있다. 중세의 도시의 특징 가운데 하나는 교회와 길드(guild)라는 상공업 조직체 그리고 행정 등을 관장하는 시청사 등 도시 구조 내에 세력과 의미가 부여된 공간이나 건물이 복수 존재하고 있었다는 사실이다. 베네볼로(L.Benebolo)의 표현을 빌리자면 이른바 복합성(complexity)이라는 개념일 것이다. 이 공간들은 왕권이나 종교 권력 등의 단일 세력이 전체 도시를 지배하던 고대 도시와는 달리 각자 영역을 지니면서 서로 독립적으로 도시 내에 위치하고 있었다. 일반적으로 도시의 위계나 오리엔테이션은 주로 교회나 시청사가 담당하고 있었으며 사형(蛇形)도로 시스템 내에서 도시의 방향성과 동선 흐름을 유도하는 이른바 랜드마크로서 기능하고 있었다는 사실도 중세 도시의 중요한 특징 가운데 하나였다.[13)]

이 같은 독립적인 중세적 자생관계가 스포르친다에서는 중심부를 공유하면서 통합되고 있다. 궁전이나 광장 및 교회 등은 각자의 공간과 영역을 지닌 채 각기 배타적으로 공존하는 것이 아니라 도시의 중심부에 집중됨으로써 하나의 콤플렉스로 통합되고 있는 것이다. 중앙 피아짜라고 하는 오픈 스페이스에 이들을 통합하는 기능까지 주어지고 있다는 사실은 흥미로운 일이 아닐 수 없다. 이 오픈 스페이스는 로마 군대가 결집하는 듯한 연병장이라기보다는 오히려 고대 그리스의 아고라나 로마의 포룸(forum)을 연상시키기도 한다. 한 눈

13) L. Benevolo, The History of the City, Volume I , MIT Press, New York, 1977, p. 308.

으로 궁전을 보고 또 다른 눈으로는 교회를 보면 그만이다. 서로 대립될 일도 없고 상대에게 구속될 일도 없다. 오히려 권력의 공허함을 이미지할 수도 있다. 어느덧 도시 중심부에 자리한 피아짜는 중세 기간 동안에는 분산되어 있었던 도시의 중심성을 재통합하고 있으며 새로운 도시를 위한 새로운 질서 만들기의 키워드로 등장하고 있다.

필라레테는 새로운 군주를 위한 새로운 개념의 중심잡기로서 흥미와 이익이 집중되는 광장을 등장시키고 있다. 이미 절대적인 군주의 권한을 강력한 중심지향을 통해 강조하기가 쑥스러웠는지도 모른다. 아니면 군주 스포르차가 자신의 권위를 양보하고 있었는지도 모른다. 사람들이 모여들고 세상 돌아가는 이야기를 하면서 주변에 있는 시장에서 물건을 사기도 하는 일상적인 모습을 그는 궁전 베란다에서 지켜보고 있었는지 모른다. 혹은 축제를 즐기는 군상을 격려하고 있었는지 모른다. 아니면 광장에 모인 시민들을 향해 용감하게 침략군에 대한 선전포고를 하고 있었는지도 모른다. 어찌되었건 도시의 중심은 오픈된 공간으로 남겨졌다. 시민들에게 전적으로 양보한 것은 아니겠지만 이 자체만 가지고도 이미 근대적인 기운은 광장 내부에서 일어나기에 충분하였다. 모든 이익이 발생하고 모든 관심의 초점이 되는 공간의 재창조였다. 당연히 사람들은 이곳으로 모여들었을 것이다. 개더링(Gathering)이 이제는 도시의 중심에서 당당하게 자리를 굳히는 순간이다.

결국 필라레테는 도시의 중심을 오픈 스페이스라는 존재에게 선사하면서 또 다른 사회를 꿈꿀 수 있었으며 그 자체가 전 시대와는 다른 근대적 사고를 만들어내고 있었다. 그 자신도 미처 깨닫지 못하는 순간에 중심이라는 개념이 큰 사고를 치고 만 것이다.

4. 맺는 말

epilogue

이상에서 살펴 본 바와 같이 중심의 개념은 기하학성, 근원성 및 초점성 등을 나타내면서 인간 사회의 기본적 사상의 핵심 용어 가운데 하나로 사용되고 있다. 또한 종교적 의미를 필두로 하여 민간신앙 및 철학에 이르기까지 중심은 원점으로서 만물의 생성에 관여하는 상징적 장소로서 혹은 전체의 이익이나 관심이 집중하는 최대 이익의 장소로서 여러 가지 의미로 나타나고 있다.

사회적 산물인 건축과 그것의 집합으로서의 도시계획에 있어서 중심의 개념은 이론과 실제 등 여러 분야에 걸쳐 나타나고 있다. 또한 이들 중심의 개념은 이론적이던 실제적이던 간에 수많은 건축 및 도시계획 등에서 발견되고 있으며 각각 상이한 의미와 배치관계를 보이고 있다. 중심의 제 개념에 구속됨이 없이 계획되는 경우도 배제할 수는 없으나 상당수의 역사적 계획도시에 있어서는 중심의 개념이나 배치관계가 성실하게 지켜지고 있다는 사실 또한 부정할 수 없다. 특히 계획도시 전체가 기하학적 패턴을 이루고 있는 기하학적 계획도시에서는 기하학적 중심이 지니고 있는 중심의 제 속성을 반영시키는데 유리한 특징을 지니고 있다. 기하학적 중심을 용이하게 설정할 수 있기 때문이다. 비록 실현되지 않을 것을 전재로 한 유토피아적이고 과감한 계획들에 있어서는 더더욱 그러하다.

중심의 개념은 한정된 특정의 하나만을 나타내는 의미가 아니라 철학적, 경제적 혹은 심리적 개념으로서도 폭넓게 도입되고 사용되기 때문에 전술한 사실 이외에도 여러 가지 면에 있어서 다양하게 설명될 수 있다. 또한 각 분야에 있어서의 중심의 의미도 해석에 의해서는 어느 정도 다른 의미로도 사용되는 경우가 많기 때문에 어떤 때는 명쾌한 의미의 규정에 무리가 동반되는 경우도 있다. 그렇다고는 해도 중심 자체의 성격에 대한 규명이나 학문적인 정의를 새롭게 내릴 목적은 본서의 의도는 아니다. 또한 중심의 의미 해석이나 정의 등에 집착하는 것은 오히려 중심에 대한 의미의 혼동을 초래할 수도 있다. 그러나 현재까지 다방면에 걸쳐 산재하고 있는 중심의 개념을 참고 혹은 검토하는 작업이 역사적 제 도시나 건축을 새로운 시각으로 되돌아 볼 수 있는 또 하나의 열쇠일 수 있다는 사실은 나름대로 의미가 있을 것이다.

이제는 중심 그 자체의 의미가 그리 강력한 것은 아니다. 또한 중심은 그 자체로서는 완벽한 것이 아니다. 중심을 둘러싼 거대 담론도 이제는 그리 매력적이지는 않다. 심지어 주택에서조차 중심을 향해 모이는 힘도 예전 같지 않다. 그러나 우리가 애써 탈중심 내지 다중심 운운하는 것도 새로운 중심 찾기를 위한 또 하나의 시도인지 모른다. 중심의 전이. 중심 찾기에 몰두해 온 이 만큼의 시간이 아직은 진행형일 수 있다는 사실이 전제될 경우 우리가 생각해야 할 또 하나의 과제가 우리 앞에 던져진 셈이다. □

자 연

혹은 자연적인 것과의 공생

안도 타다오, 작은 갤러리

1. 자연(自然)에 대하여

as to nature

하이데거에 의하면 각각의 역사적 시대가 갖는 성격은 그 시대를 사는 인간들이 자신과 자연 그리고 신과 같은 초자연적인 존재자를 어떻게 이해하는가에 따라 규정된다.[1] 서양의 고대인들과 중세인들 그리고 근대인들이 갖는 자연과 인간 및 신적인 존재자에 대한 이해는 서로 다르며 각 시대의 인간들이 수행하는 인식과 행위는 근본적으로 이러한 이해에 의해서 규정된다. 이는 서양과 동양의 경우에서도 마찬가지이다. 자연(自然)이라 단어 자체가 기본적으로 '나와서 자라고 쇠약해져 사멸하며 그 안에서 생명력을 가지고 스스로의 힘으로 생성, 발전하는' 일체의 것을 의미하는 포괄적 개념이라는 사실에도 불구하고 시대별 혹은 지역별로 상이한 해석이 내려지고 있는 것도 이 때문이다.

많은 연구가 밝히고 있듯이 근대적 의미에서의 서양적 자연관은 인간과 자연을 대칭 내지 대립으로 파악하고 인간의 이성이 자연을 정복 대상으로 간주하는 입장을 지니는 반면 동양적 자연관은 인간과 자연을 대칭으로 연관시키지 않고 인간을 자연에 귀속시키는 입장을 취한다 할 수 있을 것이다. 서양과 동양의 자연관에 대한 논의는 이미 수많은 연구를 통하여 진행되었기 때문에 여기서 자세하게 재론할 필요는 없으나 건축과 자연과의 논의를 위해 필요한 배경 이론 정도만 간단히 살펴보도록 한다.

서양적 개념에서의 자연에 대한 체계적인 논의는 그리스 시기로부터 기원하고 있다. 자연을 나타내는 그리스어인 피시스(physis)는 피오마이(태어나다)라는 동사로부터 유래하며 본래 '생성(生成)'을 뜻한다. '그 자체 안에 운동의 원리를 가진 것'으로 자연을 규정하고 있는 아리스토텔레스의 언급도 역시 자연이 지니는 생성의 의미를 강조한다고 볼 수 있다. 또한 '만물은 신들로 가득

---

1) M. Heidegger, 세계상의 시대(Die Zeit des Weltbildes), 최상욱 역, 서광사, 1995.

그림 1 안개 싸인 바다 위의 방랑자. 카스파르 다비드 프리드리히

차 있다'는 탈레스의 말에서도 알 수 있듯이 그리스적 관점에서의 자연은 신을 포함한 만물을 내포하는 존재로 해석하고 있다. 그리스의 자연관에서는 자연은 인간에게 대립하는 것이 아니고 오히려 그러한 생명적 자연의 일부로서 그것에 포괄되어 있으며 그것과 동질적으로 조화하는 대상으로 나타나고 있다.

그러나 중세 기독교 세계에 들어서면서 이 같은 그리스의 범 자연주의는 부정당하게 되며 주로 하느님과 인간과 자연과의 분명한 계층적 내지 이질적 질서가 나타나게 된다. 중세의 관념으로는 자연도 인간도 하느님에 의해서 창조된 하나의 피조물이었으며 창조자로서의 하느님은 이 둘을 완전히 초월하는 존재로 이해되고 있었기 때문이다.2) 따라서 인간도 이제는 자연의 일부가 아니고 자연은 인간과는 독립적으로 하느님에 의해서 창조된 것으로서 인간의 관여를 받지 않는 '다른 것'이 된다. 이 같은 관념은 자연을 인간과는 완전히 독립되고 관계가 없는 것으로서 객관화함과 동시에 자연이라는 대상에 실험적 조작을 가하여 과학적으로 파악하려는 근대의 실증주의적 태도를 초래하게 된다.

이제 자연은 인간과 동질의 것이 아니었으며 조금도 인간의 유추를 허용하지 않는 그 자신의 존재, 즉 타자(他者)가 되었다. 현대의 과학 기술 문명은 갈릴레이나 데카르트의 철학처럼 자연을 '수학적으로 계산 가능한 연장적 사물(res extensa)'로 간주하는 근대적인 해석이 중세를 지배했던 목적론적 자연관을 대체하면서 가능하게 되었으며 근대가 진행되면서 데카르트적인 자연관은 세계를 '계산 가능한 에너지들의 연관체계'로 고찰하는 자연관으로 심화되

2) 이에 대해서는 '신이 만물에 질서를 부여하였다. 따라서 만물은 서로 의지함으로써 존재할 수 있었다. 그러므로 신은 변함없이 만물이 보존될 수 있는 근거이다'라는 아퀴나스(T. Aquinas)의 언급을 보면 도움이 될 것이다.

었다.[3] 자연의 이 같은 비인간화가 추진됨에 따라 자연으로부터 모든 인간적 요소나 목적의식 등이 배제되기 시작하였으며 오로지 크기, 형태 및 운동 등의 자연 자체의 요소를 인과적(因果的)으로 분석하는 이른바 기계론적 자연관에 다다르게 된다.[4] 이 같은 면에서 보면 서양의 자연관은 자연에 대한 과학적 사고와 신학적 사고의 두 갈래의 흐름을 형성하면서 주로 과학적 자연관이 주도권을 잡고 자연을 물질적 차원에서 객관적으로 관찰하고 실증하여 인간의 생존문제에 연관시키고 있음을 알 수 있다.

동양적 개념에서의 자연에 대한 해석은 서양적 해석과 의미가 다르다. 간단하게 설명하기는 곤란하나 '자신의 스스로(自) 그러한(然) 법칙과 내재하는 원인에 따라 운동하며 변화한다'(老子, p 30)는 노자의 말에서부터도 알 수 있듯이 동양적 사고방식에서의 자연은 넓게는 '천연 그대로, 인위에 의하지 않고 하는 모든 사물, 성질, 현상 등'을 의미하며 종국적으로는 '스스로 그냥 있음'의 의미를 지니게 된다. 이 같은 발상은 앞 서 말한 대로 서양적 의미의 자연(nature)이 '태어나다(nascor)' 혹은 '생기다(physis)'라는 기원을 지닌 것과는 대조적인 것으로 이해 가능하다. 즉 서양적 측면에서는 타의적이고 즉물적 대상으로서 자연을 파악하고 있는 반면 동양에서는 무위(無爲)와 그에 따른 존재 자체를 자연으로 보고 있음을 알 수 있다. 이 같은 개념은 곧 무위자연(無爲自然)과도 연계되는 것으로 이는 자기에 대해서도 만물에 대해서도 인위를 가하지 않은 스스로 그냥 있음을 의미하며 오늘날

그림 2 필육상묘도. 정선

3) 박찬국, 목적론적 자연관에 대한 재검토, 인문논총 제50집, 2003.

4) 이에 이르는 사상적 계기가 중세에 이미 준비되어 있었다고는 하나 그 철저한 자각은 근세철학의 시조 R.데카르트에 의해 이루어지고 있다. 기계론적 자연관의 대표적 이론가인 그는 아리스토텔레스의 생명적·심적(心的)인 요소인 '아니마'를 자연으로부터 전적으로 제거하고 오직 한결같은 기하학적 '연장(延長)'으로서 이해함으로써 살아 있는 자연을 원형으로 한 그리스의 유기적 자연관은 생명을 배제한 무기적 자연, 오로지 수학적·인과적으로 취급되는 죽은 자연을 원형으로 삼는 것으로 변화시켰다.

의 자연이 뜻하듯이 삼라만상의 대상적인 세계의 일반을 가리키는 것은 아니라고 볼 수 있다.

따라서 동양적 개념에서의 자연은 타의적이거나 즉물적인 대상이 아니라 '스스로 생기는 것'을 의미하며 이는 곧 인공적인 규칙이나 습관의 반대개념으로 자리하게 된다. 일례로 동양의 산수화의 경우 사람과 배경의 구분이 애매하며 나머지 부분을 거의 산수와 같은 풍광이 자리하고 있음을 알 수 있는데 이는 곧 인간을 자연과 최대한 조화시키려는 의도를 읽어낼 수 있다. 자연을 정복의 대상으로서가 아니라 함께 어우러지고 거역할 수 없는 대상으로 이해하고 있는 것이다. 자연과 인간을 불가분의 관계로 본 천인합일(天人合一)이라는 개념과 무리하지 말고 자연의 그것에 따르라는 순기자연(順其自然)의 맛과 멋도 역시 동양의 자연관에서 특징이라고 할 수 있다.

여기서 동양적 자연관과 서양적 그것의 장단점을 따지는 것은 무의미하며 그것들의 관점의 차이를 논박하는 것도 그리 중요한 일이 아니다. 프로이드의 말대로 자신을 개조하여 환경에 적응 시키는가 혹은 환경을 개조하여 자신에게 맞도록 개선하는가하는가 하는 차이 정도일지도 모를 일이다. 도원경의 한 구절처럼 자연의 관점에서 자연을 보는 것이 그리 쉬운 일만은 아니라는 사실을 이제라도 알면 다행인지도 모를 일이다.

현대는 자연관에 있어서 일종의 전환기라 할 수 있다. 이제 중요한 것은 자연에 대한 일련의 논의를 자연의 실체를 규명하는데 필요한 일종의 참고 체계로 활용해야한다는 점이다. 왜냐하면 현대의 새로운 자연관은 근대의 기계론적 요소주의를 넘어 자연을 함께 살아갈 수 있는 시스템이나 지속 가능한 대상으로서 파악하고 인간은 자연과의 공생이 가능한 환경 만들기에 주력하는 범세계적인 움직임이 이미 일어나고 있기 때문이다. 자연과의 공생이라는 화두도 역시 이 같은 위기로부터의 탈출구 가운데 하나로서 나타나고 있다.

2. 자연과 더불어 살기

쿠로카와 키쇼(黑川 紀章)의 공생이론에 대하여

자연과 건축과의 관계에 있어서 가장 의미 있는 개념은 아마도 공생이라는 단어일 것이다. 건축에서 말하는 공생(共生, symbiosis)이라는 단어는 학술적으로는 '서로 살리고 살려지는 관계'라는 대승불교, 특히 정토종(淨土宗)의 공생(共生, tomoiki)과 생물학의 공서(共棲)를 합성하여 쿠로카와 키쇼가 조어한 것이나 전혀 새로운 개념어라기보다는 일종의 포괄적이고 애매한 유행어로도 자주 사용되고 있다.[5)]

특히 사상적으로는 대승불교의 유식사상(唯識思想)[6)]에 근거하고 있는 공생이라는 개념은 '우리는 허무주의자가 아니며 유(有)와 무(無)의 두 개의 주장을 배척함으로써 열반의 경지에 다다르는 길을 분명히 한다'라는 강령에 나타나고 있듯이 팔불중도(八不中道) 및 무소득(無所得)의 중도(中道)를 지향하는 이른바 중도론적(中道論的) 성격을 띠게 된다. 여기서 중도론적 입장이란 선악 그 어느 쪽도 말할 수 없는 것을 말하는 것으로 이분법에 더하여 아무 쪽도 아닌 것이 포함된 삼분법(三分法), 즉 선과 악 이외에 무기(無記)라는 중간영역(中間領域)이 존재함을 나타내고 있다.

쿠로카와 키쇼는 성역에 대한 존중과 중간영역의 존재를 이른바 공생의 기본조건으로 제시하고 있다. 그 결과 이분법적 사고로부터 공생에로의 사고의 전환이 이루어지게 되며 이 경우 이분법에 대한 부정(否定)에 따른 중간영역(中間領域)의 존재와 애초의 이분법적 각 요소에 내재하고 있는 성역(聖域)에 대한 존경과 배려가 그 이론적 기저를 이루게 된다.

---

5) 이는 곧 공생이론이 그 근원으로서는 불교와 생물학에 기원을 두고 있으며 특히 생물학적 공서(共棲)의 개념은 부분과 전체라는 개념 이외에 신진대사(metabolism), 돌연변이(Metamorphosis) 및 共生(symbiosis)으로 대변되는 메타볼리즘의 개념에까지 연결되는 가교 역할을 하고 있다. 黑川紀章, 新共生の思想, 2版, 德間書店, 1997, pp 87-89.

6) 대승불교의 근간을 이루고 있는 사상으로 세계를 선악, 육체와 정신, 사람과 자연이라는 이원론 내지는 이항대립으로 파악하는 것이 아니라 그 두 가지가 공생하고 있는 중간영역의 상태를 중시하는 사상을 말한다. 黑川紀章, p.167.

공생은 이질적인 문화, 대립하는 이항, 이질적인 요소, 이원적인 대극 속에 존재하는 성역을 인정하고 경의를 표함으로써 가능하게 된다. 상대의 개성이나 지역의 전통문화 등의 성역이 미지의 영역이며 불합리한 요소로 여겨진다 해도 그 성역에 경의를 표하는 일은 필요하다. 상호의 성역이 너무 광범위하면 공생은 불가능해진다. 공생을 위하여 장기간에 걸친 대화, 상호교류, 보완적 요소의 발견 등의 노력이 불가결함은 말할 필요도 없다.

우선 성역은 기존의 이원적인 대극 관계 내에 존재하는 고유의 성질을 말하며 성역의 존중이 이루어지기 위해서는 성역의 적당한 범위나 상호교류 등의 노력이 필요하게 된다. 또한 중간영역은 이원론 즉 대립하는 이항(二項)의 사이에 있으면서 공통하는 법칙과 공통적인 이해를 가능하게 하는 기본개념으로서 그 성격은 처음부터 고정적으로 존재하는 것은 아니며 매우 가설적이고 유동적이다. 또한 중간영역의 존재에 의해 대립을 포함한 역동적이고 긴장감 있는 공생이 가능하게 되며 그 결과 '대립하는 이항(二項)의 상호침투와 상호이해가 진행됨에 따라 중간영역의 범위는 항상 변동'하는 다변성을 보이게 된다.[7] 이 같은 면을 종합해 보면 쿠로카와 키쇼는 공생의 이론을 다음과 같이 정리하고 있다.

1) 대립이나 모순을 포함하는 경쟁 및 긴장 속에서 태어나는 새로운 창조적 관계
2) 상호 대립하면서도 서로를 필요로 하고 이해하고자하는 긍정적 관계
3) 한 쪽의 여건만으로는 불가능했던 새로운 창조를 가능하게 하는 관계
4) 서로가 지니고 있는 개성이나 성역을 서로 존중하며 서로의 공통항을 넓혀 가고자 하는 관계
5) 부여받은 생명체계 속에서 스스로의 존재를 자리매김하는 관계.

이를 다시 정리해 보면 앞의 두 가지 경우는 기본적으로는 대립 내지는 경쟁관계를 보이고 있는 두 관계 체계가 상호 모순을 극복하여 발전적이며 긍정적인(positive) 새로운 창조 행위로 연계되는 공생적 창조를 나타내고 있다. 이 경우에서는 기존의 모순이나 대립에 대한 어느 정도의 부정(否定)행위가 필

7) 따라서 중간영역 그 자체가 다의적이고 양의적이며 애매하게 된다. 쿠로카와 키쇼는 '생명의 시대'의 건축은 중간영역을 지님으로써 양의성, 다의성, 애매성이라는 생명의 원리 자체의 성격을 표출할 수 있다고 말하고 있다. 이 같은 면에서 그는 중간영역을 가설적 양해영역(假說的了解領域)으로 달리 표현하기도 한다.

연적으로 동반되며 이를 위해서는 절충적인 중간영역의 존재가 필요하게 된다. 이 중간영역을 통하여 여과된 각각의 모순과 대립이 새로운 창조를 창출한다.

반면에 3)과 4)항의 경우는 두 관계 체계가 기본적으로는 우호 내지는 상호보족 관계를 보이고 있는 경우의 공생적 관계를 의미하며 기본적으로는 상호에 대한 성역화 및 그것에 대한 존중이라는 개념이 전제되고 있다. 앞의 경우와는 달리 상호간의 적극적인 모순 해결 과정보다는 기존의 성역을 인정한 채 상호보조와 상호인정에 의한 공통항을 확산시키는데 집중되며 이 같은 면에서 이른바 벡터적 합(合)의 개념으로 이해할 수 있다. 그러나 기본 관계 체계가 대립적이던 우호적이던 간에 공생이라 함은 궁극적으로는 그 두 개별 관계에서는 창조될 수 없는 새로운 창조를 지향하고 있으며 결국 이 같은 새로운 창조 내지는 그 행위자체가 공생으로 귀결되게 된다. 또한 이 같은 공생은 궁극적으로는 5)에서 나타나고 있듯이 자연 생명계라는 본질적 차원에서의 순응관계에 근거한 순리적 자리매김으로 환원되게 된다.

물론 두 관계 체계의 상태가 대립이던 존중상태이던 간에 결국은 상호에 대한 최대한의 이해와 긍정이 전제되고 있으며 새로운 창조를 향한 의지가 존재하고 있음은 명백하다. 그리고 대립 혹은 모순 관계에서의 새로운 창조를 위해서는 상호존중이나 이해 상태에서보다는 더욱 적극적인 이해와 행위가 필요하게 된다. 따라서 위의 두 경우가 모두 긍적적 공생이라는 성격이 내재하고 있기는 하나 특히 앞의 경우를 보다 적극적인 공생의지로 구분할 수 있다.

이 같은 면에서 볼 때 결국 공생이론이란 대극적인 상황을 매개 내지는 절충하는 중간영역에 의한 새로운 창조행위와 기존의 성역화에 대한 존중에 의한 공통항의 확산에 따른 새로운 창조행위 그리고 두 가지가 동시에 나타나는 경우로 재분류 가능하며 이 같은 새로운 공생관계가 궁극적으로는 천부적으로 부여받고 부여하는 거대한 생명체계 속에서 나름대로의 자리매김하는 이른바 생명의 재창조로 귀결되는 것으로 이해 가능하다.

3. 건축과의 자연

Architecture and nature

건축에 있어서는 자연이라는 개념 자체의 철학적 속성보다는 자연적인 것 혹은 자연요소와의 관계가 더욱 가시적일 수 있다. 초자연적인 것을 별도로 할 경우 대부분의 정의로는 자연에 영향을 미치는 것은 자연 자체의 한 부분이 된다. 따라서 자연에서 볼 수 있는 것에 대한 설명은 앞의 정의에 의해서 자연적인 것으로 간주할 수 있다.[8] 이 같은 면에서 보면 넓은 의미의 자연은 산이나 강, 바다, 초목, 동물 등처럼 저절로 생성, 전개 및 소멸이 이루어지는 일체의 것과 인간을 포함한 천지간(天地間)의 만물 나아가 우주까지도 포괄하며 좁은 의미로서는 이러한 것들의 부분을 이루는 자연요소(自然要素)로 나타나게 된다.

자연과 건축과의 관계를 가장 명쾌하게 설명해주고 있는 것 가운데 하나는 수목기원설일 것이다. 수목기원설이란 건축, 특히 기둥이 나무로부터 기인한다는 것으로 나무가 지니는 수직성 이외에 자연적 특성까지도 건축이 차용하고 있다는 이론으로 이해 가능하다. 이미 현대에 들어서서는 재료 및 공법 등의 변화로 인하여 나무가 지니는 자연적 특성이 건축에 적용되는 근거가 많이 희박해지기는 하였지만 역사적으로 나타나는 기둥 형태와 자연과의 교점은 흥미로운 사실을 알게 해준다.

그림 3 construction of primal hut by Filarete.fol.5v

인간이 자연물 그 자체인 동굴로부터 벗어나 처음 시작한 일은 자신과 가족을 지켜줄 공간을 만드는 일이었다. 어머니 뱃속으로부터 갓 나온 아이가

8) 우리는 초자연적인 것을 관찰할 수 없다. 그러므로 우리가 초자연적인 설명에 도달하기 위해서는 모든 자연적인 설명을 제거해야 한다. 그러나 우리는 우리가 모든 가능성을 제거했다고 절대로 알 수 없다. 설사 초자연적인 설명이 맞다하더라도 우리는 그것을 도달할 수 없다.
Johnson, Phillip E., 1990. Evolution as dogma: The establishment of naturalism. First Things (Oct.), P.15-22.

한 동안은 모유에 의지할 수밖에 없듯이 그들이 할 수 있는 일은 있는 그대로의 자연의 일부를 빌리거나 떼어내어 자신의 것으로 만드는 일이었을 것이다. 정복의 의지나 파괴의 징후는 아직은 언감생심이었을 법이다. 원시 주거를 짓는 모습을 묘사하고 있는 필라레테의 그림은 주택의 모든 것이 주변의 자연의 일부를 차용하고면서 그것들과 동질적으로 어우러지고 있음을 보여주고 있다. 이 자체의 행위가 파괴적인가 혹은 공생적인가하는 논의는 이 단계에서는 그리 절박한 일이 아닐지 모른다. 단지 인간의 필요에 의한 자연과의 교섭일지언정 인간의 초기 의지와 인간 생활의 중요한 역할로서의 건축은 역시 자연이라는 한정된 범위 내에 머무르면서 시작되고 있었다는 사실만으로도 시사하는 바는 크다.

비록 자연 요소를 인간 중심적으로 해석한 결과라는 의견도 있기는 하나 그리스와 이집트 등지에서 발견되고 있는 식물 문양의 기둥들을 보아도 이들에게 자연은 필시 고향이었으며 기대어야 할 의지의 대상이었음은 분명하다. 소녀의 애틋한 죽음과 코린트 양식을 연계시킬 줄 아는 시심(詩心)마저도 자연에 대한 파괴로 왜곡되어서는 아니 될 일이며 신전 기둥을 휘감고 있는 로터스 문양이 습지에서 자라난 이집트 문명을 노래하면서 신들과 함께 공존하는 즐거움을 폄하해서도 안 될 일이다. 아크로폴리스의 장대함보다는 지형에 순응할 줄 알았던 것도 아직은 인간의 원죄와도 같은 파괴의 본능을 숨기기에 충분하였는지도 모른다. 일부 자연 요소이기는 하지만 역시 그들이 눈을 돌리고 기댈 수 있는 곳은 자연 그 자체였던 셈이다. 억지일지도 모르나 식물 문양이 사용된 기둥이 거의 보이지 않는 대제국 페르시아나 미노아 왕국 내지는 절대적인 종교적 권한을 행사하던 마야 같은 문명권에서는 이미 인간의 존재가 자연에 대한 순응을 거부하면서 권력의 향유를 시작하고 있었는지도 모른다. 작은 식물 하나조차에도 눈길을 줄 여유가 없었다는

그림 4 Francois Blondel, Depiction of the origin of the order
From History of Architectural Theory

향변일 수도 있다. 보잘 것 없는 나뭇잎 하나는 이미 자연에 대한 대칭 관계와 정복의 역사가 오만한 인간의 권력과 함께 시작되고 있음을 예견하고 있었다. '두 그루의 나무를 세워 그 사이에 가지를 배치하고 진흙으로 벽을 발랐다(건축서 제 2서 1장 3)라고 건축의 기원을 설명하던 비트루비우스의 초심도 역시 나무에서 시작하고 있었다. 그 시작은 미미하나 그 끝은 창대한 건축의 시작은 생각보다 겸허하였던 셈이다. 기하학과 고전 논리로 무장한 르네상스조차도 나무를 무시할 수는 없었다. 기둥이 나무로부터 기인한다는 프란체스코 디 조르쥬의 수목 기원설은 중세를 지배하던 신까지도 자연 속으로 흡수할 수 있는 일종의 원죄로의 복귀였는지 모른다. 새로운 시대 의지를 표현하기 위한 고전에의 회귀는 본질적으로 건축의 원점으로의 회귀였으며 자연에 대한 회귀였다.

자연과 건축과의 접점을 보여주는 또 하나의 일례는 이른바 토속(vernacular) 건축의 경우에서 볼 수 있다. 토속적 건축은 해당 지역의 풍토와 자연 환경에 적응하면서 정착되어 온 일련의 건축적 양식을 칭하기는 하지만 기본적으로는 그 지역의 풍토와 자연과의 최적의 조합을 추구한 결과로서 이해할 수 있다. 기후나 풍광도 원래부터 있는 그대로의 존재로서 충분히 자연적인 것일 수 있다고 볼 수 있기 때문이다. 일례로 마야 문명 지역에서 자생한 주택 양식은 모두 그 지역의 자연적 요소와의 조화를 통한 최적의 형태로 나타나고 있음을 알 수 있다. 아무리 보아도 계단식 피라미드 같은 무모함은 보이지 않으며 돌을 깎아 내리고 거대한 신상들이 위치하는 화려한 신전 건축과도 이미 접점은 보이지 않는다. 마치 동양화에서 한 점 획 정도로 표시되는 미미한 주택이나 사람처럼 소박하게 주변과 순응하고 있을 뿐이다. 조그만 돌이나 진흙은 물론 기후나 풍토까지도 모두 친구였을 것이다. 항거도 아니면서 복종

그림 5 중남미 지역의 민가

도 아닌 셈이다. 자연을 자연의 입장에서 보듯이 주택을 주택입장에서 보면 그만이었을 하나의 그림이었을 법이다. 이 같은 면에서 보면 메소포타미아 지역이나 지중해 지역에 중정(court)이라는 요소가 도입될 수밖에 없었던 근본적인 이유나 소담스럽게 눈송이를 이고 있는 정겨운 초가지붕의 민가도 역시 같은 맥락에서 이해 할 수 있다. 주변의 자연과 친구하기는 생각보다 어려운 일이 아니었다. 건축하는 행위가 근본적으로 자연을 상대로 싸우는 전쟁이고 건축물은 승리를 기념하는 전승 기념비라는 독설은 이미 이곳에는 없다. 원죄를 위장할 속죄양도 필요 없다. 무리하게 자연과 친해지려 하지도 않는다.

물질문명이 발달하면서 건축이 자연과의 더불어 사는 방법은 그리 다양하지 않을뿐더러 선택의 폭도 좁아진 것은 사실이다. 예전 같으면 자연 상태 내로 자연스럽게 건축이 끼어들면 그만이었을 것이 이제는 있는 자연 상태마저도 침범하면서 반대로 자연을 건축물 사이로 끼어들게끔 하고 있다. 아무리 자연으로 돌아가라고 외쳐도 역시 자연은 먼 거리에서 쭈뼛거리기만 할 뿐 좀처럼 건축 옆자리에 다가올 생각이 없었다. 로지에(M. A. Laugier)가 벽도 없는 나무 두 그루로 건축의 기원을 다시 상기시키고 있었다 해도 나무 사이를 벽으로 차단하던 인간의 사심은 좀처럼 나아질 기미가 보이지 않았다. 아무리 벽의 해체를 통한 자연과의 조우라는 것이 중요한 테마가 되어도 이미 에릭테이온 신전의 기둥 사이로 넘나들던 풍광이나 바람은 더 이상 건축과 친구하기를 꺼려했는지 모른다. 바로크의 풍경식 정원에 거창한 자연을 도입하여 예쁜 그림을 그리고 있을 때에도 역시 주인은 건축이었을 뿐 하릴없는 자연이 배경으로서 들러리를 설 뿐이었다.

그림 6 다니엘 뷔렝(Daniel Buren), 샤케이(借景) 1985.

아트 앤 크레프트나 아르누보 혹은 유기적 건축 등을 통해 자연의 역전을 주장하던 때에도 자연은 지엽적인 식물 문양이나 부분적인 대상으로서 인지될 뿐이었다. 혹은 건축을 위한 또 하나의 모티브였는지 모른다. 자연은 가만히 있는데 우리 스스로 만들어 버린 허상의 자연 속으로 자신을 밀어 넣고 있었던 셈이다. 동서양을 막론하고 전통적인 가옥이나 건물은 그만큼 스스로의 여백과 여유를 지니고 있었으나 이제는 그러한 여유를 누릴만한 대지조차 귀해지고 있다. 닮은꼴 건축들이 양산되면서 아무런 반성도 없이 마을과 도시를 역시 닮은꼴로 만들어 가고 있으며 자신이 지니고 있는 자연과도 저 만큼 거리를 둔 채 간혹은 바라보기도 하고 간혹은 괴롭히기도 하면서 유희하고 있다. 두껍지도 얇지도 않은 한지를 통해 바깥의 바람과 달빛을 탐하던 가옥은 이미 사라진 지 오래이며 나까하시(中橋)를 건너 정원을 한 바퀴 거닐던 침전조(寢殿造) 같은 친자연적 양식도 이제는 유적화되고 있는 것도 사실이다.

차경(借景) 정도는 그래도 애교로 볼 수 있다. 마음만이라도 자연을 빌리겠다 하는데 말릴 마음도 없다. 그것이 설혹 작은 풍광이라 해도 용납될 일이다. 오히려 거창하게 자연과의 조화 운운 하지 않아서 좋다. 반성도 필요 없다. 잠시 빌린 것은 언제든지 다시 돌려주면 되기 때문이다. 그러나 무언가 부족하다. 이미 반(反) 자연적 재료와 공법으로 대체된 근대 이후의 건축이 짊어져야 할 일종의 업보 같은 것일지도 모른다. 개발에 따른 자연 파괴라는 주제는 이미 식상할 정도로 우리의 건축 세계를 뒤덮고 있으며 모든 건축가는 자연이라는 개념에 대하여 마치 전지전능한 신(神)인 양 자연을 마음대로 해석하고 정의해버린다. 기껏해야 주택이나 건물 내부나 주변에 식생(植生)을 도입하거나 평수도 안나오는 아파트 베란다 한 구석에 자그마한 분재 몇 개 놓아두고 즐거워할지도 모른다. '식생은 심한 말일지도 모르나 값싼 개량 대체품, 즉 가공하지 않으면 황폐해질 상황을 감성적으로 미화시키는 대체품으로서 오늘날 어쩔 수 없이 사용하고 있는 실정이다'[9]라는 케네시 프렘튼(K. Frampton)의 지적은 이미 자연의 일부로 떨어져 나온 식생은 자연도 아니고 인공도 아닌 일종의 애매한 사생아로서 성격 지어지고 있다. 누구를 위한 만족인지도 분명치 않으면서 자연을 도입했다고 우기는 인간의 얄팍한 상술도 한 몫 거드는지도 모를 일이다. 누구를 위한 만족일까. 콘크리트로 뒤덮인 삭막한 환경에 초록이라는 요소 하나만 가지고는 너무 잔인할 뿐이다. 구축의 원죄를 식물로 가장하던 그리스인이나 자신의 실패를 담쟁이덩굴로 덮어버리는 건축가의 애

9) K.Frampton, Botond Bognar, The New Japanese Architecture, Rizzoli, 1990. p.22 재인용

매한 초상이 다시금 커다란 얼굴로 다가온다.

일견 초록으로 뒤덮인 동산을 보는 양 도심 한 가운데 우뚝 서있는 아크로스 후꾸오까 조차도 필시 자연과의 조화를 가장 중요한 모티브로 설정하고 있다는 선언문 같은 당당함에도 불구하고 역시 케네시 프램튼의 회환이 식생의 뿌리를 타고 물도 안 통하는 콘크리트와 만나고 있을 뿐이다. 수목이 울창한 인공정원을 만들어 왕비를 달래려던 네브카드네짜르 왕의 자상함도 아니다. 고향을 잃어버린 초록이 아무래도 달변의 건축가를 이길 수는 없는 모양이다. 다시금 신을 위한 제단이 만들어진다. 식물을 희생양으로 하는 현대적 제단은 이렇게 소생하고 있다. 아트리움 속까지 어슬렁대는 신의 모습이 한낱 초록의 제단 속에 은닉되고 있다. 아무리 없는 것보다는 낫다 할지 모르지만 이미 자연은 불가근불가원도 아닌 것이 애매하기만 하다. 오히려 하라 히로시의 작품에서 자주 보이는 금속성의 인위적인 구름 모양의 디테일 등이 불가근불가원의 자연에 대한 암묵적인 메시지로 다가온다. 자연과 함께 하지 못한다는 일종의 처절한 자기반성임과 동시에 유토피아적 은유로서의 자연이 너무 멀어지고 있다는 자괴심인지도 모른다.

그러면 자연을 이해하고 또 그것과 조화를 이루기 위해서 건축이 어디까지 가능할 것인가. 물론 이론적으로는 건축과 자연의 관계를 논하기 위해서는 자연 그대로의 상태와 인공물의 일종으로서의 건축이라는 개념, 즉 자연과 인공과의 관계를 먼저 이해해야함이 타당할지 모른다. 그러나 역시 건축이라는 것은 자연과 대를 이룰 정도의 상위개념은 아니기 때문에 이러한 논의 자체가 너무 광범위해지는 우려도 없지 않다. 결국은 자연과 건축과의 관계 설정에 관한 문제로 귀결될지 모른다.

그림 7 Hukuoka Acros building by E. Ambaz

단 노리히꼬(團 紀彦)의 말대로 사물들 간의 관계를 분리(seperation)와 동화(assimilation) 및 조정(mediation)의 세 가지 패턴으로 해석할 수 있다고 본다면 우리가 그동안 자연을 다루어왔던 태도가 자연스럽게 정리될 것이다. 타자로서의 입장을 견지하면서 정복에만 급급했을 수도 있고 혹은 우리 자신이 자연 속에 동화된 경우도 있을 것이며 서로 다른 타자로서의 자연과 건축이 인간을 매개로하여 한 차원 높은 조정을 이루는 경우도 있었을 것이다. 어디까지가 우리의 할 일이며 어떤 것이 정답인지는 알 수 없다. 관계라는 것은 항상 변수가 많기 때문이다.

이런 면에서 보면 자연의 건축화(architecturalization of nature)와 건축의 자연화(naturalization of architecture)라는 논쟁도 사실 그리 큰 논쟁거리는 되지 못할 지도 모른다. 자연이 항상 인간의 해석이나 변형에 종속된다는 입장으로 자연 자체의 자연적인 속성이 거의 비자연적인 상태로 나타나는 자연의 건축화는 인간을 중심으로 자연을 해석하는 지극히 자연스러운 해석 방법 가운데 하나이며 마찬가지로 자연 현상의 일부로서 건축에 접근하며 따라서 자연성은 역사를 초월하거나 혹은 비역사적(ahistorical)인 성격을 띠게 되는 건축의 자연화[10]도 역시 자연과의 교집합을 중시여기면서 더불어 살아가는 해석 방법일 수 있기 때문이다. 물론 역사성이나 비역사성의 논의도 자연과의 관계에서는 그리 시급을 다투는 문제도 아니다.

그림 8 Hiroshi Hara, Yamato International

단지 일방적으로 한 쪽을 옹호할 수만 없다는 것이 문제일 뿐이다. 그 근본을 따지고 보면 같은 맥락인 것도 바로 자연 자체로서는 절대적이기는 하지만 역시 건축과의 관계라는 면에서는 어찌 보면 필수적이지는 않을 수도 있기 때문이다. 콘크리트로 이루어진 회색 잿빛 도시라고 해도 자체는 초록이 안 보이는 삭막한 건물들의 집합이면서도 인간의 생활이 내재되어 있는 또 하나의 필수적 공간일 수 있다. 따라서 간혹은 자연이라는 요소를 구체화할 필요가 없을지도 모른다. 자연은 곧 자연 요소라던가 수목 내지 풍토 등의 가시적 요소만으로 처리할 것이 아니

10) Botond Bognar, The New Japanese Architecture, Rizzoli, 1990. pp.26-27.

라 오히려 건축이 함께 동반해야 할 일종의 정신으로서 자리 매김 될 필요가 있는 것도 바로 이 때문이다. 그냥 그 자리에 스스로 있는 것으로서의 자연의 의미가 다시 한 번 새로워지는 순간이다.

> 나는 오늘날 이 세계의 광경(view), 즉 좀 더 자유로운 삶을 위한 잠재력을 발견해내는 광경을 표현하고자 원하기 때문에 자연의 이미지를 건축화한다. 나는 자연을 환기시키기(evoke) 위하여 건축적이며 기술적인 디테일을 사용하고 있으며 동시에 건축을 환기시키기 위하여 자연적이며 우주적인 디테일을 사용하고 있다[11]

자연은 탓하거나 걸고넘어질 대상은 아니다. 조금의 핑계도 필요 없다. 있는 그대로의 존재를 있는 그대로 보면 그만일지 모른다. 이른바 성역일 수도 있고 공생의 대상일 수도 있다. 기능적으로 활용할 대상도 역시 아니다. 하세카와 이쯔꼬(長谷川 逸子)의 말대로 자연은 이미지의 잠재 창고일 수도 있으며 서로 더불어 사는 존재일지 모른다. 가끔은 흔들어 깨워 볼 정도의 친근함이 필요한지도 모를 일이다. 너무나 방치하면 역시 나하고도 멀어지기 때문이다. 더불어 사는 지혜가 다시 한 번 필요해진다.

4. 논의, 다시 한 번

debate again

안도 타다오의 자연에 대한 공생적 경향

건축이 자연 혹은 자연요소와 어떠한 접점을 유지하면서 존재해야 하는가하는 것은 현대 건축이 지니는 가장 큰 논쟁거리 가운데 하나일 것이다. 이미 건축과 자연과의 공생에 대한 관심이나 연구는 특정 지역이나 인물에 국한되는 국부적인 범위를 벗어난 지 오래이며 공생이라는 개념에 대한 이론적인 연구와 함께 많은 건축 작품에서 공생의 개념을 표현하고자 하는 일련의 시도가 진행되고 있다.

---

11) Botond Bognar, 앞 책. p.25 재인용

안도 타다오(安藤忠雄)의 건축도 이 같은 경향에서 보면 예외일 수 없다. 그의 최근 작품 경향 가운데 자연과 연관된 특징은 크게 두 가지로 구분하여 이해할 수 있다. 하나는 과거보다 자연요소를 더 즐겨 사용함으로써 자연과 건축과의 융화를 기하고자 하는 시도가 자주 나타나고 있다는 사실이다. 스미요시 주택에서의 중정을 통한 자연의 유입이라는 실험을 통하여 구축되기 시작한 자연에 대한 고려는 타임즈 I (TIME's, 1983-84)부터 일종의 타자(他者)였던 자연이라는 대상이 건축과의 관계에서 해석되기 시작하면서 그의 작품 경향은 '노출 콘크리트를 위주로 하는 폐쇄되고 구축된 인공적인 부분 만으로서의 건축이 아니라 개방적이고 자연과 융합하는 건축을 지향'하는 경향을 보이게 된다(飯島 洋一, 現代建築50人, 1996. p. 37).

물론 이 같은 경향은 안도 타다오의 최근의 경향이 주로 자연에 대한 정복이나 단절이라기보다는 자연과의 공생이나 배려 등에 많은 관심을 할애하면서 애매한 경계를 추구하고 있는 그 자신의 자연관과 무관하지 않다. 나아가서는 '목조문화에 기본을 두고 자연과 연속 내지는 공존하는 의식적 상호침투에 입각하여 성립'하면서 그 결과 '관용, 명쾌한 경계영역의 부재, 내부와 외부의 상호침투'로 나타나는 전통적인 일본건축의 특징 가운데 하나와도 어느 정도 관계를 맺고 있음 또한 부정하기 힘들다.

그림 9 오다 히로끼 뮤지엄. 1998

건축은 장소의 메모리를 현재로 전달해 주고 동시에 그것을 또 미래로 전이시켜준다...(중략)...건축은 자연을 분화하고 동시에 자연을 통합한다. 건축을 통하여 자연은 그 각각의 요소로 환원하고 동시에 통합으로 유도된다. 따라서 자연은 건축화 되며 인간이 자연과 직면하는 것이 순수해진다.[12)]

역시 안도 타다오도 자연과의 분리나 대립이

12) William. J. R. Curtis, Modern Architecture since 1900, 3rd edition, Phaidon Press Ltd. 1996, p.670

아니라 자연에 대한 분화와 통합으로서의 건축에 눈을 돌리고 있음은 분명하다. 전이적 성격의 동적 체계로서의 건축이 정적 체계로서의 자연을 분화하고 통합함과 동시에 인간과 자연이 순수하게 직면하는 것이 가능하다면 우리는 또 한 번 건축을 사랑할 기회를 얻는 셈이다. 이제 자연에 대한 배타나 일방적인 정복은 없다. 그것과의 교류와 상호인정을 통한 새로운 질서를 창출할 일종의 의무가 부가되고 있다. 자연이라는 존재는 이미 건축과 인간과의 동질성의 대상이며 건축 또한 인간과 자연을 매개하는 중간 영역적 개념으로 다시 태어나기를 바라고 있는지 모른다.

'나의 디자인 의도는 자연요소와 다양한 일상생활의 측면들을 통하여 공간에 의미를 부여하는 것이다'[13]라는 안도 타다오 자신의 언급처럼 자연에 대한 그의 건축은 주로 빛, 바람 내지는 물이라는 자연요소의 도입과 해석을 통한 자연과 인공과의 조화 내지는 경계형성이라는 측면으로 나타나고 있다. 안도 타다오의 작품에는 건축과 자연의 융화 및 자연의 건축화라는 명제를 풀기 위한 일차적인 시도로 매개적 자연요소를 도입하고 있는 것이다.

그림 10 나리와쪼 뮤지엄. 1994

이 가운데 물의 이용 및 의미는 각별하다. 우선은 안도 타다오 자신의 개인적인 성장배경으로부터 물에 대한 애정을 느낄 수 있다. 잘 알려진 대로 안도 타다오는 이른바 물의 도시로 불리는 오오사카 태생이라는 점과 어릴 적부터 물과 친숙했던 개인적 경험이 우선 물에 대한 그의 애정을 시사하고 있다. 특히 이 같은 개인적인 애정은 자연과 건축의 경계선으로서 혹은 공존의 이미지로서의 물의 이미지로 접맥되고 있으며 궁극적으로는 일본 전통건축이 지니는 미의식으로 연계되는 근본적 계기를 형성하고 있다. 이는 곧 안도 타다오의 물에 대한 생각이 일본적 사고 및 자연관이 반영된 일종의 철학적 배경에서도 파악될 수 있음

13)Tadao Ando, From Self-Enclosed Modern Architecture towards Universality, Japan Architecture, May, 1982, p.9

을 나타내고 있다.

자연과 인간을 서로 별개가 아닌 것으로 생각하는 동양적 자연관, 특히 물(水)을 정신적인 거점으로 삼고 있는 일본인의 섬세한 감수성. 절대적이고 공간적인 감각을 함께 지닌 서양인의 시간적 관념과 비교해 보아도 일본인의 그것은 물처럼 항상 움직이며 애매한 상태 그대로 흘러가며 마침내 모든 것은 수포로 변해간다[14)]

정신적 거점으로서의 물에 대한 근본적 공감대는 이미 그에게도 적용되고 있다. 결국은 자연과 인간이 별개가 아닌 서로 조화하고 공생하는 동양적 자연관과 접맥되고 있다. 나아가서는 죽음과 삶, 운동과 정지 등의 경계 즉 자연과 인공의 경계, 건축과 자연과의 경계로 자리매김 되기도 한다.
역시 물에 대한 안도 타다오의 생각은 일본적인 전통에 그 뿌리를 두고 있을 수밖에 없다. 절대적이고 공간적인 감각을 충분히 배웠건만 그리고 그것을 가지고 자연과 무던히도 싸워왔건만 돌아갈 곳은 역시 애매한 상태로 흘러가며 모든 것은 수포로 돌아가는 동양적 자연관이었다. 딱히 철학도 아니다. 있는 그대로를 역시 있는 그대로 보고자 할 뿐이다.

왜 안도 타다오는 물을 이용하여 주변 자연과 적극적으로 대응하고자 하는 것일까. 우선은 건축과 자연이 대립적 관계였음에 대한 자성과 반성이 선행된다. 자본 혹은 자본주의적 속성과 그것에 근거한 인공적 성질이 기존의 자연과의 연계를 파괴하여 왔음에 대한 일종의 자기성찰 같은 반성 같은 것일지도 모른다. '자연과의 새로운 관계를 발견할 수 있도록 도와주고자 하는 그의 바람은 심적 내부 상태나 일반화된 정신성(spirituality)을 무마시키는데 열중한 전형적인 후기 자본주의의 무상함에 대한 비판적 반응을 나타내고 있다'[15)]는

14) 安藤忠雄, 앞 책, p.50.

15) 물론 이 같은 반성과 성찰은 일반적으로 자신이 속한 지역으로의 회귀를 보이며 이른바 지역주의적 경향을 띠게된다. 안도의 경우는 근대적이고 자본적인 요소와의 최대한의 단절을 '최소한'의 개념으로 계승함으로써 자연과의 접합 내지는 통합을 기하고 있으며, 이 같은 면에서는 다소 급진적인 경향으로 파악되기도 한다. 즉 안도의 건축은 근대건축의 일반적이고 핵심적인 개념과 일본이라는 특수한 지역적 상황을 통합화는 작품적 경향으로 나타나고 있는 것이다.
William.J.R.Curtis, op.cit. p.637.

W. 커티스의 지적대로 자본주의적 발전에 따른 탈자연 현상과 일반화된 정신성의 추구에 따른 자연과의 단절은 더 이상 그에게는 모더니즘적 절대 기준은 아니었을 법이다. 기존의 갈등관계를 초월하면서 자연과의 새로운 관계를 발견하기 위한 그 어떤 것이 필요해지는 순간이다.

우선은 있는 그대로의 자연과 만들어진 건축을 병치시키는 방법을 생각할 수 있다. 기하학적으로 분절되면서 외형적으로는 대(對)를 이루는 건축을 그리 쉽게 버릴 수는 없었을지 모른다. 그렇다고 해도 그것은 이미 기존의 모더니즘적인 이분법적 대개념(對槪念)은 아니었다. 오히려 대(對)의 세계나 상태를 통하여 인간을 해방시키는 미궁의 해법을 자연으로부터 찾고 있는 것임을 보여주려 하는지도 모른다. '수면에 비친 모습과 건축 자체를 대(對)로 해 가면서 사계절마다 혹은 시각 시각마다 변화하는 심메트리의 세계를 만들어내기 위하여 쿄오또(京都)의 TIME'S나 홋까이도(北海道)의 물의 교회에서 나는 물을 이용한 것이다'[16]라고 안도 타다오가 스스로 말할 수 있는 이유는 바로 건축 자체와의 대(對)뿐만 아니라 주변의 변화하는 자연과도 조화해가는 건축을 지향하고 있음을 시사하고 있다.

그러나 간혹 이 같은 갈등관계는 단순한 대(對)를 이루는 기존의 개념체가 보다 복잡한 대(對)의 개념으로 전이되는 경우도 있다. 동형이상(同形異相)적 심메트리. 상반되는 것들을 서로 대(對)로 파악하며 다른 형상이라 해도 본질적으로는 동일요소로 이해할 수도 있다는 가정은 역시 그에게도 유효하였다. 대(對)를 이루는 상호를 조절할 그 무엇이 필요해진다. 이미 극심하게 대치되어 버린 피곤한 상황을 벗어나야하기 때문이다. 차단이라는 창조적 부정행위가 비로소 탄생되는 순간이다.

차단의 기능은 물 자체에 의한 경우와 가벽 등의 의도적인 물체를 이용하는 경우로 나타나고 있다. 물을 자연을 이루는 요소로 보면 이 같은 방법은 결국 인공적 건축이 자연적 물과 대조적이고 상충적이라는 사실을 전제로 하고 있으며 이에 대응하는 방법은 중간영역이라는 존재의 매개를 이용한 새로운 관계창출로 나타나게 된다. 대부분의 경우 이 같은 처리는 자연요소에 대한 일방적 수용이 아니라 건축 내에 자연요소가 공존함으로써 새로운 자연과의 조

16) 安藤忠雄, 都市彷徨, pp.184-185.

그림 11 교오또 도판명화의 정원(1994)

화상태를 극대화시키는 방법으로 나타나고 있다. 역시 안도 타다오는 벽을 버리지는 못하고 있다. 기둥을 대신해서 공간을 나누고 자연을 분리하며 기하학의 한 부분마다 적절하게 고개 내밀던 벽이라는 존재는 그에게는 버릴 수 없는 보물이었다. 필요한 것은 벽에 대한 재해석이었다. 이제 그의 벽은 경계(際)와 연관을 맺고 있는 포괄적 개념이며 나아가 '자연을 받아들여 인간의 기분을 감싸는 벽'17)으로까지 그 의미가 확대된다. 밖(外)과 안(內), 자연과 건축을 준별하는 이분법적 벽의 개념은 물론 무공간과 공간의 경계이며 자연과 인공의 경계로서 철학적 의미를 다시금 부여하기 시작한 것이다. 안도 타다오는 몇몇 작품을 통해 단절의 기능과 의미로서의 벽보다는 오히려 경계의 개념을 애매하게 처리하고 밖의 존재에 자립성을 부여함으로써 이전에는 단절되어 있던 밖이나 자연이라는 대상을 은유적으로 건축 내로 흡수하는 공생적 중간영역을 만들어 내고 있다. 이 경우 벽이란 존재는 두 개의 이질적이거나 대조적인 현상을 분절하거나 융화하는 매개체로서의 역할을 부여받게 된다. 의미의 재해석에 따른 역할의 재배치가 아닐 수 없다. 이제 건축물 내에 존재하는 물이나 수공간과 건축과의 관계도 재해석 된다.

가벽을 통한 단절과 반전을 이용하여 자연과의 대응관계를 극대화 하고 있는 워터템플(water temple, 1991년)을 비롯하여 가벽과 무 천정 및 진입부의 정적 수공간과 내부의 동적 수공간이 노출 콘크리트의 인공성을 순화시키고 있는 쿄오또 도판명화의 정원(Garden of fine arts, 1994)과 주변의 산세를 보존하면서 원통형 매스로 일차적인 분리를 행한 후 원형 보이드 부분의 수공간을 설치함으로써 자연을 재차 환기시키는 나무의 전당(museum of wood, 1994) 등이 대표적인 예라 할 수 있다. 벽이 있는 곳에 항상 물이 있다. 단절이 있는

17) 安藤 忠雄, 都市彷徨, p.122.

곳에 항상 최소한의 접점이 있다. 건축이 있는 곳에 항상 자연이 있다. 어느덧 자연은 벽 언저리에서 건축을 향해 고개 내밀고 있다.

자연과 건축을 병치하기 보다는 자연과 자연요소 그 자체를 이해함으로써 좀 더 자연에 가까워지려는 경향도 역시 자주 보이고 있다. 이 같은 경향은 주로 자연이라는 대상과 물이라는 존재에 대한 본질적인 이해로부터 시작되며 일반적으로 친수(親水)[18]라는 보다 적극적인 개념과 자연스럽게 연계되고 있다. 산토리 미술관(Suntory museum, 1994)같은 작품이 그 예가 될 수 있을 것 이다. 오오사카 만이라는 바다에 면하여 세워진 이 건물은 바다라는 있는 그대로의 수공간을 미술관 내로 유입하고자하는 의도로 디자인되고 있으며 이를 위해 보이드 공간과 바다를 투영하는 유리, 바다와 면하는 외부 광장 및 바다와 건물의 영역 사이에 위치하는 기둥, 심지어는 바다에 대한 동경의 대상으로서의 인어상 등의 인공요소와 오브제를 적절하게 도입하고 있다. 특히 바다와 건물 사이의 기둥은 워터템플에서의 가벽처럼 인공과 자연을 시각적으로 차단하기 보다는 일종의 실루엣 처리된 스크린으로 나타나고 있으며 그 결과 바다라는 존재에 대한 적극적인 존중의 여지를 기본적으로 확보하고 있다.

특별한 중간영역이나 의도적인 단절이 없이도 폭 100m 깊이40m의 이 거대한 해변 광장이나 바다를 향해 뻗어나가는 슬로프와 계단이라는 인공적 요소를 통해 건물과 바다가 하나가 되고 있다. 자연스러운 흐름이다. 안도 타다오가 산토리 미술관을 '바다와 인간의 극장' 내지는 '태양과 인간이 교차하는 만남의 장'[19]으로 의도하고 있던 것도 역시 바다라는 수공간에 대한 존경과 배려 없이는 성립하기 어려운 가설이었던 것이다. 딱히 볼 것도 없는 듯 한 바다 풍경도 마다하지 않고 계속 바다만 쳐다보고 있는 인어상은 안도 그 자신의 마음을 표현하고 있는지도 모른다.

자연을 있는 그대로 존중함으로써 그리고 각자로는 불가능했던 새로운 영역

18) '親'이라는 단어에는 일본어의 '親しみ'라는 단어의 의미가 시사하고 있듯이, 단순히 옆에 있어 친근한 대상이라는 소극적 개념을 포함할 뿐 아니라, 상대에 대하여 적극적으로 親하고자하는 기본적인 의지가 반영되어 있다. 즉, 자신이 '물'이라는 대상에 호감을 갖고 그것을 자기의 범주 내로 기꺼이 수용하고자 하는 자발적이고 적극적인 의지의 표현으로 해석 가능하다.
19) 美術手帖, 1999. 7. 美術出版社, p41.

그림 12 산토리 미술관(Suntory museum, 1994)

을 창조하고 서로의 공통항을 확대해 가는 이 같은 경향은 기존의 자연적 환경이나 수공간이 활용 가능한 입지에서 자주 나타난다. 주변의 고분지역의 산세와 호수를 그대로 이용하고 있는 치카즈 아즈카 박물관(Chikasu-Asuka Museum, 大阪府立つ近飛鳥博物館, 1996)이나 기존 공원부지에 대한 적응과 물과 자연채광이라는 자연요소에 대한 경외가 돋보이는 오타히로끼 뮤지엄(赤い帽子織田廣喜, Daylight museum, 1998), 콘크리트라는 인공물과 상업시설이라는 세속적 상황을 수공간이라는 자연적 상황과 연계됨으로써 세속적인 이미지를 정화하는데 성공하고 있는 TIME'S(1984)의 경우 등이 그 일례일 것이다.

적절한 차단과 자연에 대한 존중을 동시에 표현하는 경우도 자주 볼 수 있다. 적극적으로 자연이나 자연 요소를 병치하면서도 그 자체의 성역에 대한 존중 또한 게을리 하지 않는다. 이 경우는 '건축에 최소한의 재료와 형태를 사용하면서 최대한의 효과를 발휘하고자한다'[20]라는 안도 타다오의 말에서처럼 자연과 건축이라는 요소가 혼재를 이루게 되며 경우에 따라서는 인공요소의 최소화나 양보가 전제되는 경우나 혹은 인공물에 자연적 속성이나 미의식을 은유시키는 경우로 나타나게 된다.

훼손된 자연에 대한 보상이자 자연이 지니고 있는 성역에 대한 회복으로 나타나고 있는[21] 꿈의 무대(夢舞臺, 2000)는 자연과 건축의 혼재는 물론 그 각각의 영역에 대한 절대적 경의까지도 충분히 표시하고 있다. 우선 기존의 산세나 바다 등이 지니고 있는 자연환경을 그대로 수용하고자 노력하면서 물과 신록이 만들어내는 공간의 연속체가 인간과 자연을 연결하는 새로운 창조로 연계되고 있다.

20) 安藤忠雄, 都市彷徨, p.148.
21) 太陽, 株式會社平凡社, 2000.02., p.48.

그림 13 꿈의 무대(Yumebutai, 夢舞臺, 2000)

바다의 이미지를 은유하는 조개가 깔려있는 수공간과 원형 포룸에 낮게 깔려있는 수공간은 바다를 좀 더 적극적으로 건물 내부와 외부로 끌어들이고자 한다. 기존의 성역에 대한 실제적인 의지라고나 할까. 바다를 향해 조금 열려있는 개구부 속으로 바람도 지나고 바다도 가끔은 고개 내민다. 그러면서도 모두가 용인되는 것은 아니다. 건축도 나름대로는 매력이 있어야 함을 항변이라도 하는 양이다.

다시 한 번 벽이 등장한다. 이미 단절도 아닌 것이 유혹도 아니다. 정적인 수 공간을 끌어안고 있는 원형 가벽은 바다의 이미지가 조개가 깔린 연못을 거쳐 연속되고 있는 물이라는 대상에 대한 일방적인 모방이나 용해를 일단은 부정하고 있다. 적절한 관계에 대한 확인인지도 모른다. '내가 만드는 건축의 벽은 인간의 의지를 거절하면서도 동시에 그것을 감쌀 수도 있게끔 되었으면 하고 생각하고 있다'[22]는 안도 타다오 자신의 말처럼 인간 나아가서는 자연을 보다 적극적으로 수용하기 위한 작은 포석인지도 모른다. 자연과의 교류나 공생을 의도하면서도 인공물로서의 건축에 내재하는 인간적인 면에 대한 최소한의 내지는 기본적인 애착을 동시에 보여주고자 할 수도 있다.

그러면서도 모두가 손상됨 없이 각자가 자유롭다. 전이 공간이나 가벽도 단절만을 고집하지 않는다. 물이 있으면 또 물이 있고 바람이 있으면 또 바람이 있다. 바다 위에 또 바다가 있다. 역시 건축도 있다. 환원되면서 모습을 보이다가도 어느 샌가 다시 제자리로 돌아갈 줄 아는 미덕까지 지니고 있다. 더불어 살기와 즐겁게 살기의 해답은 이렇게 제시되고 있다.

22) 安藤 忠雄, 都市彷徨, p.123

맺는말

epilogue

인간들은 좀체 조화를 이루지 못한다. 그들은 숙명적인 피라미드의 기준에 따라 그들의 공존상태를 배열하기 때문이다. 그들은 모두 정상에 이르고자하며 다른 사람을 밀어내기에 안간힘을 쓰고 있다. 하지만 하늘이 주는 비와 햇살, 미몽의 상쾌함, 하늘의 축복과 사나운 뇌우를 공평하게 받으며 각자의 위치를 차지하고 살아가는 초원의 꽃들처럼 사는 것이 훨씬 더 자연스럽지 않겠는가. 언제야 인간들이 자연의 이 같은 훌륭한 본보기를 따라갈 수 있을 것인가.

콘스탄틴 브랑쿠시의 말대로 우리는 아직 자연과 완전한 하나는 되고 있지 못한 듯싶다. 즐거움만 생각하면 고통도 없음인데 정작 조화를 이루지 못하는 우리는 괜히 자연만 가지고 트집을 잡는다. 언제까지 형상(form)이라는 이데아와 질료(matter)라는 현상계를 구분하면서 살아야하는지도 모를 일이다. '산을 깎아 다듬은 돌로 화가 난 시체나 스테이크를 만들어 내는 것이 무슨 소용이란 말인가'라는 브랑쿠시의 일갈도 이제는 분명 남의 일은 아니다. 결국 자연은 조화인 셈이다. 자연을 닮고자 하는 건축은 만들어진 균형인 셈이다. 조화를 빙자한 균형 만들기에 우리는 역시 너무 조바심을 냈던 모양이다. 필시 더불어 하나가 될 수 있음은 행복이다. 준만큼 받는 논리적 방정식만으로는 모두 하나이기를 바랄 수는 없다. 하물며 주지도 않고 받기만 하는 편협한 사고는 친구이기를 이미 포기한 셈이다. 딱히 강요도 아니다. 친구하자 하는데 멀어져가는 대상을 힐난할 필요도 없다. 가끔 신전 기둥 사이로 흘러 다니는 바람 냄새가 몇 평도 안 되는 주택 속에서도 느껴지면 그것으로 족할 일일지도 모른다. 혹은 신전 기둥을 치장하던 식물문양이 아무리 구축의 원죄를 속죄하고 있다하더라도 역시 아직은 사랑을 품고 죽어서 식물이 된 소녀의 마음을 헤아릴 줄 아는 시심(詩心) 정도는 필요할지 모른다. 로지에의 그림을 허황된 유토피아주의자의 독설로 간주하지 않을 정도의 아량이 새삼스러울 뿐이다. 벽을 해체하고 구축을 부정한다 해서 자연이 쉽게 우리 곁에 올 수 있을 것이라는 생각이 단지 환상일 수 있다는 사실 정도는 이제 인정해야 할 것이다. 일엽편주에 몸 실은 취객의 눈으로 자연을 관조할 수 있을 정도의 여유가 부러울 뿐이다. 초록만을 고집하기 보다는 내 스스로 자연일 수 있다는 가능성까지 볼 수 있는 혜안도 역시 필요할지 모른다.

자연의 역전을 꿈꾸는 것도 아니다. 그렇다고 건축의 속죄를 바라는 것도 아니다. 숭고한 대상으로 자연을 그리는 것은 우리가 신을 바라보듯 또 다시 질곡으로 다가올지도 모를 일이다. 아트리움 속에서 기지개도 못 펴고 한 평생을 갇혀 살아가야 하는 신의 모습이 안쓰러울 뿐이다. 창문 너머 여전히 자연은 존재하는데 우리만 정신없다. 자연은 아무 말 없는데 우리만 말이 많다. 있는 그대로 보아달라고도 하지 않는데 우리만 있는 그대로라고 우기고 있다. 우물 안 개구리와 한 철 살다 죽는 하루살이가 알아야 할 것은 너무나 많다. 오히려 모르는 채 남겨두는 것도 가끔은 미덕일 수 있다. 자연은 버거운 대상도 아니며 가벼운 대상도 아니다. 자신을 비쳐볼 수 있는 거울 정도일지도 모른다. 내 사는 시간보다도 혹은 내 사는 공간보다도 자연은 초월적이다. 그저 누구나 철학가가 되기를 바랄 뿐이다. 아마 자연도 그리 원할 것이다. □

시 간

혹은 시간적인 것

Ruins of ancient Greek temple

1. 시간에 대하여

as to time

시간이라는 단어의 사전적인 뜻은 어떠한 행동이나 사건이 발생하는 경과기간의 의미를 지니며 또한 그 같은 일련의 행동이나 사건의 연속적인 속성을 표현하는 일종의 차원을 나타내기도 한다. 이 경우 시간이라는 개념은 어떠한 사건이나 상황이 발생하여 변화하는데 필수적인 개념으로 자리하게 되며 그 속성은 단절됨이 없는 연속적 운동체계를 지니게 된다. 따라서 실시간에 일어나는 모든 사건이나 상황은 시간이라는 존재의 지배를 받으며 시간은 이것들을 다른 시간적 차원으로 이동 내지 변화시킨다.

브리태니커 사전은 시간을 '측정되었거나 혹은 측정 가능한 일종의 기간'으로 정의하고 있으며 이는 공간적 차원을 결여하고 있는 일종의 연속체로 나타나는 것으로 설명하고 있다. 여기서 '측정 가능'이라는 개념으로 미루어 보아 시간은 필시 물리적으로 환산 가능한 일종의 양적 체계로 이해할 수 있다. 그리고 기간이라 함은 특정의 일정한 시간이나 세월을 나타내는 시간의 집합적 개념과 어떤 현상동작의 한 기간이나 주기를 나타내는 것으로 이해할 수 있으며 특히 시간의 집합적 개념이라는 측면을 고려할 경우 연속체(continuum)라는 개념으로 설정 가능하다. 또한 공간적 차원을 결여하고 있다는 의미에서 보면 시간은 본질적으로는 공간과는 다른 차원의 세계를 형성한다고 볼 수 있다. 이는 기본적으로 3차원적 공간에 시간이라는 요소가 결부될 경우 공간의 집적임과 동시에 시간적 방향성을 지니는 이른바 시공간 연속체(space-time continuum)라는 새로운 차원을 상정 가능하게 한다. 시공간 연속체라는 개념을 중시할 경우 시간과 공간은 분리 가능한 속성이 아니라 상호 관계하는 요소로 이해되어야 하기 때문에 애초부터 시간만을 별도로 생각하기는 불가능해진다. 아놀드 토인비가 동시대 문명의 공간적 접촉과 시간적 접촉을 통해 역사의 본질을 규명하고자 한 것도 역시 시간과 공간의 유기적 관계를 시사하고 있다.

이상의 사전적 의미를 종합해보면 시간은 우선 물질세계의 기본적인 양적체계(量的體系) 가운데 하나이며 이 같은 면에서는 길이라던가 부피와 같은 개념과도 유사하다. 물론 이 같은 사전적 정의는 시간의 척도적 개념을 우선시하는 입장으로 볼 수 있다. 이와는 달리 관념적 혹은 철학적 면에서의 해석은 다양하고 난해한 것도 사실이다.

일반적으로 시간이라는 존재는 그것이 흘러가거나 지나가는 것처럼 보이기 때문에 혹은 인간들이 시간이라는 존재를 통해서 발전 내지는 진보해 가는 것처럼 보이기 때문에 공간이라는 존재보다 더욱 복잡한 속성으로 나타나게 된다. 시간의 경과나 발전 등의 속성은 인지 가능한 속성은 아니다. 따라서 특정 시간당 얼마나 많은 양의 시간이 경과하고 그것을 통해 인간은 얼마나 시간적으로 진행하는가 하는 등의 질문 자체가 어리석게 된다. 왜냐하면 시간의 흐름은 그 어떤 것, 즉 바꾸어 말하면 일종의 초(超)시간(hyper-time)적 개념과 관련된 변화율(rate of change)을 포함하고 있기 때문이다. 만약 이 초시간 자체가 흐른다면 또 다른 초시간이라는 개념이 필요하게 되며 결과적으로 그러한 요구조건은 무한하게 된다.

시간의 이 같은 애매함으로 인해 일반적으로 철학자들은 프로세스(process)를 중시하는 경향과 다중성(多重性)을 중시하는 경향 등 두 가지 흐름으로 시간의 개념을 해석하고 있다. 화이트헤드(A. N. Whitehead) 등으로 대표되는 이른바 프로세스 철학(process philosopher)은 시간의 흐름이나 그것을 통한 인간의 발전 자체를 중요한 형이상학적 사실로 간주하고 있다. 베르그송(H. Bergson)과 마찬가지로 그들은 이 같은 시간의 흐름은 오직 비이성적 직관(nonrational intuition)에 의해서만 파악될 수 있다고 주장한다. 심지어 그는 시간을 일종의 차원으로 이해하는 과학적인 개념이 실제로는 현실이나 실체를 곡해한다고 말하기도 한다.

이와는 달리 시간을 다중성의 존재로 보는 철학자들은 시간의 흐름이나 그것을 통한 인간의 발전이 단지 환영(illusion)이라고 주장한다. 환영(幻影)이라는 개념이 사실은 그렇지 않다는 것을 알고 있는 경우를 지칭하고 있음을 생각하면 시간의 흐름이나 그것을 통한 인간의 구속 내지 발전이라는 것은 정작 실

체나 사실은 파악하지 못하면서 마치 시간이 흐르고 있다는 착각을 하게 만든다는 역설이 내재하고 있다.[1]

일반적으로 프로세스 철학가들은 과거를 불변적이고 고정적이며 확정적인 것으로 생각하는 반면 미래는 어느 정도 오픈되고 불확정한 것으로 간주하는 경향이 있다. 그러나 시간의 다중성을 주장하는 철학자들은 미래를 바꾼다고 말하는 것이 과거를 바꾼다는 것과 마찬가지로 일종의 난센스라고 주장한다. 특히 프로세스 철학자들의 미래에 대한 결정주의적 경향이 결정론[2]과 혼동되어서는 안 된다는 사실을 주장하는 등 어느 정도 중립적인 입장을 견지하고 있다. 그들에게는 미래는 반드시 존재하는 것이기는 하나 동시에 반드시 바로 전의 것과 법칙적으로 연계되는 것은 아니기 때문이다.

그러나 시간에 대한 철학은 해석이 어떠하든지 간에 인간의 감성을 강하게 짓누르고 있는 것만은 사실이다. 과거에 대한 후회와 미래에 대한 공포 특히 시간이 인간을 죽음으로 이끈다는 사실 등으로 인해 시간은 항상 인간의 감성을 지배하는 초월적 존재로 자리매김 되고 있다.

---

1) 그들은 동사의 시제뿐만 아니라 현재, 과거, 미래 등과 같은 말들이 말 자체의 발음 행위를 지표적으로 나타내는 표현이라고 주장한다. 따라서 그들에게는 현재로부터 과거에 이르는 일련의 사건들의 가장된 변화는 단지 환영일 뿐이라고 주장한다. 예를 들면 어떤 사건이 미래라고 말하는 것은 이 단어를 발음 한 시제보다 더 뒤 시제가 되는 것을 주장하는 것이다. 따라서 과거나 미래는 이러한 면에서 볼 때 사건(event)의 실제 속성은 아니며, 마찬가지로 이 같은 면에서의 변화는 참 변화가 아니라는 주장이다.
Britannica, Time 항목 참조

2) 결정론(決定論 determinism)이라는 것은 인간의 행위를 포함하여 이 세상에서 일어나는 모든 일은 그것이 정해진 때와 장소에서 일어나도록 미리 정해졌다고 생각하는 입장을 말한다. 19세기 고전물리학의 전성시대에는 물리학이 결정론적인 세계상(世界像)을 제시하고 있었기 때문에 과학적 결정론의 올바름이 증명되었다고 생각하였다. 20세기에 들어와 양자역학이 나오면서 강력한 의미에서의 결정론은 반드시 모든 국면에 일치하는 것이라고 생각하지 않게 되었으며 일이 일어나는 확률만이 결정되어 있다고 하는 확률론적 결정론이 유력해졌다.

2 건축과 시간

architecture and time

1) 건축의 규정(規定)으로서의 시간

시간이라는 것과 건축이라는 것에 대한 연관을 이해하기 전에 시간과 관련하여 우리를 혼돈스럽게 하는 몇 가지 사항에 대하여 논의해보기로 한다.

세계 문화사라던가 역사를 보다보면 누구라도 의문을 가지게 되는 부분 가운데 하나는 시간적으로 유사한 시기에는 거의 유사한 조건이나 이데올로기 등이 존재한다는 사실일 것이다. 세계에서 처음으로 이른바 문명이 발생한 지역은 모두 하천을 끼고 평야지역에서 발전하였으며 각자 찬란한 문명 내지는 문화의 꽃을 피웠음은 익히 알고 있다. 당연한 이야기이기는 하지만(물론 당연하다고 말하는 것은 후대의 역사적 평가결과를 수용하는 입장임을 말한다) 역사 연구자들에 의해 수렵문화보다 정주문화가 그 수준이 높다거나 혹은 농경이나 일상생활 및 전쟁 등의 이유로 하천을 입지로 삼는 것이 필연적이라는 사실을 이미 알고 있을 경우는 고대문명의 이 같은 현상이 당시의 공통적인 패턴이었음을 쉽게 이해할 수 있다. 그러나 공간적 내지는 정황적 해석을 별도로 할 경우 각 고대문명이 발생하여 발전하는 시간적 범위를 살펴보면 흥미로운 사실을 알게 된다.

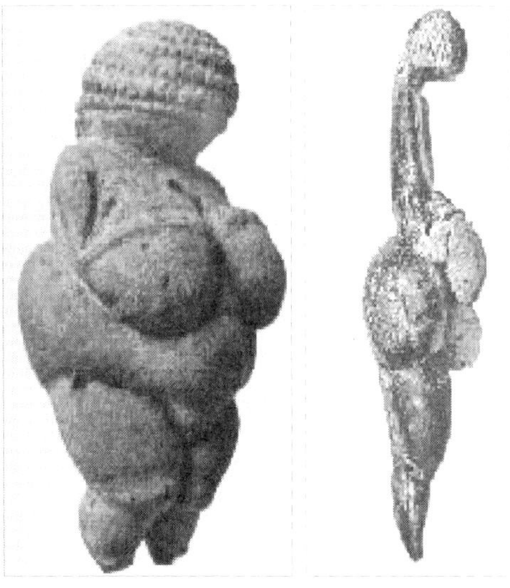

그림 1 원시시대 여인상

일례로 고대 문명이 B.C.3000년을 전후하여 그 모습을 보이고 있는 사실이나 이 때 나타나고 있는 제반 문화 현상이나 건축이 유사하게 나타나고 있는 사실은 우리에게 시간이라는 개념이 행하는 역할과 그 결과를 어느 정도 시사하기에 충분하다. 그림에 보이고 있는 조각상은 풍양사상(豊穰思想)과 다산(多産)이라는 당시 문화를 반영하면서 고대 원시문명 기에 자주 모습을 드러내고 있다. 흥미로운 사실은 이 같은 조각상들이 거의 유사한 시기에 다른 지역에서도 다양하게 발견된다는 사실이다. 이는 그 시기에는 이러한 경향들이 일반적이고 보편적이었다는 사실을 알게 해준다. 또한 이 같은 정도나 수준을 넘어서거나 혹은 후대에 나타나는 듯한 선진 문화현상 등이 발생하지 않고 있다는 점도 흥미롭다. 이는 특정 시기에는 일반적이고 보편적인 특정 사실이나 경향이 공간적 분포와는 별개로 동시에 나타나는 있음을 시사하고 있다. 이 같은 일종의 규정행위는 시간에 의해서 행해진다고 밖에는 생각하기 힘들다.

건축물의 경우도 역시 마찬가지이다. 시기적인 차이는 있으나 메소포타미아에서 처음 모습을 보이던 지구라트(ziggurat) 형태의 계단식 피라미드는 이집트나 마야 및 인도 문명권 등에서도 유사한 모습을 보이고 있다. 물론 이들의 각각의 형태나 특징은 그 양식상 다소의 차이는 보이고 있으며 입지라던가 층수 및 재료 등도 약간은 서로 상이한 면을 보이고 있기도 하다. 그럼에도 불구하고 이 모든 것들은 신이나 이와 유사한 존재를 향한 의미로서 지어지고 있다. 그 형태가 모두 초기에는 계단식이라는 형태로 나타나고 있음도 흥미롭다. 계단식 축조라는 것이 축조 행위의 가장 기초적인 패턴이라고 하면 이들 모두는 문명 발전단계에서 나타나는 축조행위의 기본적 패턴으로도 이해할 수 있다. 그렇다하더라도 역시 그 시기에는 계단식이라는 형태가 최선이었으며 신을 향한 접근으로 나타나고 있음은 자명하다. 그들이 각각 섬기는 신이라는 존재는 약간의 정도의 차이는 있으나 모두 태양과 관련된 것이라는 사실 또한 상기해 보면 그 시기에는 태양과 같은 대상을 절대적 존재로 여기는 일종의 시대적 규정이 존재하고 있음을 알 수 있다.

그림 1 El Castilo

이상과 같은 사실은 시간이라는 존재가 그 시기의 문화라던가 의식까지도 지배하고 있음을 시사하기에 충분하다. 이른바 시간성이라고도 표현할 수 있는 이 같은 개념은 유사한 시간적 배경에서는 유사한 행태나 결과 혹은 문화가 파생된다는 것을 암시하고 있다. 따라서 같은 시간대, 즉 동시간성

혹은 동시대성은 공간을 포함하여 그 시간이 속하는 모든 범위에 걸쳐 나타나게 된다. 이때 동시대성이란 '평론은 동시대성을 핵심으로 삼는데 비해 문학연구는 과거의 문학 유산을 다룬다'는 문장에서도 나타나는 바대로, 특정 시기에 동일하게 나타나거나 인지되는 일련의 현상의 총체 정도로 정의할 수 있다. 따라서 동시대성을 이해하는 것은 그 시간이 지배하고 있는 모든 상황을 이해하는 것이 된다.

우리가 흔히 선사시대부터 현대에 이르는 시기구분을 하고 있는 것도 마찬가지이다. 선사시대에 중세풍의 문화나 건물은 존재할 수 없으며 역시 중세에는 근대나 현대라는 개념 자체가 존재할 수 없다. 선사시대는 그 시기 나름대로의 방법과 한계 내에서 한정적으로 존재한다. 약간의 시간적 차이는 있으나 역시 큰 범위에서의 시간적 차이는 없다. 이는 곧 공통되는 문화나 특징 등을 공유하는 특정의 한 시기로 묶일 수 있음을 의미한다. 따라서 고대라던가 중세라는 식의 구분도 역시 시간을 기본으로 하면서 좀 더 큰 범위의 동시대로도 이해할 수 있다. 이 같은 사실은 각 시대, 달리 말하면 각 시간대에는 각자의 나름대로의 성격이 정해져 있고 그것을 초월하기가 불가능하다는 일종의 운명론적 개념이 내포되어 있다고도 볼 수 있다. 앞서 말한 바와 같이 고대문명이 발생한 나라나 지역들이 유사한 종교적 의식구조나 정치체제 등을 지니고 있었다는 사실만 열거해보아도 쉽게 이해할 수 있는 성질이기도 하다.

이 같은 사실로 미루어보면 시간이라는 것 자체가 지니는 구속성이라는 것이 그 시기와 그 공간을 지배한다고도 볼 수 있다. 그러나 이 같은 시간의 지배와 그 영향은 무한정한 것이 아니라 특정 범위 내에서만 혹은 특정 수준까지 만의 변화를 허용한다. 그리고 허용범위를 넘을 경우는 또 다른 문화나 상황이 전개되는 프로세스를 보이게 된다. 이 경우 시간의 변화율은 변화의 폭이 그리 크지 않음을 유추 가능하다. 변화의 폭이 크다면 문명의 차이가 커짐을 의미하며 그렇게 되면 동시대성이라는 개념 자체가 무너지기 때문이다. 중세에 현대에나 볼 수 있는 미니스커트가 난무하는 아이러니도 없지 않을 것이다. 고대가 계속 고대로 남아 있지 않음은 바로 계기 설정의 존재로서의 시간의 의미를 시사하고 있다. 이것 역시 시간이 지니는 규정성과 맥을 함께 한다고 볼 수 있다.

그러나 흥미로운 사실이 있다. 중세나 근세에 현대라는 개념이 거슬러 올라가 존재할 수는 없지만 반대로 현대라는 개념에는 중세라던가 근세 혹은 그 전 세대까지도 모두 혼재할 수 있다. 시간 개념을 선적(線的)으로 이해할 경우 앞선 과거는 뒤의 과거에 의해 수용될 수 있음을 나타내며 이 경우 시간의 역할은 규정시겼던 모든 것에 대한 흔적으로 나타나게 된다. 물론 흔적이라는 것도 시간의 변화 기능 가운데 하나임에는 부정할 수 없다. 또한 흔적 자체도 가시적인 것과 비가시적인 것 혹은 물질적인 것과 정신적인 것 등 다양한 패턴으로 존재할 것이다. 이는 곧 지난 시간의 역할과 집적에 의해 현재라는 또 다른 시제가 만들어지고 있음을 시사한다. 정신적이건 물질적이건 흔적이 없는 현재는 시간의 개념에서 보면 존재할 수 없다. 항상 제로(0)인 시간도 없을 뿐더러 제로로부터 시작하는 시간도 존재하지 않기 때문이다. 따라서 지나간 과거는 단순한 과거 이상의 의미를 지니게 된다. 우리가 전통이나 과거의 문화 등에 미련을 버리지 못하는 것은 바로 이 같은 시간의 습성 때문일지도 모른다. 예를 들어 바벨탑과 오늘날의 교회가 몇 천 년의 갭을 두고도 서로 연관될 수 있는 것은 바로 몇 천 년 전이라는 시간대에 행하고자 하던 종교적 행위가 바벨탑이라는 존재로 흔적화되기 때문이다. 몇 천 년이 지난 후에도 바벨탑의 교훈과 의미가 교회를 통해 되새김질되고 있다는 사실은 바로 시간의 흔적으로서의 의미를 상기시키고 있다.

물론 시간의 흔적이라는 개념 혹은 그것이 혼재되어 있는 경우는 건축의 경우에서도 쉽게 발견할 수 있다. 시간이라는 개념이 연속임과 동시에 그 결과로서 항상 결과 혹은 흔적이라는 개념을 동반한다고 보면 건축의 경우에 있어서는 시간의 흔적 가운데 하나는 유적이며 이것은 양식(樣式)을 통해 부활한다. 건축 역사가 말해주고 있듯이 특정 시간의 집합인 특정 시기에는 그 시기 나름대로의 문화나 양식이 존재해 왔으며 그것들은 그 시대의 흔적으로서 우리에게 나타나고 있다. 시간의 흐름에 따른 자연스러운 결과로서의 흔적인 셈이다. 그러나 분명한 것은 특정 시기의 흔적은 특정 시기에만 존재해야 할 운명론적 대상은 아니라는 사실이다. 시간이 아무리 규정성을 지니고 있다하더라도 시간 자체가 남긴 흔적의 성격과 의미까지 규정하지는 않는다. 그것이 순간적이건 영구적이건 마찬가지이다. 시간이라는 행위에는 항상 그 결과가 따

그림 3 파리 노틀담 사원의 실제 사이트와 그곳에 각기 다른 지역에 존재하는 건물들을 합성한 사진.

르기 때문이다. 이 같은 면에서 볼 때 흔적이라는 것은 시간의 규정성에 대한 예외로 존재할 수 있다. 그리고 이 같은 예외 규정이 있기 때문에 오히려 시간의 규정성을 더욱 쉽게 이해할 수도 있다.

이른바 시간의 규정성의 와해, 즉 흔적의 혼재는 이 같은 면에서 흥미롭다. 일례로 파리의 유명한 역사적 건물을 합성한 위의 사진을 보기로 하자. 사진에는 에펠탑과 노틀담 성당, 개선문 그리고 몽마르뜨 사원이 한데 어우러져 나타나고 있다. 물론 이들 건물은 파리의 각각 다른 곳에 위치하는 건물들이다. 한정된 유사 공간 내에 각기 다른 시간의 흔적들이 무작위로 집합되어 있는 것이다. 그러나 흥미로운 것은 장소의 상이라는 점을 제외하고 본다면 그다지 어색한 것을 느낄 수 없다는 점이다. 각기 시간적으로 선행된 양식들이 흔적으로 남아있기 때문이다. 그리고 그것을 우리는 현재라는 시간적 관점에서 보기 때문이다. 동시에 그것에 대한 교육적 지식이 있기 때문이다. 우리가 이 그림을 보고 시간의 혼돈 같은 것을 느끼지 않는 것은 바로 이 같은 이유이다. 오히려 이들 건물의 양식이나 구조 및 배경 등을 통하여 그것들이 지어진 시기의 시간적 규정성을 이해하고 수용할 뿐이다. 흔적은 흔적 자체로 유용하다. 이미 시간적 규정의 개념을 초월하고 있기 때문이다. 그러나 만약 고딕 양식이 즐비한 중세에 에펠탑 같은 양식이 존재한다고 하면 이른바 시간의 혼돈 내지는 일탈감을 느낄 수밖에 없을 것이다. 이는 곧 과거의 건축적 양식이 결국은 시간의 규정에 따른 흔적의 집합이라는 사실을 의미하고 있으며 공간적 규정과는 별도로 존재하는 시간 자체의 규정성의 결과임을 시사하고 있다. 이 같은 면에서 보면 우리가 신고전주의나 포스트모던 등을 통해 과거 특정시대의 양식을 재현하고자 하는 것도 결국은 과거의 특정 시간에 자연스럽게 귀속되는 것을 의미한다.

그렇다면 현재 시점에서 미래라는 시제를 설정할 수는 없는 것일까. 이 같은 논의는 선행의 시제를 초월하여 다가올 시제를 설정하는 것이 가능할까하는 문제와 직결된다. 미래파(Futurism)의 경우는 이 같은 면에서 시사하는 바가 많다. 과거와의 단절을 최대 목표로 하면서 그 결과 새로운 재료, 역동적 형태, 장식의 배제 및 기계 이미지를 추구한 미래파는 과연 과거로부터의 단절을 성공적으로 이루었을까. 물론 이곳에서 미래파의 성공 여부를 논할 필요는 없다. 그러나 그들이 만약 성공했다고 하면 그것은 과거의 양식이나 개념 및 재료 등 가시적인 것으로부터의 탈출에 대한 성공이었을 것이다. 과거라는 절대적 시간으로부터의 단절은 애초부터 불가능하기 때문이다.

여러 가지 증거로부터 미래파가 과거로부터의 단절, 즉 시간 개념으로 이야기한다면 제로(0)의 시간으로부터 완전히 과거와는 다른 일련의 프로세스를 시작한 것은 아니었음을 알 수 있다. 일례로 그들이 당시 미국이 가지고 있는 여러 특징 가운데 공업도시의 기술적인 발전과 전진적인 확장 등에 매료되고 있었으며 또한 당시 이탈리아는 고전주의와 아르누보 양식이 지배적이었으나 폭발적인 공업화 과정이 막 시작되려 하고 있었다는 배경만 보아도 쉽게 알 수 있는 사실이다. 또한 아이러니컬하게도 그들이 미래라고 주창한 일련의 것들이 미스 반 데르 로에나 프랭크 로이드 라이트 등 그 후세대의 건축가들에 의해 다시금 과거의 흔적으로 활용되고 있다는 사실이다.

그림 4 미래파, 발전소 스케치

결과적으로 그들의 시도는 시간의 틀을 벗어나려는 시도가 아니었다. 일종의 시간의 흔적에 대한 부정(否定)의 한 결과로서 나타날 뿐이다. 부정이 완벽한 파괴로 인한 무(無) 혹은 제로의 상태가 아니라는 사실을 상기할 경우 미래주의는 시간이 가져다 준 규정의 결과인 흔적, 즉 양식적인 문제나 이데올로기의 문제로부터 자유로워지고 싶었을 뿐이라는 사실을 이해하게 된다. 물론 이 경우 흔적도 본질적으로는 변화를 수반하며 항상 정지나 고정적인 상태는 아니기 때문에 아직 시간적 개념이 유효한 상태임을 인식할 필요가 있다. 따라서 과거이건 미래이건 항상 시간의 흐름에서 자유로울 수는 없으며 그러한 상황을 시간은 나름대로 규정하면서 흘러가고 있다.

이 같은 면에서 볼 때 시간이라는 존재는 그 자체적으로 규정성을 지니면서 동일 시간대에 유사한 수준과 형태의 결과 내지 흔적을 만들고 있음을 알 수 있다. 이른바 동시대성이라고도 볼 수 있는 이 같은 시간적 개념은 결국 모든 것에 선행하는 절대적인 규정자로서의 시간의 지위를 설정 가능하게 해준다. 이 같은 면에서 본다면 역사나 문화가 시간을 지배한다기보다는 오히려 그 반대 즉 시간이 문화를 지배한다고 보아야함이 타당할지 모른다. 시간의 규정성과 흔적에 대한 이해가 과거나 현재에 걸친 여러 가지 문화현상과 역사 혹은 이것들 이외의 모든 것들의 본질에 한 발 더 가까이 갈 수 있는 본질적인 방법으로서 가치가 있는 것도 바로 이 때문이다.

2. 건축과 시간의 속성: 변화, 순환 그리고 주기

모든 것을 차치하더라도 시간이 특정 시제에 얽매이지 않고 일정 기간 계속되거나 흘러가 버린다는 사실은 분명하다. 기간이라는 의미가 처음과 도중 내지는 끝이라는 개념을 선험적으로 지니고 있다고 보면 시간에는 어떠한 일이나 사건이 이루어지고 발전하고 결말지어지는 일련의 연속적 프로그램이 존재하게 된다. 또한 시간은 지나가 버리는 것이기 때문에 지나간 것에 대해서는 다시 회귀할 수 없다는 일회성을 강하게 내포하게 되며 그 결과 시간의 경과에 따른 일종의 변화라는 필연적 프로세스를 동반하게 된다.

만일 시간에 일회성만 있다면 모든 것은 시작과 끝 혹은 그 사이의 과정만 있을 뿐이다. 그러나 계절의 변화가 다시 반복되고 하루라는 시간이 재차 거듭되는 등의 일례에서도 알 수 있듯이 시간은 단지 흘러 지나가 버리면서 흔적이나 변화만 남기는 것이 아니라 다시 개념적 원점을 향해 회귀한다는 사실을 상기할 필요가 있다. 이는 곧 시간의 흐름이라는 것이 일회성이나 단편적으로 끝나는 것이 아니라 일정 시점에서 다시 개념적 원점을 향해 회귀한다는 사실을 시사하고 있으며 종국적으로는 시간이라는 것이 직선적인 2차원적 개념이 아니라 일종의 다차원적인 변수로 성립되고 있음을 보여주고 있다. 차원(dimension)이라는 것이 기하학적 측면에서는 공간적 속성을 나타내며 폭, 길이, 넓이로 이루어지는 3차원적 세계를 전제 혹은 규정하고 있음을 고려해 보면 시간이라는 속성에 차원으로 표현될 수 있는 공간이라는 개념체가 내재하고 있음을 시사하고 있다. 시공간 연속체로서의 다층 구조적 시간의 개념설정이 가능한 것은 바로 여기에 근거한다. 일례로 역사를 발전이라고 해석하는 서양적 견해는 시간의 흐름을 중시하는 발상인 반면 역사를 만남의 연속이라고 보는 동양적 견해는 시간의 일회성보다는 회귀성을 고려하고 있는 견해로 볼 수 있음도 이 때문이다.

또 한 가지 생각할 수 있는 시간의 속성은 일회성과 회귀성의 결과 일정한 주기로 유사한 사실을 반복하고 있다는 사실이다. 특정 시기에 발생한 변화가 일정 시간 후에 재차 반복되거나 혹은 유사하게 진행되는 경우가 그것으로, 행성 운동 주기 등의 천문적 사실을 비롯하여 한 국가가 발흥하여 발전하다가 멸망에 이르는 일종의 흥망성쇠 패턴 등이 이 같은 사실을 잘 보여주고 있다. 이상의 사실을 고려해보면 시간이라는 것에는 일회성과 회귀성 및 순환성 등이 동시에 존재하고 있음을 알 수 있으며 이것들이 공간이나 혹은 개념적 다차원체와 연계하면서 혹은 주관적 시간 및 객관적 시간과 상호작용 하면서 시공간적 개념을 형성하는 것으로 파악 가능해진다.

물론 이 같은 개념적 정의는 그 자체로서 시간에 대한 명확한 해석은 될 수 없다. 혹은 보다 명확한 철학적인 논거나 이론적 보강이 뒤따라야할지도 모를 일이다. 여기서는 시간이라는 개념이 건축과 어떠한 관계를 맺고 있는가를 시간의 변화와 회귀 및 순환 등의 개념에 초점을 맞추어 간단하게 생각해 보는 정도의 논의가 될 것이다.

1)

기본적으로 시간은 양적이던 질적이던 간에 변화를 수반한다. 변화는 모든 것을 변하게 하면서 발전 혹은 쇠퇴를 반복한다. 변화는 인간이 감지는 할 수 있으나 조절 내지 통제는 불가능한 선험적 성질이며 그것이 양질로의 변화이던 악화이던 그 평가와 판단은 항상 유보된다. 일반적으로 변화는 항상 그 결과를 전제하지 않는다. 역사라는 새로운 장르에서의 해석을 필요로 할 뿐이다. 변화는 판단 자체를 전제하지 않기 때문이다.

시간은 흐르기 때문에 특정한 방향성을 지닌다. 좋은 결과와 방향성은 발전이라는 개념으로 나타나며 보다 더 나은 것 내지는 절대 선(善)을 향한 움직임으로 해석되기도 한다. 시간의 집적이나 흐름을 역사로 볼 때, 시간의 흐름에 따라 발전적으로 변화한다는 일종의 이데올로기도 이 같은 해석에서 자유롭게 논의 가능하다. 혹은 시간이나 역사의 시간적 변화는 발전을 내포한다는 이른바 낙관주의적(optimism)사고체계도 같은 맥락에서 이해 할 수 있다. 반대로 시간의 경과는 덧없으며 오히려 생명이 있는 것에 치명적이라는 해석 내지는 시간의 경과에 따른 만물이나 상황의 악화를 가정할 수도 있다. 이른바 비관론적(pessimism) 사고체계로서의 변화에 대한 해석이 그것인데 이 같은 해석은 현실에 대한 도피나 피안을 향한 의지 혹은 자연귀화 등 현실성과는 거리를 유지하는 일련의 사상적 체계를 성립시킨다. 종교나 유토피아가 발생하게 되는 가장 근본적 상황은 그 자체의 필요성에 앞서서 바로 이 같은 시간적 속성일지도 모르는 일이다.

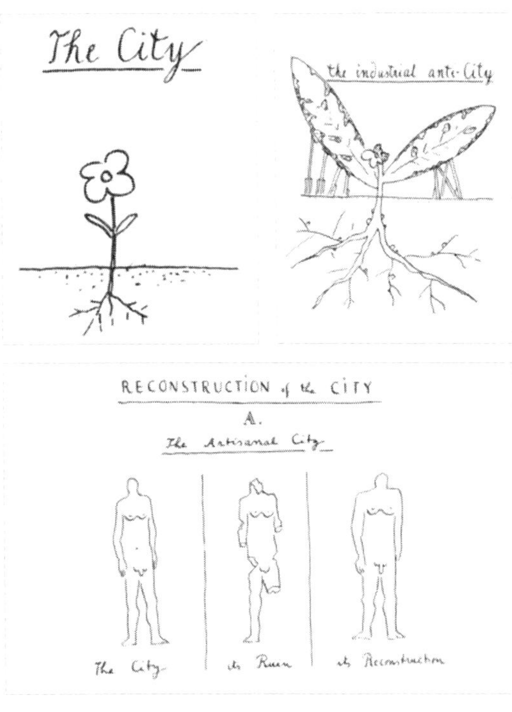

그림 5 산업도시에 대한 개념 스케치. L. Krier

변화라는 개념을 도식화 할 경우 시작과 끝 그리고 그 사이에는 일련의 과정(process)이 존재한다. 시작부터 끝에 이르기까지 변화라는 의미가 가능하기 위해서는 '절대 불변'이라는 요소 이외에는 모두 변해야하는 선험적 당위성을 지니게 된다. 여기서 우리는 변화의 방향이 발전적이건 퇴보적이건 변화의 대상이 되는 주체는 변하지 않는다는 사실을 알 수 있다. 일례로 앞에 열거한 레온 크라이어(L. Krier)의 그림은 도시가 시간의 경과에 따라 비정상적으로 변한 모습을 이미지하고 있다. 물론 시간이 가져다주는 변화라는 속성을 잘 나타내고 있으며 여기에서의 변화의 결과는 기형적이고 비관적인 결과를 암시하고 있다. 그럼에도 불구하고 변화를 당하는 주체는 도시 그 자체이며 인간의 집합이라는 도시라는 의미와 속성은 그 결과와 관계없이 계속적으로 유지되고 있다. 즉 도시의 형상이나 기능이나 규모가 변한다는 것이지 도시 자체의 속성이나 본질적 의미는 여전히 원점으로부터 유지되고 있음을 나타내고 있다. 카타콤(catacomb)을 거쳐 바실리카와 로마네스크 및 고딕으로 점점 변화한 교회건물의 경우도 역시 양식이나 규모 등이 변화하는 것일 뿐 신을 섬기는 교회라는 의미는 변하지 않고 있음도 한 예라 할 수 있다.

이 경우 선악에 대한 가치판단은 필요도 없을뿐더러 아무래도 유보될 수밖에 없다. 이 같은 사실은 레온 크라이어의 다른 그림을 보아도 알 수 있다. 시간적 변화의 악영향으로부터 탈피하는 길 가운데 하나로 제시되고 있는 복원이라는 개념도 원래 제로 상태의 시간적 원점으로 돌아가자는 것이 아니라 제로 상태부터 존재해 온 본질적인 측면을 살리는 방법으로 나타나야함을 시사하고 있기 때문이다. 주체가 상실된 변화는 더 이상 변화라는 의미를 지니지 않게 된다. 그리고 아무리 변화라는 기능이 피할 수 없는 운명적인 것이라 해도 역시 본질적인 것까지는 변화의 손길이 미치기 어렵다. 이 같은 면에서 보면 역사라는 것도 곧 변화의 주체인 인간의 변화양태를 기술하는 것으로 이해할 수 있으며 건축이나 도시도 인간 혹은 인간의 생활이라는 일종의 코어(core)를 영원히 벗어날 수는 없게 된다.

인간이나 사회나 문화 내지는 우리가 일상적으로 접하는 모든 것은 변화에 자유로울 수 없다. 절대불변이라던가 절대 선(善)이라는 개념이 성립하는 것도 모든 만물이 변화한다는 개념이 존재하는 이유로 가능하다. 이 같은 발상은 오히려 비관적인 견해를 지지한다. 이 같은 면에서 본다면 자연의 개념을 '스스로 그러함 내지 존재함'이라고 해석하는 것도 역시 변화를 염두에 두는 비관적 발상으로 해석할 수도 있다. 물론 시간에 따른 변화라는 것은 외형적 요소에만 한정되는 것은 아니다. 모든 것은 영원한 것은 없다는 가정이 성립한다면 그 어떠한 재료를 사용해도 외형적인 면에서의 변화는 막을 수는 없다. 오히려 자연스러운 일이기도 하다. 그러나 그 같은 변화는 우리가 직접 체험할 수 없는 시간대 혹은 시간적 범위로 진행되는 이유로 그 변화의 정도를 느끼기는 사실은 어려운 일이다. 이른바 유물이나 역사적 복원자료에 의지하여 그 변화정도를 유추할 수밖에 없다.

여기에서 변화의 정도 내지는 폭 즉 변화율(變化率)이라는 개념이 등장한다. 어느 정도의 시간 개념으로 변화되는가 하는 문제가 그것이다. 일례로 옆의 그림들은 모두가 현존하는 것들로서 각각 로마시대와 근세 및 현대에 지어진 건물들이다. 일단 이 사진을 보면서 우리가 느끼는 시간의 변화율은 정작 그리 크지는 않다. 모두가 '현존한다'는 시간적 공통성이 작용하기 때문이다. 동시에 파괴되고 초라한 현재의 상태라던가 역사적 지식을 활용할 경우는 자연스럽게 각각의 건물들이 우리가 살고 있는 동시대의 그것과는 달라야 한다는 것도 알고 있다.

그림 6 Colosseum

왜 그런 것일까. 우선 콜로세움의 경우 변화라는 것에 대한 기본적인 개념이 애초부터 고려되고 있었음을 추측 가능하게 해준다. 그리고 그 같은 면이 당시의 다른 건물과 그것을 구별하게 한다. 그것이 재료적 문제이건 구조적 문제이건 혹은 이념적 문제이건 관계없는 일이다. 셰익스피어의 생가도 마찬가지이다. 물론 역사적 인물이 태어난 생가라는 사실로 인하여 보존과 유지에 신경을 쓴 것도 이유 가운데 하나이겠으나 역시 생활을 위한 공간을 장기간 향유하기 위하여 변화율을 최소로 고려한 것으로 파악할 수 있다. 건축 재료라던가 공법 등의 차이도 인정하지 않을 수는 없지만 현재 상태의 건물은 몇 번의 개보수를 거쳤음에도 그 당시

그림 7 Shakespeare's Birthplace, Stratford-upon-Avon

의 모습을 거의 그대로 재현하고 있다. 반면 시영(市營) 단지의 예에서도 알 수 있듯이 축조된 지 몇 십 년도 안 되는 건물이 몇 백 년 전에 지어진 건물이나 혹은 몇 천 년 전에 지어진 건물보다 그 변화의 폭이 크게 느껴지기도 한다. 이상한 일이 아닐 수 없다.

여기에서 의문이 발생한다. 무조건 오래 견딜 수 있기만 하면 그만인가 하는 것이 그것이다. 그리고 왜 그리 오래도록 남아있는 건물을 지으려는 것일까 하는 점도 의문이 아닐 수 없다. 그저 자기의 주관적 시간을 충분히 소화할 정도의 건물이면 족할 법인데 자기와 동시대의 시간을 다 쓰고도 향유할 수 없는 거대하고 튼튼한 건물을 왜 그리도 지으려하는 것일까.

이 같은 문제를 풀기 위해서는 당연하지만 흥미로운 사실 하나로부터 출발해야 한다. 우선 우리가 지니고 있는 주관적 시간의 변화율은 시간 자체의 객관적 그것을 따라갈 수는 없다. 즉 객관적 시간의 변화율 속에서만 주관적 시간의 변화율은 성립하는 것이다. 그러나 흥미롭게도 주관적 시간의 변화율은 그 자체로 끝나지 않고 다시금 객관적 시간의 변화율 속으로 흡입되어 나타난다. 셰익스피어의 생가는 그저 그의 가족이 살고 그들이 죽으면 함께 없어지는 건물이 아니다. 그들의 각각의 주관적 시간에 관계없이 지금까지도 객관적 시간의 범주 내에서 존재하고 있기 때문이다. 콜로세움도 마찬가지이다. 애초부터 로마인들이 콜로세움을 처음부터 영원이라는 개념이 무색할 정도로 영구적이고 거대한 건물을 지으려는 생각은 아니었을 것이다. 아니 그렇다고는 해도 지금의 이 모습을 그들은 상상도 하지 못했을 것이다. 우리는 그것을 짓던 로마인의 의도를 아는지 모르는지 그저 남아있는 형체만으로 그 당시의 건물과 나아가서는 생활까지를 엿볼 수 있을 뿐이다. 의도된 변화율이라기보다는 우연적 변화율이라고 볼 수 있을지도 모를 일이다.

그러나 여기서 또 하나의 의문이 나타난다. 과거의 모든 건물이 오늘날까지

그림 8 Remains of settlement in Dier-el-Medinah

모두 남아있는 것은 아니라는 사실이다. 로마 시대에 지어진 건물이 콜로세움처럼 모두 지금까지 남아있는 것은 아니다. 물론 근세에 지어진 셰익스피어 생가처럼 당시의 주택들이 지금까지 온전하게 남아있지도 않다. 하물며 지어진지 몇 년 만에 무너지는 건물도 비일비재하다.

일반적으로 특정 의미를 지니고 있는 건물들은 그 시간적 변화율이 작다. 이집트의 피라미드라던가 그리스의 아크로폴리스 혹은 노트르담 성당 등과 같이 오늘날 남아있는 거대하고 훌륭한 유적들이 그 예가 될 것이다. 피라미드나 아크로폴리스 등은 영혼불멸 등의 종교적 의미를 지니고 있는 건물이며 이 같은 사실로부터 특정 의미를 지닌 건물을 영원에 가까운 시간적 개념에 입각하여 변화율을 가능한 한 최소로 해야 할 필요가 있었음을 유추할 수 있다. 이와는 반대로 피라미드를 짓기 위해 고용된 노동자들의 숙소는 그것이 완공된 후 금세 폐허로 되었을 것이다. 그만큼의 의미가 없기 때문이다. 이미 그 역할을 다했기 때문이다.

그러나 아무리 양보해서 생각해보아도 콜로세움의 경우는 조금 다르다. 이집트의 피라미드나 그리스의 아크로폴리스 등은 영혼불멸이라던가 혹은 신을 위한 영원한 공간이라는 해석이 가능하지만 콜로세움은 애초부터 그러한 성격의 건물은 아니었다. 지극히 현세적이며 쾌락과 피비린내가 넘치는 의미 불명의 건물이었다. 오히려 지극히 세속적인 건물이었다. 그럼에도 불구하고 오늘날에도 반파된 모습으로 당당히 서 있기만 하다. 건물이 지니는 종교적 내지는 추상적 의미와는 관계없는 일이다.

모뉴멘트(monument)라는 또 다른 측면과의 연계가 나타나는 순간이다. 모뉴멘트라는 개념은 기본적으로 특정의 시간을 영속시키고자 하는 바램에서 파생하고 있다. 변화로부터 일탈을 꿈꾸는지도 모른다. 건축물은 귀속되는 특정의 시간이 무한히 연장되기를 바랄 뿐이다. 역시 변화를 초월하는 영속성이나 내구성은 항상 건축의 모뉴멘트를 위한 유혹이었다. 진시황이 시간의 변화에 대항하기 위해 권력을 동원하여 불로초를 찾은 사실이나 사후 자신을 위해 수만 명의 병사와 함께 매장되기를 바랐던 것도 같은 맥락에서 이해할 수 있다. 시간의 변화가 무서운 것임을 권력을 통해 극복해 보려는 시도였기 때문이다. 역시 권력도 없는 범인(凡人)의 건물은 애초부터 그리 오래 갈 일이 아니었다. 이 같은 면에서 보면 시간의 속성 가운데 변화라는 것은 절대적 범위나 기준이 있는 것이 아니라는 사실을 알 수 있다. 그리고 그 같은 시간의 변화는 재료나 보수 정도 및 권력 등의 이데올로기적 상황 등에 따라 변화율이 변동하고 있음도 알 수 있다. 특정의 의미와 용도가 전제되어야만 비로소 모뉴멘트적인 건축이 가능해진다는 가설이 성립하는 순간이다.

특정 상황에 따른 변화율의 적용 정도도 달라져야 한다. 상대적으로 짧은 혹은 주관적 시간의 범주에 머무르는 건축과 상대적 긴 시간의 범위에 머무르는 건축을 구별해야 한다. 긴 시간의 변화에 대응하기 위한 의미체로서의 건축은 필연적으로 큰 변화율을 인식한 상태에서 접근해야 할 것이며 비교적 짧은 시간에 대응하는 건축은 역시 변화율을 조절할 필요가 있는 것이다. 시영(市營) 단지에서처럼 지어진 지 십 년도 안 되어 슬럼화되는 건축을 우리가 지양해야 하는 이유가 그것이다. 그렇다고 지금으로부터 몇 백 년이라도 남아있을 단지를 지을 필요도 없다. 의미체로서의 한계가 분명하기 때문이다. 종교나 권력 등을 대변하는 건축물들이 왜 일반 건축과 구별되는가하는 이유도 바로 이 같은 면에서 찾아볼 수 있다. 이렇게 보면 건축 자체는 공평할 수 없다. 이 또한 시간의 변화가 주는 교훈이 아닐 수 없다.

그러나 변화에도 그다지 변하지 않는 코어(core)라는 것이 있다면 역시 건물도 그 코어에 대응해야 할 것이다. 그것이 종교이건 이데올로기이건 혹은 전통이건 그러하다. 따라서 건축가는 다른 사람보다도 먼저 각각에 적절한 변화율을 찾아내고 적용시켜야 할 필요성을 인식할 필요가 있다. 러스킨(J. Ruskin)이 '건축의 7개의 등불'에서 '건축은 기억되는 것'이라고 말하고 있는 것도 역시 긴 세월 동안 버티고만 있는 튼튼함만을 의미하지는 않을 것이다. 용도라는 것도 역시 그렇다. 기억되어야 할 만한 그 무엇, 즉 시간을 초월할 수 있는 특정의 의미가 기본적으로 전제되어야 한다는 모종의 예시인지도 모른다.

그림 9 Pantheon, Rome

시간의 변화는 상대적으로 긴 시간에만 적용되는 것은 아니다. 짧은 시간대에 우리가 느낄 수 있는 시간의 변화도 다양하게 존재한다. 아니 오히려 우리가 느끼고 감지하는 모든 것이 시간이라는 요소에 의해 미분된 집적체의 결과라고 말하는 것이 옳을지 모른다. 일례로 판테온(Pantheon)의 천공에서의 빛의 움직임을 생각해보자. 우리가 빛의 움직임을 느끼는 것은 시간의 흐름으로 인한 결과일 뿐 빛 자체의 움직임은 아니다. 그리고 가령 낮에 보는 판테온의 내부와 저녁 어스름에 보는 내부는 같을 리 없다. 혹은 먼 거리에서 보는 느낌과 가까운 거리에서의 그것도 역시 다르다. 모든 것이 시간으로 인한 현상이다. 이러한 시간적 변화에 의해 무생물의 건축이 생명을 지니게 된다. 시간에 따라 보이고 느껴지는 표정이 모두 다르기 때문이다.

내부나 외부 공간의 변화만 그런 것은 아니다. 특정 건물을 향해 진행하는 어프로치(approach)도 역시 시간적 변화에 따른 일련의 파노라마적 결과로 볼 수 있다. 어프로치는 건축의 시작이라는 면에서 그 자체적으로 시간적 속성을 지니고 있으며 역시 시간의 흐름이라는 개념이 없이는 성립할 수 없다. 일례로 정면성 혹은 측면성이 강한 건물이 그것을 마주보는 직접적인 어프로치를 택하고 있는 것은 시간에 따른 변화의 정도를 최소한으로 하면서 시간의 경과에 따라 인식되는 대상에 대한 인식을 최대화하는 방법으로 이해 할 수 있다. 시간적 변화의 폭을 최소로 하여 시각적인 측면보다는 기능적인 측면을 강조하는 것이라 할 수 있다. 일련의 공공시설들이 정면성을 강조하면서 직접 진입을 유도하고 있는 것도 역시 같은 맥락에서 이해할 수 있다.

그러나 정면성을 강조한다하더라도 어프로치의 프로세스가 길어지면 조금 상황은 달라진다. 일례로 신전을 진입하는 프로세스를 보면 먼 거리로부터 접근이 시간이 경과함에 따라 투시도적 시점이 형성되고 점차 정면이 강조되면서 입구부분에 이르러서는 느낌이 최대화되는 것을 알 수 있다. 이 경우 시간의 경과에 의해서 인지되는 대상은 먼 거리로부터 가까워질수록 즉 시간적 변화

그림 10 procession carrying in the visiting baraque

에 따라 점점 정면의 인식 면적이 극대화됨으로써 건물이 지니고 있는 본래의 의미를 최대화하고 있다. 역시 종교라던가 신을 위한 행사에 적합한 건물을 시간의 변화라는 측면을 고려하여 이용하고 있음을 알 수 있다. 어프로치가 긴 경우는 대상 건물에 대한 점진적 긴장을 유도하면서 그것의 인상을 최대화하는 효과가 있으며 또한 어프로치가 짧은 경우는 그만큼 다른 것에 대한 경험의 시간이 상대적으로 줄어들면서 건물 자체의 이미지를 순간적으로 최대로 느끼게 하는 수법으로도 이해할 수 있다. 정면만이 아니라 측면을 강조하는 경우도 마찬가지라 할 수 있다. 이 경우 모두 직접적인 어프로치가 시간적으로 극대화됨을 의도한다고 볼 수 있다. 따라서 건물의 어프로치는 시간적 변화와 함께 그 건물에 대한 인상을 결정하는 중요한 시간적 요소가 된다. 즉 시간적 요소를 어떻게 건물에 적용시키는가에 의해서 건물이 지니는 의미와 표정이 생성된다는 것이다. 일례로 이집트 신전에서 신성 공간을 진입하기 위해 설치된 완충 공간인 하이포스타일(hypostyle)은 시간적 경과를 연장함으로써 신성공간의 의미를 최대화하는 수단으로 볼 수 있는 것도 바로 이 때문이다.

정면성을 지닌 건물에만 해당하는 것은 아니다. 안도 타다오의 아까이 보시오타 히로끼 뮤지엄((赤い帽子織田廣喜ミュージウム)의 경우 어프로치를 최대한 활용하여 시간의 경험과 연속이라는 측면을 강조하면서 실제적 건축물에 앞선 시간적 경험을 의도하고 있음을 알 수 있다. 그림에서 나타나는 것처럼 이 건물은 호수에 면한다는 입지적 제한이 있기는 하지만 가족 공원 내에 설치된 산책도로를 연장하면서 건물을 감싸고 지그재그로 형성되어 있다. 이 같은 어프로치는 건물에 접근함에 따라 파사드의 모습을 우선 인지하고 측면과 배면을 경험한 후 전체 건물의 엔트런스가 위치하고 있는 정면으로 귀결되

그림 11 아까이보시 오다히로끼 뮤지엄에서의 어프로치에 따른 변화

고 있다. 정면 입구를 향한 어프로치도 정면성을 강조하기 위한 일방향성이 아니라 다시 지그재그로 순환시키면서 건물과 주변을 골고루 경험하게끔 하고 있다. 이로 인해 이곳을 접근하는 사람들은 단지 어프로치만으로도 건물의 전체 모습을 순차적으로 인지할 수 있으며 동시에 건물과 주변 풍경과의 조화까지도 은연 중에 이해하게 되는 프로세스를 지니게 된다. 여기서 끝나는 것이 아니다. 지그재그 어프로치가 건물 내부에서는 원호형 직선으로 연계되면서 어프로치의 기분의 연장, 그 결과 시간의 완만한 변화라는 새로운 차원을 형성하고 있다. 이 같은 어프로치의 프로세스는 물론 시간의 경과에 따른 변화의 모습을 작가가 이미 인지하고 있음을 시사하고 있다. 즉 시간의 변화에 따른 어프로치의 다양한 형성이 건물의 방향성부터 대지의 고저 차에 이르는 모든 차원의 인상을 자연스럽게 유도하고 있으며 방문하는 사람은 단지 시간의 경과에 몸을 맡기고 자연스럽게 어프로치만을 따르면 그만이게 된다.

이렇게 보면 우리가 건축물을 향해 접근하는 것부터가 시간적 변화의 시작이며 나아가서는 특정 건축물을 만들고자 생각하는 일련의 사고행위까지도 시간적 변화에 따른 일련작용이라고 볼 수 있다. 우리가 건축을 하건 안 하건 시간의 변화에 종속되어 있다는 사실은 명백하다. 역시 우리가 생각하는 건축의 프로세스도 그 예측할 수 없는 시간의 변화에 종속되어 있다. 이 같은 사실이 건축을 재미있게 하는 이유 가운데 하나가 된다.

2)

순환(循環, circulation)은 시간이 지니고 있는 또 하나의 중요한 속성 가운데 하나이다. 순환이란 말 그대로 닫힌 회로를 되풀이하여 지나거나 한 바퀴 도는 것을 의미하며 이를 시간적으로 해석하면 '일련의 변화 과정을 되풀이하는 것'으로 이해할 수 있다. 이 같은 사전적 정의에서도 알 수 있듯이 시간의 순환은 변화만으로는 설명하기 힘든 일종의 원점 회귀적 내지는 반복적 경향을 통칭하는 개념으로 시간이 지니고 있는 또 하나의 중요한 특징이 된다. 가장 비근한 예로 하루의 연속이나 계절의 순환은 바로 이 같은 면을 잘 나타내주고 있다. 또한 인류사(人類史)의 과정을 관념적 문화, 이상적(理想的) 문화 및 감각적 문화의 3가지 문화 형태가 순환적으로 반복하는 것으로 역사의 순환을 설명하고 있는 P.A.소로킨의 주장에서처럼 변화만으로는 설명하기 힘든 일종의 원점 회귀 현상을 파악할 수 있다. 역사 속에는 세 시기, 즉 원시적이며 신적인 시기와 시적이며 영웅적인 시기 그리고 시민적이며 참다운 인간적인 시기가 계속 번갈아 가며 출현한다고 생각한 비코(Giambattista Vico)의 유명한 역사 순환론도 같은 맥락에서 이해 가능하다. 심지어는 질량 불변의 법칙 등도 결국은 전체적인 총량 내에서 개별적 질량의 변화가 있다는 가정을 세운다면 역시 순환체계의 일종으로 이해할 수도 있다.

그러나 순환의 의미를 좀 더 정확하게 이해하기 위해서는 순환의 정의 가운데 되풀이한다, 즉 반복한다는 말에 유념할 필요가 있다. 일방향적으로 변화하여 모습이나 질이 변하는 것과는 달리 무엇인가가 반복되기 위해서는 그 전형이나 모델 혹은 기준이 되는 특정 존재가 필요하게 되며 동시에 반복성을 주도하고 유도하는 특정 힘이나 성질의 존재가 애초부터 설정되어야 한다. 이 같은 반복을 주도하는 것도 물론 시간이라는 존재이기는 하지만 단지 모든 것이 변화해버리고 마는 것이 아니라 일정한 리듬과 틀 내에서 특정 단계(段階, stage)[3]를 거쳐 원점이나 전형을 되풀이하는 또 다른 시간적 작용이 존재함

3) 여기서 단계라는 것은 '특정 일이 진행되는 데 있어서 그 차례나 수준에 따라 여럿으로 구분되는 각각의 과정'을 말하는 것으로 순환의 중요한 절차 가운데 하나로서 자리매김 된다. 가장 비근한 예로 하루의 연속이나 계절의 순환이나 혹은 모든 생물은 성장기에 유년 장년 노년기를 경험한다는 헤켈 (E.H.Haeckel)의 단계의 법칙 내지 '생물의 개체발생은 그 계통발생을 되풀이한다'는 생물발생법칙도 모두 단계를 통한 반복 내지 순환을 설명하고 있다.

을 시사하고 있다.

그러나 이 단계라는 것도 항상 방향성이나 원점 회귀성만 있는 것은 아니다. 일례로 뫼비우스의 띠나 르 꼬르뷔제의 무한 성장하는 미술관 등에서처럼 특정 단계를 거치면서도 원점으로의 회귀 등이 없이 전체적인 범주 내에서 위치가 정해지는 경우가 그것이다. 이 경우는 시작과 끝이 존재하지 않으며 항상 범위나 범주 및 특정 시간에 의한 궤도만이 중요한 의미를 지니게 된다. 따라서 개념적으로는 르 꼬르뷔제의 예에서처럼 무한(無限)의 개념이 나타나게 되며 이 또한 시간의 순환이 지니는 특징의 하나를 이루고 있다.

'큰 것은 가게 되고 가는 것은 멀어지며 멀어지는 것은 되돌아온다(大曰逝 逝曰遠 遠曰反)(老子 25章;象元)'고 도(道)의 속성을 설명하고 있는 노자의 언급도 시간의 순환과 단계를 파악하는데 유익하다. 노자의 말을 시간과 관계하여 해석하면 시간의 대상으로서의 만물은 갈등하면서 대립하고 종국적으로는 다시 원점으로 돌아온다는 전제를 얻을 수 있다. 그리고 그것은 가고 멀어지고 되돌아오는 일종의 단계를 거쳐 반복되고 회귀되는 일련의 흐름을 형성하고 있다. 갈등과 대립을 거친 원점으로의 회귀라는 것은 애초부터 우리가 경험할 수 없는 초시간적 개념으로서의 원점이 정해져있다는 가정을 수립하게 해주며 종국적으로는 시간을 통한 변화와 단계를 거쳐 다시금 원점으로 회귀하는 속성을 발견해 낼 수 있다. 이 경우 원점이라 함은 앞 서 말한 핵(core)의 개념일 수도 있고 혹은 우리가 인지 못하는 초시간 내지는 시공간 연속체일 수도 있다. 이처럼 시간의 순환은 무작위적 반복만을 거듭하는 것이 아니라 특정 원점이나 모델을 향한 일정한 단계를 통하여 형성되고 있음을 우선 인지할 필요가 있다. 따라서 시간의 순환을 논할 때는 무엇보다도 원점이나 원형 등의 기준이 되는 속성에 대한 언급과 이해가 전제된다. 동시에 시간의 순환성은 시간의 변화의 결과 파생되는 일련의 과정을 규정화되고 도식화된 프로세스로 이해하는 것을 가능하게 해준다.[4)]

4) 일반적으로 도식은 직관에 대해서나 범주에 대해서나 제3자의 입장에 있으면서도 양자에 공통되는 성질을 가져야 하는데 칸트는 그러한 도식으로서 시간을 인용하고 있음도 이 같은 사실을 증명해준다. 시간은 순수직관인 점에서는 직관에 속하며 그 순수성에서는 순수오성과 성질을 같이 하기 때문이다. 칸트의 경우 이 순수직관으로서의 시간을 산출적(産出的) 상상력의 소산으로 보고 감성적 직관을 선천적 범주(範疇)에 포섭시키는 매개로 봄으로써 결과적으로는 범주라는 것이 공간적 규정 이외에 시간규정을 가지게 되는 것이다. 시간이

그림 12 Empire State Building,1931

건축의 경우도 마찬가지이다. 건축에서의 시간의 순환을 논할 경우 가장 먼저 유의해야 할 부분은 앞 서 말했듯이 원점이나 원형에 대한 논의와 이해이다. 이는 곧 건축의 본질을 논하는 것과도 맥을 같이하고 있으며 원점이나 원형에 대한 이해가 바로 건축 자체에 대한 이해로도 직결될 수 있다.

건축의 기원이 나무로부터 시작되고 있다는 수목원형설(樹木原型說)의 경우, 건축과 자연과의 접점 이외에도 나무가 지니는 수직성(垂直性)이라는 또 하나의 본질이 건축에도 내재함을 시사하고 있다. 수목과 마찬가지로 건축물은 대지를 기반으로 하여 하늘이나 공간을 향해 축조되고 있다는 사실은 평범한 본질 가운데 하나이다. 건축의 본질을 공간으로 보느냐 혹은 구축으로 보느냐에 따라 건축의 본질에 관한 여러 가지 사실이 달라지기는 하지만 역시 구축의지는 형태창조 의지와 연계된다는 사실을 생각하면 구축행위 또한 건축의 중요한 속성 가운데 하나로 설정 가능하다. 수직성은 다른 어떠한 건축적 형태보다 앞서 형태 구축의지를 표현되는 방법으로 역사를 통해 나타나고 있으며 이는 시간의 경과에 관계없이 오늘날에도 계속적으로 표현되는 일종의 본질적 속성을 보여주고 있다.

일례로 건축적 공간 개념이 미미하던 원시시대부터 인간의 형태구축의지는 거석이나 입석(standing stone)을 통해 가장 먼저 나타나고 있으며 이 같은 수직성은 고대의 오벨리스크나 중세의 고딕식 첨탑 혹은 현대의 마천루 등의 형태로 계속 이어지고 있다. 이들은 물론 각각 부족의 권위나 랜드마크 혹은 권력자나 종교적 지위 나아가서는 경제력의 과시 등 용도나 형태 및 규모 등은 달라지고 있기는 하지만 하늘을 향한 수직적 의지는 시대의 변화에 관계없이 여전히 나타나고 있다. 혹은 시대의 변화에 관계없이 하늘에 대한 도전으로

지니는 순환성과 범주는 시간 자체만이 아니라 시간과 공간이 만들어 내는 모든 시공간 연속체나 역사 등을 이해하는 기본적인 틀을 제공해 준다.

이미지되고 있는 바벨탑의 모습이 형태나 규모가 변화하면서도 계속적으로 나타나고 있는 것도 수직성이 건축에 있어서 중요한 본질적 요소로 자리매김하고 있음을 보여주기에 충분하다.

또는 가형(家形)이라는 것에 대해서도 건축적 원점으로의 회귀에 대한 설명이 가능하다. 가형이라 함은 집이나 건물을 지을 때 가장 기본이 되는 형태를 의미하는 것으로 일반적으로는 삼각형의 페디먼트(pediment)로 나타난다. 우리가 어릴 적 집 그림을 그릴 때 자주 삼각형의 지붕을 이용하여 집을 묘사하고 있는 것처럼 누구나 집이라고 하면 떠올리는 기본적인 형태가 바로 가형으로 나타나는 것이다. 그러나 삼각형의 가형이라 함은 결국은 수평재를 기본으로 두 개의 부재를 이어가는 것으로 생각할 경우 결국 가형은 수평재와 수직재의 조합으로도 발전한다. 이 같은 조합도 역시 건축을 이루는 기본적인 원점이 되기에 충분하다. 스톤 헨지(stonehenge)의 돌무더기와 르 꼬르뷔제의 빌라 사보아를 비교한 어떤 학자의 연구는 시간의 순환이라는 성격을 유추하기에 유익하다. 시간적 규정이라는 측면을 보면 스톤헨지는 형태의 신비함이나 규모 및 구조적 안정성 등 오늘날조차 상상하기 힘들 정도의 건축적 매력을 발산하고 있으나 엄밀하게 보자면 선사시대의 동시대성에서 비롯된 주술 내지는 풍요사상의 결과로서만 나타나고 있을 뿐이다. 그것이 후일의 필로티나 구조적 측면 등을 고려하게 시대에 앞서 세워진 것은 아니기 때문이다. 빌라 사보아도 마찬가지이다. 현대라는 시대성이 존재하기 때문에 과거의 어떤 양식과도 다른 모던한 형태로 존재하고 있으며 필로티 등도 역시 그 시대가 규정하고 요구하는 하나의 시스템으로 해석할 수 있다. 두 그림은 이미지상의 유사점은 있으나 본질적으로는 전혀 다른 두 개의 개체에 지니지 않을 뿐이다. 시대성이라는 시간적 규정이 이미 다르기 때문이다. 비록 공간이라는 한정된 존재는 지니

그림 13 Donnelley bldg. by Ricardo Bofill

그림 14 stone henge

고 있지 않지만 선돌이나 거석문화를 인류 최초의 형태구축 의지라고 본다면 그 의지는 시간의 역할로 인하여 빌라 사보아의 필로티로 변화하여 나타난다고 볼 수 있다. 특히 대지로부터 띄움이라는 측면을 고려하면 둘 사이의 공통점은 더더욱 분명하게 나타난다. 이는 곧 필로티라는 개념도 갑자기 탄생한 획기적인 것이 아니라 시간의 순환에 의해 변하지 않는 대지로부터의 띄움이라는 흔적이 계속적으로 이어지고 있음을 시사하고 있다. 이는 어디까지 건축이 대지로부터 자유로울 수 있는가에 대한 의문과도 연계되는 속성이기도 하지만 근본적으로는 대지로부터 띄움이라는 또 하나의 건축적 원형으로의 회귀를 시사하고 있다.

마찬가지로 수평 수직재의 변형의 결과 파생되는 제반 형태도 신석기 시대의 돌멘(Dolmen)과 롱샹교회의 이미지가 유사한 것처럼 역시 그 형태는 변하고 있음에도 본질적인 건축의 조합방법이나 구성요소의 핵심은 수많은 시간의 경과에도 불구하고 구축이라는 기본적 개념과 더불어 오늘날까지 현현하고 있음을 보여주고 있다.

3)

또 하나 기억해야 할 것은 시간이 지니는 주기성이다. 이 개념은 크게 보면 순환이라는 개념으로부터 출발하는 것이기는 하나 엄밀하게 말하자면 순환이라는 것이 원점이나 절대 선 혹은 불변의 그 어떤 것을 향해 회귀하는 반면 주기성이라는 것은 일정한 시간적 결절점을 지나면서 이전의 상황이 유사하게 전개 혹은 반복되는 경향을 말한다.

이 때 주기(period)라 함은 사전적으로는 어떤 현상이 일정한 시간 간격을 두고 반복해서 일어날 때 그 간격의 최단 값(最短値)을 의미하는 것으로 역시 시간의 역할에 따른 특수한 경향으로 이해할 수 있다. 시간이 지니는 변화라는 것은 처음과 끝이 일방적으로 다른 경우만 존재하는 것이 아니라 특정 시점과 공간에서는 이전의 요소나 상황이 반복되는 경우가 있음을 기존의 시간적 변화 혹은 역사를 통해 알 수 있으며 이 같은 경험론적 사실을 바탕으로 시간의 주기성을 추론할 수 있다. 예를 들어 지구의 공전 및 자전도 주기 운동이며 이 밖에 전기진동, 기계의 진동과 같은 주기진동현상이나 음파, 전자기파 등의 파동(波動)현상을 비롯하여 자연현상 내에는 특정한 물리적 양(量)이 주기적으로 변하는 일이 비일비재하다. 시간적으로가 아니고 공간적으로 현상이 반복된다든지 혹은 어떤 양 또는 수의 변화에 따라 일정한 상태가 반복해서 나타날 때도 주기성을 생각할 수 있다. 결정구조나 옷감무늬가 반복되는 모양 또는 화학원소의 주기율 등은 넓은 뜻에서 주기성의 예이다. 시간 경과에 따른 생로병사나 국가 및 사회의 흥망성쇠 등은 이 같은 주기성의 대표적인 경우이며 이론적으로는 시간의 흐름에 따라 선과 악, 낭만적 기질과 합리적 기질, 고전적 경향과 모던(modern)적 경향 등의 이원론적 개념 혹은 첨단지향이나 복고회귀 등의 유행이라는 것도 일종의 주기성으로 이해 할 수 있다.

이 같은 일련의 경향을 살펴보면 일종의 공통적인 사실이 존재함을 알 수 있다. 시간의 주기성은 일종의 반복이라는 행위가 전제되고 있으며 이를 위해서는 일종의 특정 계기나 전제가 선행되어야 한다는 사실이 그것이다. 일례로 진자운동이라는 주기성은 진자가 최댓값의 위치에너지를 지니는 포인트를 계기로 다시 일정한 운동을 반복하는 것이며 이 경우 최댓값의 위치에너지는 진자운동의 주기성을 전제하는 요소가 된다.

이 같은 사실은 역사적 사료나 사건을 살펴보면 더욱 분명해진다. 역사상의 혁명기인 르네상스와 근대는 시기는 다를지언정 유사한 계기와 문화적 배경을 지니고 있다. 일일이 열거하기는 힘들지만 르네상스와 근대는 모두 전세대의 경제적 질서의 붕괴라는 계기로부터 시작되고 있다. 일종의 영고성쇠(榮枯盛衰)의 리듬과도 연계되는 이 같은 주기성은 모든 시작과 끝이 일정한 계기로 인하여 변화하고 발전하면서 선행의 흐름을 반복하는 것으로 이해할 수 있다. 물론 이 경우 반복이라 함은 전과 동일한 상태의 반복은 아니며 이미 어느 정도 시간적 변화를 수용한 상태에서의 반복으로 나타난다. 이는 곧 중세를 지지하던 경제적 기반이 그 쇠락의 최소 점에 도달했을 때 그곳을 통과하기 위한 계기가 필요하게 되며 그 많은 계기들 가운데 새로운 경제적 질서의 추구가 하나의 계기가 되어 앞의 중세와는 다른 종류의 새로운 사회와 문화가 창출되는 기반을 형성하게 된다. 마치 진자운동이 최대 값과 최대 값을 동시에 지니면서도 최소 값 지점을 통과할 때는 그곳을 벗어날 계기가 필요하고 마찬가지로 최대 값 지점에서는 그곳을 벗어나지 않게 하는 계기가 요구되는 것과 마찬가지의 논리라고 볼 수 있다.

물론 당연한 이야기이기는 하지만 반복한다고 해서 앞의 시간적 상황과 동일하게 된다는 것은 아니다. 동시에 계기 자체도 항상 같은 것이 전제되는 것은 아니다. 이미 시간적 변화라는 틀은 벗어날 수 없기 때문이다. 단지 그 변화하는 리듬이나 양상이 전의 그것과 유사하게 반복된다는 것이지 동일하게 반복되는 것은 아니기 때문이다. 일례로 옆의 I. M. 페이의 작품에 차용되고 있는 피라미드는 이집트의 피라미드를 반복하고 있음에는 부정의 여지가 없다. 이 작품을 통해 우리는 고대 이집트의 피라미드가 현대건축에서 반복되고 있음을 보게 된다. 그러나 이것은 단지 반복일 뿐이다. 계기가 없기 때문이다. 즉 피라미드가 나오기 위한 시대적 배경이나 흐름을 현대는 공유하지 않기 때문이다. 당연히 I. M. 페이가 피라미드를 사용해야하는 계기도 애매하다. 결국 형태적 반복이자 역사적 참조일 뿐이다. 계기가 없는 혹은 계기가 애매한 주기성은 그 자체로 존재하지 않기 때문이다. 오히려 포스트모더니즘 등에서 자주 보이고 있는 과거로의 회귀 및 참조라는 면으로 해석함이 오히려 타당할 수도 있다. 이 같은 면은 시간의 주기성과 회귀성을 구분하는 하나의 기준이 될 수 있음을 시사하고 있다.

그림 15 루브르 박물관 신관, I.M.Pei

따라서 주기성에서는 리듬이나 양상 등 일종의 타이폴로지적 현상들이 중요 시되며 그것들의 역할과 작용 등에 의해 일정한 리듬을 이해하고 유추할 수 있게 된다. 노스트라다무스가 미래를 예견하는 것도 일정한 주기성에 입각한 리듬의 변화 등을 예측할 수 있기 때문이며 동시에 특정 리듬이나 현상은 특정 결과를 암시한다는 사실을 이미 알고 있기 때문이다. 이미 지나간 시간적 사실 즉 역사를 배우는 것도 결국은 시간의 주기성을 파악하는 것으로 볼 수 있는 이유도 바로 여기에 있다.

양식의 경우도 마찬가지이다. 앞 서 예를 든 르네상스 시기와 근대 초기가 전 시대의 경제 질서의 붕괴라는 일종의 계기를 통하여 성립되고 있음을 별도로 하더라도 건축적인 많은 면에서 일종의 주기성을 발견할 수 있다. 그 가운데 하나가 양식적 측면에서의 주기성이라고 볼 수 있다. 역사적으로 르네상스나 근대초기에 공통적으로 나타나는 건축양식은 모두 고전(Classicism)을 근본으로 하는 양식이었음을 상기할 필요가 있다. 중세적 질서로부터의 일탈을 바라던 르네상스 시기에 있어서 중세와의 연계를 끊는 길은 새로운 건축 질서의 확립이었으며 그 결과 미래 지향적이라기보다는 이미 검증되고 확률적으로 안전한 로마 건축으로 눈을 돌리게 된다. 불확실한 미래에 대한 보상적 의미에서의 검증된 논리가 필요했던 것이다. 특히 신경제 질서 하에서 최대의 이익을 창출하기 위해서는 역시 새로운 모험보다는 검증된 시스템이나 가치가 더욱 절실할 수 있다는 사실도 생각할 수 있다. 유난히 르네상스 건축가들이 비례에 집착하고 있음도 넓은 면에서 보면 이 같은 경제적 변화라는 계기와 무관하지 않다.

마찬가지로 산업혁명이 새로운 질서가 자리 잡는 근대 초기에도 역시 신고전주의라는 고전으로의 회귀를 전제하고 있다. 산업혁명은 기계를 통한 인간 노동의 대체 및 그로 인한 경제적 이익의 창출이 주요 목적이자 결과였음은 주지의 사실이다. 역시 합리화라는 최대의 경제적 슬로건이 당시 사회를 지배할 수밖에 없었다. 르네상스와 거의 유사한 경제적 계기가 성립되고 있었던 것이다. 르네상스와 근대초기는 거의 유사한 시대적 내지는 경제적 계기를 지니고 있었으며 그 결과 유사한 현상이 전개되고 있음을 우선 알아 둘 필요가 있다.

그러나 여기서 흥미로운 사실을 하나 알게 된다. 르네상스의 고전주의는 그 전까지 중세를 지배하던 고딕이라는 양식을 대체하는 새로운 양식으로 나타나고 있으며 근대의 신고전주의는 당시까지 유행하던 바로크 및 로코코 양식을 거부하는 흐름으로 나타나고 있다. 여기서 고딕은 종교적 권위의 최고조를 의미하며 바로크나 로코코는 제국주의나 국가권력의 최고로 반영하고 있다는 사실을 기억해야 한다. 이는 곧 르네상스의 고전주의는 종교적 감성의 부정과 그에 따른 인간 중심의 철학으로 회귀하는 것으로서의 인본주의적 고전을 시사한다고 볼 수 있으며 근대초기의 신고전주의는 권력의 재분배로서 다시금 인간을 중심으로 하는 일련의 사상적 회귀를 암시한다고 볼 수 있다. 혹은 고딕이나 바로크 등이 인간의 직접적인 감성에 호소하는 일종의 낭만적(romantic) 경향이라고 본다면 고전주의나 신고전주의는 비교적 논리적(logical) 경향으로 볼 수 있으며 시간의 주기성에서 보면 이 같은 두 가지 속성이 특정한 계기에 의해서 주기적으로 반복되고 있음도 유추 가능하다. 따라서 단순하게 생각한다면 감성적인 흐름이 일정한 계기를 거치면서 논리적인 경향으로 변화하며 역시 논리적인 경향도 마찬가지로 일정한 계기를 기준으로 감성적인 흐름으로 나타나게 된다. 이 같은 주기가 가능한 것은 일정한 계기가 작용하고 있으며 동시에 새로운 주기의 것은 이미 어느 정도 검증된 속성이라는 사실에 기인하고 있다.

이 밖에도 고전과 반고전 군국주의와 반군국주의 등의 대개념 등이 일정한 징후 후에 발생하거나 소멸하다가 다시 발흥한다는 식의 주기성도 좋은 일례가 될 것이다. 토인비가 문명 그 자체를 생멸(生滅)의 역사를 지니는 하나의 유기체로 포착하고 생멸에는 발생, 성장 및 해체의 일정한 주기적 규칙성이 되풀이하는 것으로 파악하고 있는 것도 같은 맥락에서 이해할 수 있다. 특히 포스트모던이 왜 고전이나 과거로 회귀 하는가 혹은 회귀할 수밖에 없는가 하는 등의 문제도 디자인이나 건축언어의 빈곤 등에서 이유를 찾기 이전에 오히려 이 같은 시간의 주기성에서 근본적인 해답을 찾는 것이 더 근본적일 수 있을 것이다.

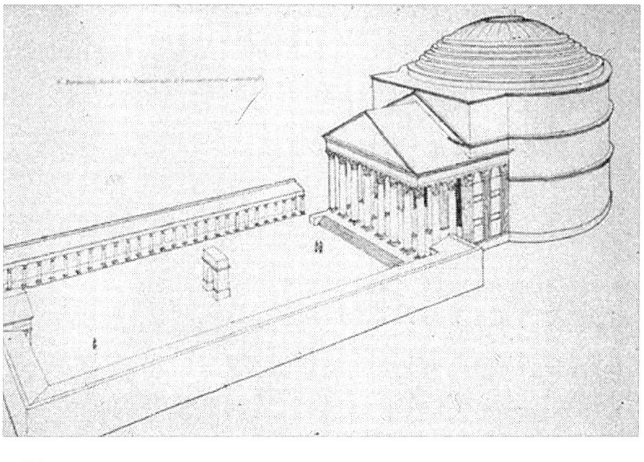

그림 16 Thomas Jefferson : University of Virginia, Charlo.ttesville, VA, 1814

맺는 말

epilogue

시간이라는 개념 자체에 대한 논의는 쉬운 일이 아니다. 앞의 시간의 정의에서 살펴본 바와 같이 다분히 철학적이면서 형이상학적 해석을 요구하기도 한다. 그러나 우리가 느끼고 있는 시간의 개념이 일반적이며 상식적인 선에서의 해석이 우선한다는 이유로 그것이 지니는 추상적 의미를 간과해서는 안 될 일이다. 왜냐하면 시간이라는 것이 지니는 속성의 모든 것은 그것이 변화이던 순환이던 혹은 주기성이던 간에 인간과 그 이외의 것 모두를 결정하고 규정하는 규정자로서의 의미를 원초적으로 지니고 있기 때문이다. 시간이 존재하지 않는 곳은 모르겠으나 시간이 존재하는 한 시간은 진행 중이며 우리가 감지할 수 있던 없던 모든 것에 변화라는 결과를 초래한다. 시간이 제로라는 개념은 실시간 상에는 존재하지 않기 때문이다.
건축과 시간의 관계를 규명하는 것은 시간 자체에 대한 철저한 인식이나 지식 없이는 불가능한 일이며 또한 시간 자체에 대한 정의나 이해는 공간이라는 개념과의 연관 혹은 시공간 연속체라는 개념 내에서 많은 부분을 생각해야 하기 때문에 시간만의 논의는 어느 정도 무리를 수반할지 모른다. 동시에 시간은 공간이라는 또 하나의 개념체와 연관을 맺으면서 시공간 연속체라는 특수한 개념을 형성한다는 사실도 다시 한 번 상기할 필요가 있다. 시공간 연속체는 실제 공간임과 동시에 허상 공간일 수 있으나 분명한 사실은 우리가 인지 가능하고 도식화 가능한 시간적 실제 공간을 형성해준다는 면에서 중요성이 매우 크다. 시간은 공간과 더불어 의미가 분명해지고 마찬가지로 공간은 시간적 요소가 존재함으로써 의미와 표정을 지니게 된다. 쉴라쥬가 자신의 작품 세계의 중심을 시간과 공간과의 관계에 두고 있는 것도 바로 이 때문일 것이다.

공간으로 한정되어 있기 때문에 우물 속 개구리는 대양(大洋)이 무엇인지 모른다. 시간으로 한정되어 있기 때문에 여름철 곤충은 얼음이 무엇인지 모른다(壯者 17장, 秋水編)

시간이 선험적으로 지니고 있는 규정과 한정을 잘 나타내고 있는 장자의 말은 기본적으로 여름철이라는 시간에 존재하는 생물은 그 시간대에 가능한 경험만을 원천적으로 부여받고 있음을 의미하고 있다. 장자의 말에서처럼 나라는 존재를 통한 주관적 시간은 범위가 한정되어 있다. 물론 시간과 공간을 별도로 생각하기는 힘들다고 보면 공간적 한정도 시간과 마찬가지로 해석 가능하다. 내가 경험할 수 있는 시간은 무한시간의 극히 일부분에 지니지 않기 때문이다.

각자에게 주어져있는 주관적 시간을 객관적 시간과 잘 조화하면서 사용하는가는 항상 중요한 문제 가운데 하나이다. 특정 행위를 하는 주체로서의 실존적 개인이 향유할 수 있는 최대의 시간을 지니기 위해서는 시간 자체의 속성을 이해하는 일이 무엇보다 필요하다. 우리가 설계를 한다는 행위도 결국은 객관적 시간의 결과에 따른 과거와 현재 혹은 현상(現象)과 맥락에서 자유로울 수는 없다. 부조리한 어른의 세계로 들어가기를 거부하여 지붕에서 자신의 몸을 날린 양철북 소년 오스카의 자의적 무성장의 비애를 느껴야하기 때문이다. 소설가는 간혹 시간을 초월하여 상상할 수 있지만 건축가는 여간해서 시간이라는 개념을 초월하기는 불가능하다. 역사나 혹은 우리와 같은 길을 미리 걸었던 사람들로부터의 교훈 내지 흔적 등이 필요하게 되는 이유가 바로 그것이다. 주관적 시간과 객관적 시간의 최대접점을 만드는 행위 그리고 주관적인 관점에서 객관적인 시간을 바라보는 눈 등이 건축가에게 필요하기 때문이다. 이러한 면에서 보면 건축가는 주관적인 시간이라는 관점에서 객관적인 시간을 파악하고 이해하는 특혜를 부여받은 존재일 수도 있다. 시간적으로 지나간 모든 것과 계속적으로 연관되면서도 앞으로의 모든 것을 예측이나 감지하는 능력이 필요하기 때문이다. 우리가 오늘날에조차 가끔은 비트루비우스(Vitruvius)를 꺼내들고 탄식하는 것도 바로 이러한 이유일지 모른다.

실존으로 존재하는 한 시간은 절대적이다. 얼마나 많은 시간을 공유하고 또 이해하는가가 실존 자체를 더욱 가치 있게 하는 일이라는 사실에는 부정의 여지가 없다. 시간에는 모든 것이 포함되어 있기 때문이다. □

공 간

혹은 공간적인 것

하라 히로시, 우메다(梅田) 스카이 빌딩

1. 공간(空間)에 대하여

as to space

1)

브리태니커 사전의 경우 공간(space)을 '특정 대상이나 상황 등이 발생하며 상대적인 위치와 방향을 지니고 있는 무한한 3차원의 일정 범위(a boundless, three-dimensional extent in which objects and events occur and have relative position and direction)로 정의하고 있다. 이 정의로부터 공간은 우선 공간적 범위에서는 무한(無限)하며 3차원 혹은 그 이상의 차원을 지니는 존재로 규정되고 있음을 알 수 있다. 여기서 무한(無限)이라는 개념은 범위나 내용이 한정되어 있지 않음을 의미하기보다는 오히려 경계설정이 어려울 정도로 넓은 범위, 즉 경계가 없는(boundless) 속성임을 우선 이해해 둘 필요가 있다. 이 같은 면에서 보면 무한이라는 개념은 그 내용이나 속성상의 무한이 아니라 물리적이며 직관적인 경계설정이 어려운 개념이라는 것으로 이해 가능하다. 이 같은 가정은 공간을 철학적이고 사유적으로 보는 대신 물리적이고 직관적으로 이해할 수 근거를 마련해 준다.

동시에 공간은 일정한 위치 혹은 위상과 방향성을 지니고 있는 존재이어야 한다. 이는 공간이 무한량의 체적 내지 부피만 지니고 존재하는 존재가 아니라 위치와 의상에 따른 위치 에너지를 지니는 일종의 운동체로 존재하고 있음을 시사하고 있다. 이 같은 면에서 보면 공간은 정적 체계가 아니라 오히려 동적 체계로 나타나고 있다고 볼 수 있다. 이 같은 운동성으로 말미암아 공간 자체는 그 안에서 '특정 대상이나 상황 등이 발생'해야 하는 일종의 용기(容器)로서의 성격도 내포하고 있음을 전제하고 있다.

공간에 대한 다른 정의도 거의 이와 유사한 맥락에서 이해 가능하다. 일례로 공간의 의미를 '직접적인 경험에 의한 상식적인 개념으로 상하, 전후, 좌우 세 방향으로 퍼져 있는 빈 곳'으로 정의하고 있는 백과사전의 경우도 마찬가지이다. 이 정의에서 '직접적인 경험에 의한 상식적인 개념'이라는 것도 공간을 물리적이고 직관적으로 이해할 수 있다는 앞의 설명과도 그 맥을 함께 하고 있으며 세 방향으로 퍼져있는 속성이라는 것은 역시 공간의 삼차원 내지는 다차원적인 성격과 일치하고 있다. 또한 퍼져있다는 말 자체에서도 알 수 있듯이 공간은 퍼져 있는 자체로만 성립하는 것이 아니라 일정의 운동성과 방향성을 내포하고 있음도 추측 가능하다.

그러나 공간의 속성을 이해하기 전에 알아두어야 할 사항이 있다. 공간은 공간 자체로만 성립하는 것이 아니라는 사실이다. 'interval'이라는 단어의 의미는 그 좋은 일례가 된다. 사전적 의미로서의 'interval'의 뜻은 우선 시간의 간격이나 사이 혹은 휴지(중단) 시간 등을 의미하며 동시에 공간적으로는 특정 장소의 공간이나 거리 및 간격을 나타내는 의미로 쓰이고 있다. 즉 양자 모두가 일종의 벌어진 사이라는 개념으로는 사용되고 있으나 그것이 시간과 공간의 개별적인 벌어짐이 아니라 시간적 틈이나 공간적 틈 모두를 의미하는 양자 혼합적 의미로 사용되고 있음을 나타내고 있다. 이는 공간이 시간이라는 요소와 분리되기 힘들다는 사실을 시사하기에 충분하다. interval이라는 단어가 어원적으로는 inte(사이의)+vallum(성벽), 즉 성벽과 군인이 숙박하는 천막 사이의 공간을 나타내는 어원에서 공간 자체 및 시간적 간격까지 의미하는 단어로 바뀌고 있는 것도 공간과 시간의 연관성을 어느 정도 시사하고 있다.

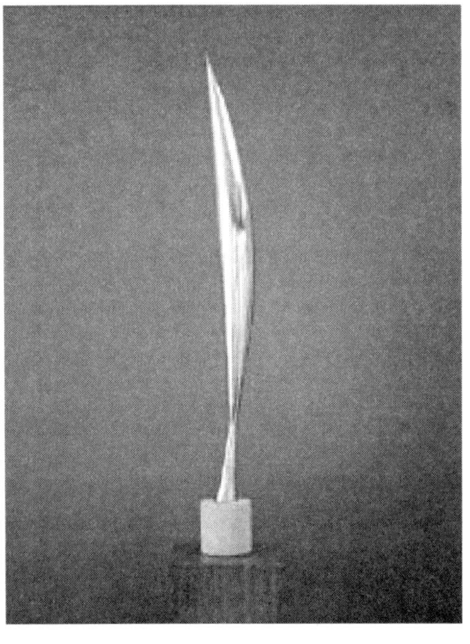

그림 1 Bird in Space, 1928, Museum of Modern Art, New York.

이 같은 사실은 콘스탄틴 브랑쿠시의 '공간의 새(Bird in Space)라는 작품을 보면 좀 더 분명하게 이해할 수 있다. 이 작품은 공중을 나는 새의 비상을 표현한 작품이긴 하지만 근본적으로는 새라는 개체의 이미지보다는 새가 공간 속에서 날아간 궤적 내지 흔적을 나타내고자 하고 있음을 알 수 있다. 새라는 객체가 공간이라는 장소를 비상이라는 시간성으로 움직이면서 나타남으로써 발생하는 궤적이 다시금 새라는 객체를 성립시켜주고 있는 것이다. 따라서 새라는 존재는 시간적 움직임과 공간적 제한 및 범위 내에서 나름대로의 궤적으로 인한 존재가치를 부여받는다고 볼 수 있다. 이는 곧 공간이라는 개념도 여전히 시간적인 연관에서 인지되어야하는 속성임을 시사하고 있다.

공간의 개념은 각 학문의 특성에 따라 다르게 인식되고 있다. 그 가운데 건축적으로 유용한 정의 가운데 하나는 심리학적 측면에서의 공간의 개념일 것이다. 심리학적으로는 공간의 개념은 시각이나 촉각 등의 작용에 의한 공간 지각(空間知覺)에 입각하여 공간 표상(空間表象)으로서 주어진다. 이는 공간을 일종의 물리적인 대상으로 규정하고 이를 지각이라는 일련의 인지작용과 그 결과 창출되는 이미지를 중시하는 경향으로 볼 수 있다. 그 가운데 공간개념을 상위적(相位的) 공간의 단계, 사영적(射影的) 공간의 단계 및 유크리트 공간의 단계 등으로 구분하고 있는 피아제(Piazet)의 세 단계 공간개념은 그 시사하는 바가 크다. 그는 태어날 때부터 지니고 있던 공간개념이 서서히 현재화되어 가는 연속적 발달이라고 생각하기보다는 지능의 발전단계에 대응하는 세 가지의 서로 다른 질적 공간개념을 설정하고 있다. 이 경우 상위적 공간의 단계란 근접이나 분리 등의 정성적 관계, 즉 토폴로지적 관계만을 인지하는 단계를 말한다. 이 때 그 같은 공간개념을 지지하고 있는 것은 운동이며 이미지는 운동의 스키마(schema)[1]일 뿐이다. 사영적(射影的) 공간의 단계는 여러 개의 대상이 한 시점을 통해 관련되어 파악되는 경우를 말한다. 또한 유크리드 공간의 단계는 사람이 최종적으로 획득하는 공간개념으로 2차원 내지 3차원의 기구화된 카테고리를 지니고 있으며 등가성은 기하학적 동등성에 의존하는 경향을 보인다.[2]

인간이 직접 관계하는 공간에는 길이, 높이, 면적 및 용적이라는 물리적으로

---

1) 스키마(Schema)는 일반적으로는 내용을 어떤 형식에 따라 과학적으로 정리 또는 체계화 시키는 틀 내지는 도식(圖式)을 이르는 말로서 이 같은 경우 내용은 단순한 소재가 되어 버린다. 인식론적(認識論的) 의미로는 I.칸트의 선험적(先驗的) 도식을 가리키는데 인식에 있어 감성적 직관이나 선천적 범주, 즉 오성개념(悟性槪念)을 중개하는 것을 의미한다. 도식은 직관에 대해서나 범주에 대해서나 제3자의 입장에 있으면서도 양자에 공통되는 성질을 가져야 하며 칸트는 그러한 도식으로서 시간을 든다. 시간은 순수직관인 점에서는 직관에 속하며 그 순수성에서는 순수오성과 그 성질을 같이 하기 때문이다. 칸트는 이 순수직관으로서의 시간을 산출적(産出的) 상상력의 소산으로 보고 감성적 직관을 선천적 범주(範疇)에 포섭시키는 매개로 본다. 그리하여 범주는 시간규정을 가지게 되는 것이다.

2) 건축형태의 디자인 원리, 高橋研究室, 김정태 역, 기문당, p 69.

측정 가능한 면도 있기는 하나 동시에 우리의 감성에 호소하는 질적인 측면도 동시에 지니고 있다고 볼 수 있다. 전자의 경우 '눈에 보이는 것이나 만질 수 있는 것, 즉 실재만이 진실'이라고 하면서 우주 구조에 있어서 만질 수 있는 부분은 수학적으로 규정된 비례에 의해 서로 결합된 것으로 파악하고 있는 프라톤(Platon)의 공간 개념이 대표적이라고 할 수 있다.

플라톤적인 세계는 3차원적인 질서의 세계이다. 어떠한 공간의 개념이라도 기하학에 의해 규제 받고 있다. 기하학과 객관성은 눈에 보이지 않는 신비한 우주공간을 지니는 인간의 소외성을 타파하는 수단이다. 이와 같이 확산되는 질서체계는 인간의 눈으로 볼 수 있는 합리적인 것으로 인식될 수 있었다. 인간은 자기 자신이 유한한 기하학적 전체를 구축함으로써 잘 알 수 없는 우주를 정복할 수 있다고 믿고 있었다. 이러한 투쟁 속에서 인간에 의해 탄생된 건축세계는 비로소 형체를 띠는 자기 의식적 표현이 되었다.[3]

반 데 벤(Van de Ven)이 해석하고 있는 플라톤적 공간은 바로 3차원적인 질서 속에서 기하학에 의해 규제 받고 있는 한정적 공간으로 정의되고 있음을 보여주기에 충분하다.

그러나 '공간은 물체의 일반적 개념도 아니고 또 감각적으로 지각할 수 있는 지식에 따르는 것도 아닌 오직 사고의 세계에 속하는 것'이라는 칸트(I. Kant)의 생각을 고려할 경우 공간에는 인지나 경험의 대상이라기보다는 일종의 선험적 개념으로서의 의미도 내재하고 있음을 알 수 있다. 이 같은 면에서 어느 정도 철학적 의미에서의 공간의 개념이 필요하게 된다.

철학적으로는 공간을 경험적 공간과 선험적 내지 절대적 공간으로 구별하고 있다. 경험적 공간이란 앞서 언급한 공간표상으로부터 출발한 이미지에 대한 경험에 기본을 둔 공간을 말하며 선험적[4] 공간(先驗的空間) 혹은 절대적 공간(絶對的 空間)이란 경험을 통하지 않고 경험을 초월하는 어떤 특별한 요소

---

3) Van de Ven, '건축공간론'(기문당)에서 재인용

4) 선험적(先驗的)아라는 단어는 칸트 철학의 근본개념으로 독일어 transzendental을 번역한 철학 용어로서 '초월론적(超越論的)'이라고도 한다. 중세 스콜라 철학의 용어인 transcendentalis는 각 범주를 초월하여 모든 존재하는 것에 적용되는 개념으로서의 존재, 혹은 진, 선, 미 등을 뜻하였다. 이것을 I. 칸트가 '대상에 관한 인식이 아니라 오히려 선천적으로 가능한 범위에서의 대상 인식방법에 관한 인식'을 뜻하는 근대적 인식론의 용어로 전용하였다.

에 의해서 성격이 부여된 공간을 말한다. 이른바 인간의 공간 체험이나 생활과는 무관한 추상적 개념으로서의 절대공간을 주창한 뉴턴(I. Newton)의 이론이나 '추상적 공간은 물리적 현실이나 심리적 현실에 대응하지 않는다'라는 카시에르(Cassier)의 언급 등이 절대공간의 의미를 이해하는데 도움이 될 것이다. 절대공간은 성질상 균일하다고 가정되기 때문에 우리의 감각으로는 구별하기가 힘들며 우리의 일상생활과는 기본적으로 무관한 것으로 볼 수 있다. 그리고 공간에 대한 수학적 내지 과학적 개념은 비교적 최근의 것이며 어떤 면에서는 지적 사고의 부자연스러운 산물일지도 모른다. 절대적이고 선험적인 공간의 개념을 떠나서 생각해 보면 공간은 추상적인 대상이라기보다는 방이나 광장 등과 같은 장소(place)로서의 의미로 대체되는 것이 일반적이다. 이런 면에서 본다면 일반적으로 우리가 인지하는 공간이라는 것은 내부에서 특정 제한을 동반하면서 우리가 인지 혹은 경험 가능할 때 비로소 시작된다고 볼 수 있다. 물론 공간에 대한 경험이나 인지라는 것은 평면적으로 이루어지는 것이 아니라 관찰자의 움직임에 따라 연속적으로 이루어지는 것이기 때문에 기본적으로 시간이라는 요소를 포함하고 있음을 다시 한번 상기할 필요가 있다. 건축에서 필요한 공간이라는 개념도 역시 이 같은 면에 뿌리를 두고 있다고 볼 수 있다.

2)

공간 자체의 성격을 논하기 위해서는 앞 서 언급한 '퍼져있으며' 동시에 '비어져있다' 는 공간의 두 가지 속성은 공간을 이해하는데 중요하다. 우선 퍼져있다는 의미는 공간의 확장성을 나타낸다. 그러나 그 확장은 제한되거나 한정된 속성이 아니라 개념적으로는 무한한 확산이며 그 방향은 상식적인 선에서 3차원이나 다차원 내에서 형성된다. '특정 대상이나 상황이 발생하며 상대적 위치와 방향을 지니는 무한한 3차원의 범주'라는 브리태니커 사전의 정의는 곧 대상으로서의 물체와 그것의 일련작용으로서의 사건이 상호 작용함으로써 위치라는 위상과 방향 내지 방향성이라는 에너지가 중첩되어 무한한 범주에 이르는 공간의 속성을 설명하고 있다. 이는 공간 자체가 생명 있는 움직임이며 공간 자체의 위치로부터 오는 위치 에너지와 방향성 내지 움직임에서 기인되는 힘의 개념을 동시에 지니고 있음을 시사하고 있다. 일례로 장소의 혼(genius loci)이라는 것이 생명과 에너지 및 방향성을 지니는 근원적 공간이라고 정의할 수 있는 것도 바로 이 때문이다.

다음으로 '비어있다'라는 개념도 공간의 속성을 이해하는데 유용하다. 우선 비어있음은 그 자체로 무한한 가능성을 내포하고 있음을 시사한다. '원자(原子)와 공간(空間) 이외에는 아무 것도 존재하지 않는다'라는 데모크리토스의 원자론에서도 나타나듯이 공간은 특정 존재나 물질이 기능하게끔 하는 기본적인 요소로 나타나고 있다. 물질을 이루는 가장 기본적인 요소인 원자도 그것이 활동하고 결합하기 위한 빈 공간이 없으면 의미를 상실하고 만다. 이 경우 원자와 공간은 단지 둘러싸는 것과 둘러싸이는 것이 아니라 원자의 의미 자체를 규정하고 또한 원자의 용도를 전제하는 하나의 틀 혹은 스키마로 작용한다. 따라서 비어있음은 '채워지기 위한 여유 공간이 없다면 계곡은 말라버릴 것이며 성장하기 위한 여유가 없다면 창조는 불가능할 것이다'(谷無以盈 將恐竭 萬物無以生 將恐滅, 39章)라는 노자(老子)의 언급에서도 나타나고 있듯이 그 자체가 채움을 전제로 하고 있다. 이 같은 면에서 보면 그리스 신화에 나타나는 카오스(chaos)[5]의 상태는 본질적으로 공간 상태가 아니라고 볼 수 있다. 비어있지 않은 덩어리이기 때문이다.

그림 2 Creation of the Heaven by Michelangelo

하늘과 땅과 바다가 창조되기 전에는 모든 것이 한 덩어리로 뭉쳐있었는데 이것을 혼돈(Chaos)라고 부른다. 혼돈은 하늘(Uranus)과 땅(Gaea)을 낳았고 하늘과 땅은 크로누스(Cronus)와 레아(Rhea)를 낳았다(.......후략).

5) 카오스 (chaos)란 그리스인(人)의 우주개벽설(kosmogonia)에서 나타나는 말로서 만물발생 이전의 원초상태를 나타내며 여기서 모든 것이 생겼다고 생각하였다. '혼돈(混沌)'이라고 번역되는 경우가 많으나 원뜻은 입을 벌리다(chainein)로, 이것이 명사화하여 캄캄한 텅 빈 공간을 의미하게 되었다. 헤시오도스의 《신통기(神記)》에서는 여기에서 암흑과 밤이 생겼다고 한다. 또한 오비디우스는 만물의 모든 가능성을 숨긴 종자(semina)의 혼합된 것으로 보았다.

상기의 인용구가 나타내듯이 하늘과 땅이 존재하기 이전, 즉 카오스 상태에서는 아무런 틈도 여지도 없는 무공간 상태였으며 혼돈과 암흑 이외에는 아무것도 존재할 수 없다. 하늘과 땅이라는 존재를 창조함으로써 비로소 그 '사이'의 빈 곳이 존재하게 되며 이로써 만물과 모든 시간이 존재할 수 있는 공간이 나타나게 된다. '처음에는 땅과 하늘을 창조하였다. 그러나 땅(혹은 세상)은 형태가 없었으며 보이드한 상태였다. 그리고 어둠이 깊게 깔려있었다.....빛이 있으라 하니 빛이 생겨났다. 어둠으로부터 빛을 분리하였다'라는 천지창조의 경우에서도 공간의 탄생을 엿볼 수 있다. 태초의 땅의 존재는 형태가 없는 보이드(void)한 상태로 나타난다. 어둠이 깔린 보이드인 관계로 형체는 파악 불가능하지만 기본적으로 비어있기 때문에 어둠을 내포하고 있는 것이다. 어둠은 혼돈과 그 의미부터가 다른 이유도 이 때문이다. 빛은 보이드한 땅에서 어둠과 밝음을 구별하고 나아가 하늘과 땅 사이라는 또 하나의 보이드된 공간을 만들고 있다. 보이드한 공간이 분할하는 것이다. 어둠이라도 존재하기 위해서는 필연적으로 비어있어야 하고 그 비어있음을 시각화하기 위해 빛을 통한 또 다른 비어있는 공간이 탄생하고 있는 것이다.

이 같은 비어있음은 필연적으로 용도(用)를 유발한다. 비어있기 때문에 무언가 쓸모와 용도를 전제하고 있다. 가장 적절한 일례는 도가 사상에서의 비어있음일 것이다. '도는 비어있으나 그 쓰임새에 있어 아무리 써도 다하지 아니하니 깊고 그윽하여 만물의 근원 같도다(道沖而用之 或不盈 淵兮 以萬物之宗)'라고 도(道)를 설명하는 노자의 말은 곧 비어있음이라는 것이 곧 아무 것도 없는 것을 의미하는 것이 아니라 아무리 써도 넘치지 않는 그릇과 같아서 무한한 효용과 무궁한 작용을 지니고 있음을 의미하고 있다.[6] 비어있음으로 인해 용도가 발생되며 그 용도는 다시 비어지는 일종의 순환은 바로 비어있는 공간에서 시작되는 것이다. 이 같은 면에서 '특정 대상이나 상황 등이 발생'시키는 용기(容器)로서의 공간의 성격을 다시 상기할 필요가 있다.

6) 老子, 박은희 역, 고려원, p.27.

2. 건축과 공간

architecture and space

1)

공간의 확장과 비어있음은 그 자체적으로는 무한 개념이다. 이 두 가지 개념이 인지 가능하고 경험 가능한 것이 되기 위해서는 일종의 규정이나 제한이 동반되어야 하는데 그것이 경계이다.

경계는 기본적으로 분리를 위한 실체적 내지 비실체적 장치로서 어떤 특정 영역을 그것 이외의 다른 영역과 분리하기 위한 장치로 이해할 수 있다. 바네트 뉴먼(Barnet Newman)의 '약속'이라는 작품은 무한 공간 내를 떠도는 모든 요소를 선(線)적인 경계로 제한하고 있다. 이 때 이 선적인 요소는 천지창조 상의 빛일 수도 있으며 혹은 단순한 의미의 영역 분할을 위한 묵시일 수도 있다. 그러나 분명한 것은 제한이 없는 상태 자체는 곧 상대적인 관계가 성립될 수 없는 절대적 세계이며 그러한 세계는 우리에게 그리 큰 의미는 없을지 모른다는 메시지일 것이다. 경계설정으로 인해 생성되는 일종의 상대적 세계는 이렇게 나타나고 있다.

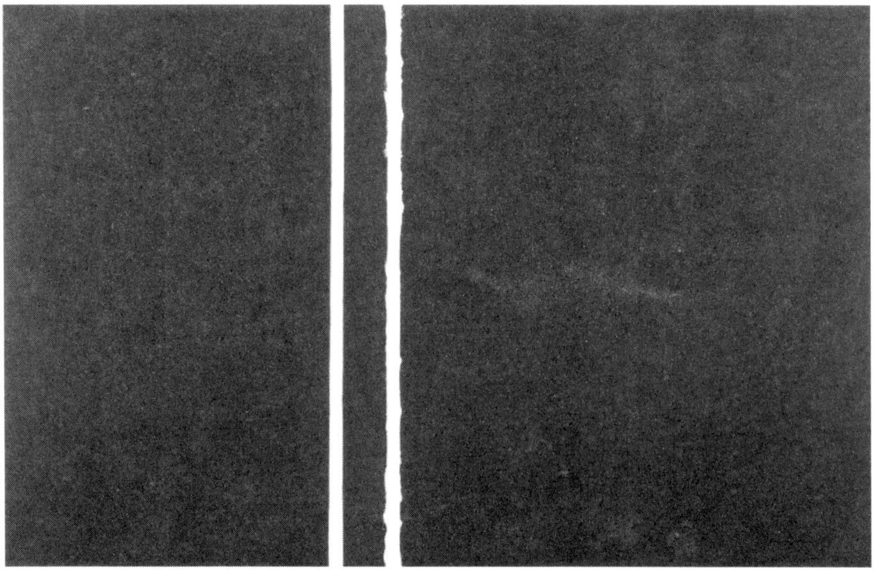

그림 3 바네트 뉴만(Barnet Newman), 약속, 1949

예상외로 두 개의 선을 넣는 제한 내지 규정 행위와 그 결과 나타나는 경계는 구체적인 분리로 나타난다. 이 때 분리는 결과적으로는 혼돈 상태로부터의 일탈을 시사하고 있으며 그 결과 자연스럽게 영역의 형성으로 연계된다. 이 같은 프로세스는 근본적으로 질서를 전제하고 있다. 분리로서의 경계를 기준으로 이분법적인 아(我)와 피아(彼我) 혹은 내부와 외부라는 개념 등이 도출되는 것도 바로 이 같은 분리와 질서체계라는 맥락에서 이해해야 한다. 비로소 상대적인 관계가 성립하는 순간이다. 규정과 제한 및 그 결과로서의 경계가 지니는 또 하나의 의미를 바네트는 약속이라는 메시지로 은유하고 있는지도 모를 일이다. 약속은 그 자체가 이미 관계를 의미하고 있다.

건축의 경우도 마찬가지이다. 건축에는 무한한 사이트도 없으며 무한한 형태도 존재하지 않기 때문이다. 극단적으로 말해 경계는 건축이 시작되는 원초점이다. 분리로 인한 경계는 건축이 시작되는 부분이기도 하고 동시에 건축이 종결되는 부분이기도 하다. 일반적으로 건축적 공간이 행위가 발생하는 구체적 장소를 의미한다고 볼 때 건축공간에 있어서의 경계는 공간 한정 요소에 의해 규정된다. '건축은 공간과 그 나머지 것에 의해 생기는 내부와 외부의 힘들이 만나는 곳에서 이루어진다. 건축의 내부공간과 외부 공간 사이의 벽은 이렇게 결정된 것이며 그 자체의 드라마이다'라는 로버트 벤츄리(R. Venturi)의 언급은 건축이라는 것 자체가 생기는 근본은 규정이나 제한에 의해 생성된 경계를 지니면서 나름대로 질서를 유지하는 일련의 프로세스 상에 위치하고 있음을 전제하고 있다. 이 때 벽이라는 존재가 그 경계를 형성하는 실질적이고 인지 가능한 요소이기는 하나 벽 또한 이미 그 전에 내부와 외부를 분리하는 경계의 본질적 행위가 구체적으로 형태화되어 나타나는 건축요소에 지나지 않을 뿐인지도 모른다. 이 과정에서 무한한 공간의 일부분을 인간적인 척도를 도입하여 그것으로 공간을 나누고 한정함으로써 경험 가능하다고 보면 개념적이고 추상적인 공간을 인지하는 최초의 행위는 역시 경계라는 것으로부터 시작된다고 볼 수 있다. 그리고 그 자체로 인하여 원래의 무한하고 추상적인 공간이 나름대로 인지되고 성격지어진다. 로버트 벤츄리가 말하는 드라마가 시작되는 순간이다.

여기서 다시 한 번 경계의 의미가 분할이나 분리를 목적으로 한다는 것을 상기하면 결국 경계라는 것에는 무한한 공간이라는 것에 대한 범위 한정의 둘러싸기(enclosing)와 그것에 따른 분할하기(dividing)가 복합적으로 작용하고 있다고 볼 수 있다. 이 경우 둘러싸기와 분할하기는 특정 행위가 전제되기 때문에 정적인 개념이 아니라 동적인 것으로 파악해야 한다. 경계는 둘러싸기와 분할하기라는 행위에 의해 비로소 가시화되고 운동가능하게 된다.

따지고 보면 인류 최초의 주거나 건축행위도 자연의 일부를 경계 짓고 한정시킴으로써 발생되고 있다고 볼 수 있다. 쉘터(shelter)라는 개념 자체가 피난처라는 사실은 곧 경계 내부에 존재하는 한 일체의 위험요소로부터 자유로울 수 있는 최소의 경계라고 볼 수 있기 때문이다. 혹은 로마가 도시를 건설할 때 행하던 4가지 의식 가운데 입지에 대한 신에게의 봉양(inaguracio) 이후 도시 영역의 경계 설정(limitacio)이라는 과정과 그 이후 데쿠마누스와 카르도라는 분할 축을 이용하여 도시 내의 적절한 구조물과 내부 도로 등을 설치하고 있음을 보아도 특정 무한 공간에 대한 점유가 곧 분리의 시작이며 둘러싸기와 분할하기를 모두 포함하고 있는 경계라는 의미가 항상 내재하고 있음을 보여주고 있다. 단일 건축이건 도시이건 간에 최초의 공간 행위가 경계설정으로부터 시작되고 있다는 사실은 곧 무한 공간을 인지 가능하고 인간적인 척도의 공간으로 만드는 최초의 행위였다고 볼 수 있다. 그리스 신전 건축에서 자주 보이는 열주(列柱)도 건물을 지지하는 기둥이라는 역할 이전에 이미 신과 인간의 경계와 분리를 암시적으로 보여주고 있는지도 모를 일이다.

그림 4 cella from the east, Parthenon

이 같은 면에서 보면 각 건물은 기둥이나 벽 같은 공간 한정요소에 의해 생성된 경계의 집합으로 볼 수 있으며 이 건물들이 모여 만들어지는 마을이나 도시도 역시 각각의 건물이 지니는 경계의 집합으로서 이해할 수 있다. 물론 그 경계라는 것은 공유 가능하기도 하고 분리 가능하기도 하다. 동시에 애매할 수도 있다. 공간 자체가 애초부터 한정적인 개념이 아니기 때문이다. 확장성과 비어있음으로 가득찬 애매한 공간이기 때문이다.

그림 5 library of Trajan Forum

일반적으로 좁은 의미에서의 건축에서의 공간은 사면이 벽 등으로 둘러싸여진 그 내부를 지칭하며 이를 내부 공간이라 규정한다. 내부 공간은 기본적으로 둘러싸기(enclosing)에 의해 형성되며 필연적으로 경계의 개념을 전제한다. 둘러싸기란 무한하고 확산적인 전체 공간에 대한 영역주장이며 무한 공간에 대한 분리나 단절이라는 수단을 통해 자신만의 영역을 설정하기 때문이다. 이 때 단절은 일방적인 것이 아니라 자신의 공간을 설정하고자하는 최소 의지로 표현된다.

이 같은 면에서 볼 때 단절은 차단이 아니라 오히려 관계를 규정짓는 행위 혹은 자신과 다른 것과의 특별한 관계를 설정하는 행위로 이해할 필요성을 시사하고 있다. 내부 공간으로의 입구나 창(窓)이라는 존재가 이 같은 관계를 훌륭하게 매개하고 있다. 프랭크 게리(F. O. Gehry)가 건축과 조각과의 차이를 창이라는 존재의 유무로 파악하고 있는 것도 바로 이 같은 이유 때문이다. 다른 것 내지는 다른 공간과의 연계가 없는 완전한 솔리드는 형태만 지니고 있을 뿐 공간적인 의미가 이미 존재하지 않기 때문이다.

내부공간의 성격은 폐쇄적이고 자족적(自足的)이다. 자족적인 공간인 만큼 그 기준과 출발은 자신 혹은 자아(自我)일 수 있으며 자기중심적 내지는 구심적 경향을 내포한다. 프라이버시라는 개념이 성립할 수 있는 것도 바로 이 같은 내부 공간이 존재함으로써 가능하다. '방 안에 누군가와 함께 있다는 것이 얼마나 멋있는 일인가. 그 때 산도 나무도 바람도 비도 마음에 머물고, 그 방은 하나의 세계가 된다'라는 루이스 칸(L. Kahn)의 언급은 충분히 내부 공간 내에 존재하는 자아의 의미를 시사하고 있으며 이 경우 자아는 세계를 향해 나아가는 구심점을 이루고 있다. 이 같은 면에서 보면 '건축은 곧 나와 세계와의 관계를 공간으로 만들어 내는 것이다'라는 코야마(香山 壽夫)의 언급도 충분한 설득력을 지니게 된다. 왜냐하면 공간을 신체의 연장으로 볼 경우 곧 자신

혹은 자아의 신체를 의미하므로 결과적으로 공간의 중심은 나 혹은 자아가 되기 때문이다. 내부 공간이 자아로부터 출발한다는 개념은 내부 공간의 중심 설정을 암시하고 있다. 그것이 나라는 자아이던 특정 사물이던 아니면 감성적인 존재이던 간에 중심이 존재함으로써만 구심점이 생성되기 때문이다.

공간이란 자체로는 규정될 수 없는 존재인 관계로 끊임없는 확산이라는 운동을 내포하고 있다. 따라서 내부 공간과의 관계에서 외부 공간이란 기본적으로는 내부를 제외한 나머지 공간으로부터 시작하여 그것과 관계를 맺고 있는 외부 일체 즉 자연, 세계, 우주 혹은 우리가 인지 못하는 무한궤도에 이르기까지 포함한다. 그러나 공간 자체는 그것이 한정이던 경계이던 항상 내부와 외부를 동시에 지니고 있으며 결과적으로 원심성과 구심성을 공유하고 있는 것으로 이해할 필요가 있다. 일례로 가벽이라는 존재는 경계설정이 주된 역할이기는 하지만 이미 그것 자체로 인한 공간의 양분은 단절이라기보다는 또 하나의 공간이 생기는 것으로 이해할 수 있기 때문이다. 형태만 가지고도 무한한 공간이 나올 수 있음도 기억해야할 필요가 있다.

건축은 벽에 의해 공간을 획득한다. 둘러싸는 것으로 건축의 밖(外)과 안(內)을 구분하면서 외측을 공격하고 내측을 방어하는 강력함을 지니게 된다. 그러나 동시에 내가 만드는 벽은 자연을 받아들여 인간의 기분을 감아 싸는 그런 벽이기를 원한다 (安藤 忠雄, 都市彷徨, p.122)

그림 6 꿈의 무대의 원형 포룸, Ando Tadao

공간은 규정과 차단으로부터 파생되고 그 수단으로서 벽이라는 수직요소가 이용된다. 그러나 완전 차단은 아니며 창이라는 수단 등을 통하여 내부와 외부와 조우한다. 그리고 그 외부는 또 다른 공간의 연속이다. 무한 공간과 유한 공간이 조우하는 것이 곧 건축물이 된다. 내부와 외부는 곧 인간의 공간이며 생활이기도 하다. 이 같은 면에서 공간 특히 건축 공간은 '인간 공동체에 형태를 부여하는 모태'(香山 壽夫)로서도 기능하고 있다. 건축을 쉘터라는 필요 최소한으로 보기보다는 인간과 인간 사이의 관계를 성장시키고 지키는 것으로 파악할 경우 결국 공간은 쉘터라는 보호적이고 폐쇄적인 공간을 뛰어넘어 내부와 외부가 결합하고 그 속에서 형태의지와 인간 생활이 채워지는 근본적 개념으로서의 또 하나의 공간이 탄생하게 된다.

2)

그러면 경계로 인해 생성된 건축 공간의 의미는 무엇일까. 인간의 최초 주거지인 동굴은 우리에게 여러 가지 의미를 제공해준다. 동굴은 만들어져 있는 대상이었으며 형(形)의 창조를 위한 인간의 구축 의지를 필요치 않았다. 만들어진 것이긴 하나 공간이라는 원초적 개념은 이미 동굴에 존재하고 있었다. 공간은 존재하되 형은 존재하지 않았던 것이다. 쉘터(shelter)로서의 기능이 건축의 기원이라는 발상도 어찌 보면 형(形)보다도 본질적으로 공간이라는 존재에 더 많은 비중을 두고 있는 발상일 수 있다.

인류 최초의 주거지의 변화는 이 같은 의문을 어느 정도 풀어주기에 충분하다. 목적이야 어찌되었던 간에 인간은 공간을 필요로 하였다. 그것이 카오스이던 암흑이던 '빈 사이'를 필요로 하였으며 이는 곧 생명의 근원이자 용도로 기능하였다. 천지창조나 그리스 신화가 그렇듯이 여기까지는 만들어져 있는 공간이었다. 최소한 인간에게는 그러하였다. 하늘과 땅이라는 수평 분할된 틈새에서 위와 아래 그리고 옆 즉 원시적인 바닥과 천장 및 벽체로 이루어진 동굴이라는 공간을 획득하였다. 도피처나 거주지를 찾는다는 행위를 제하면 인간의 의지와는 관계없는 만들어진 공간임에 분명하였다.

그림 7 Skara Brae,Neolithic settlement, Mainland, Orkney, Scotland

공간은 있으나 형(形)은 없는 동굴에서 인간은 수직적 요소를 통해 형(形)을 만들어간다. 거석이나 선돌 등의 수직요소는 인간이 만들어진 공간에서 벗어나 만들기 시작한 원초적인 형(形)이며 이것으로부터 구축한다는 행위가 시작된다. 그러나 거석은 형태는 있으나 공간은 없다. 구분은 있으나 폐쇄는 없다. 이미 만들어진 공간에서 만드는 공간으로의 의지 이동이 필요하게 된다. 공간을 원하는 행위 가운데 가장 기본적인 둘러싸기는 자연스럽게 나타나게 된다. 비로소 오픈된 개활지에서의 공간의지가 조형의지와 맞물려 폐쇄된 공간으로 전이된다.

건축이 형(形)을 위한 창조의지의 표현과 공간을 위한 구축행위로 분리되어 있을 때는 공간이라는 것은 그리 중요한 존재가 아니었다. 이미 공간은 만들어져있었다. 혹은 최소한의 경계는 이미 만들어지고 있었다. 딱히 공간을 지니고 있는 형태를 만들 필요도 없었을 것이다. 마찬가지로 공간 형성을 위한 구축행위도 그리 급한 일은 아니었을 것이다. 고대 이전의 건축이 그러하였다. 동물 가죽 몇 장 이은 정도의 넓이를 지닌 공간만 있으면 간단하게 땅을 파고 들어가 거주할 수 있었다. 사방이 광활한데 애써 넓은 공간을 필요로 할 일이 아니었다. 오히려 공간 만들기보다는 몸 하나 간수할 장소가 더 절실했을 법이다. 기껏해야 경계 짓기와 영역 만들기 선에서 공간이 수반될 뿐이었다. 당시의 마을도 도시도 마찬가지였다. 그들은 모두 이미 만들어진 공간에 더 익숙했던 것이다.

더 많은 인구가 모여들고 도시가 발생하고 국가가 만들어지면서 좀 더 많은 수의 구축물과 확실한 형태의 구축물이 필요하게 되었다. 우선은 자신의 몸을 가리고 가족을 보호하고 도시를 만드는 일이 급했을 법이다. 구축한다는 행위에 대한 흥미는 인간이 가능한 한 많은 재료를 개발하고 구축물을 쌓는 방법을 연구하게 하였으며 나름대로의 의미를 지니는 형태를 만들게끔 종용하기 시작했다. 이제 종교이건 정치적인 이유이건 관계없이 특정한 의미를 지니는 특별한 건축물이 필요하게 된다. 권력을 위해서 궁전이 필요해지고 종교를 위해서 신전이 필요해진다. 서서히 구축 행위가 의미를 지닌 형(形)의 창조 의지와 결합하는 순간이었다. 그럼에도 불구하고 그들은 아직 순수

그림 8 Lamanai, structure, BC.200

하였다. 있는 그대로의 자연과 그것이 만들어 낸 공간 속에 구축물을 끼워 넣고 있었다. 개활지로 기어 나온 인간은 그래도 아직은 자신의 근거지를 자연에 두고 있었는지도 모른다. 가끔은 식물 문양도 차용하기도 하면서 내심 미안한 마음을 우리는 하나라는 동지의식으로 전환시키고 있었다. 구축물은 여러 형태로 올라가고 있었으나 구축물 자체의 규모와 그것들 사이의 상호관계가 더 중요하였다. 구축물 내부의 공간은 그다지 고려되지 않고 있었다. 아직은 공간이 타자였던 셈이다. 몸 하나 의지할 주거 공간도 여전히 만들어진 공간 그 자체로도 충분하였다. 하긴 애초부터 광활한 공간 한 쪽 빌려서 만들어온 구축물이고 도시였다. 성채나 신전도 경계로 구분될 뿐 완벽하게 밀폐된 내부만의 공간은 그리 많지 않았다. 완벽하게 밀폐된 공간은 오히려 무덤과 동격이었는지 모른다. 장제전의 어둠은 공간이 공간이기를 거부하면서 사자(死者)를 위한 시간으로 대체된다.

형(形)을 위한 창조의지의 표현과 공간을 위한 구축행위가 한데 어우러져 건축을 성립시키기 시작하면서 어느덧 공간은 건축이 지향해야하는 목표 가운데 하나가 되어 버린다. 이제 광활한 원초적 공간은 제한되기 시작하며 구축물 내부로 삽입되고 있었다. 로마 시대에 이르러 인간은 실용이라는 개념을 배우게 되고 지독히도 철저한 이기심으로 자기만의 공간을 팽창시켜 나간다. 비로소 확장하는 건축 나아가서는 확장하는 내부 공간이라는 개념이 나오는 순간이다. 이미 건축이 일부분 차용하고 있던 공간을 이제 내 손아귀에 집어넣고 주물럭거려야 속이 풀릴 모양이었다. 거대해질대로 거대해지는 구축물 안으로 공간이 끌려 들어온다. 선돌의 애매한 경계설정도 아니다. 외부와 적절하게 타협하던 반(半)공간도 아니다. 공간을 포함해야만 하

그림 9 interior of the Aula Platina

는 형태라는 개념이 탄생한다. 공간이 존재해야만 실용적인 건축이 된다. 의미와 의지는 또 다른 차원의 문제로 넘겨버린다.

판테온의 돔은 그리스 신전의 반(半) 공간을 모조리 안으로 끌고 들어와 버렸다. 모든 신이 모셔진 곳인 만큼 모든 공간이 필요했던 모양이다. 몇 세기에 걸쳐 알고 배운 구축 기술은 돔(dome)이라는 기막힌 구조물을 완성시켰으며 그동안 나지막한 박공지붕 아래 숨어있던 내부 공간이 팽창하게 된다. 숨통이라고는 하늘 향해 뚫린 천공뿐이다. 확대된 셀라(cella) 만큼이나 외부는 줄어들고 있었다. 인간의 의지만큼이나 공간은 커지고 있었다. 이미 거대한 공간을 지니고 있는 바실리카의 앱스(apse) 부분도 불거져 나온 혹처럼 내부 공간의 팽창을 암시할 뿐 도무지 타협이라고는 찾아볼 수 없다. 기디온(S. Giedion)의 말대로 이제 내부 공간은 곧 판테온의 우묵한 내부 공간과 동일한 의미로 사용되었으며 몇몇 예외를 제외하면 이 같은 공간 개념은 로마시대부터 18세기 말엽까지 존속하게 된다.[7)]

그림 10 Cathedrale Notre-Dame de Laon

차단이라는 수단은 내부 공간을 위해서는 절대적이었다. 내부 공간은 자기의 것이라는 의미일 것이다. 이미 타자의 것이 아닌 내 것이고 건축물에 속한 것이다. 타자와의 타협은 없다. 내 것을 늘여가는 자체가 세력이 되고 권력이 된다. 모두가 공유하던 공간이 이제는 자기 욕심 채우는 인간의 마음만큼 줄어들기 시작한다. 애초부터 언제 다시 돌려줄지는 기약도 없었다. 일종의 접점 줄이기를 통하여 건축은 이제 거대한 공간을 지닌 당당한 생명체로 다시 태어나고 있었다. 비록 처음은 신이었지만 인간이 그 공간을 점유하는 것은 명약관화였다. 경계 설정도 역시 과감할 수밖에 없었다. 개선문조차도 기둥 하나 밖으로 내보낼 여유도 없이 거대한 보울팅과 기둥을 몸속에 집어넣고 당당하고 거대한 경계임을 항변한다.

7) S. Giedion, Space, Time and Architecture, Harvard Univ Press, 1967, introduce.

자연에 대한 승리이기도 하였으며 공간에 대한 정복이기도 하였다. 거대한 외부에 대한 또 하나의 거대한 내부를 주장하는지도 모른다. 인간들은 경하하면서 공간의 승리를 점치고 있었을 것이다.

중세는 공간이라는 개념조차도 신의 손에 놓여있었다. 만물이 신의 위계를 따를진대 공간 또한 인간이 마음대로 할 수 있는 것은 아니었다. 오직 신성한 공간 찾기에 몰두할 뿐 다른 공간은 아무 생각 없이 로마가 이미 이루어 놓은 공간 개념의 뒤를 따를 뿐이었다. 라틴 크로스와 그리크 크로스 아래로 신성한 공간이 생겨났다. 아무리 빛이 클리어스토리를 통해 갤러리 부근에 머문다해도 이미 외부와 단절된 공간은 신성함을 강조하기 위해 다시 한 번 총집결되었다. 현란한 리브 볼트가 천정을 가로지르더니 이내 3단 드럼피어가 판테온보다도 더 높은 내부 공간을 만들어 낸다. 이미 외부와의 최소접점을 위한 천공도 없다. 스테인드 그라스를 통해 들어오는 유채색 빛이 인간 한계에 도전한 거대하고 신성한 내부 공간을 이리저리 돌아다닐 뿐이었다. 완벽한 신의 승리는 완벽한 내부 공간의 승리로 이어지고 있었다. 이미 경계도 외부도 큰 의미가 없었다. 신성한 공간이 아니면 모두가 속된 공간이었다.

신을 위한 공간이 높아져가고만 있을 때 이른바 속된 공간은 수평으로 확산중이었다. 신에 대한 경외였는지도 모른다. 신성한 공간 내에서 숨죽이고 있던 인간들은 일상처럼 먹고 떠들고 마시는 속된 생활로 돌아와야 함을 알고 있었을 법이다. 교회 앞에 널찍한 광장이 생겨나고 시청 앞에는 귀부인과 거지가 어우러지는 떠들썩한 저자거리가 열리기도 하였다. 사람 사는 세상은 신이 거하는 공간과 명확하게 구분되고 있었다. 안으로 규정된 공간이 신성한 만큼 밖으로 연계된 공간은 속될 수밖에 없었다. 신과 인간과의 관계는 공간의 성격까지 규정하고 있었다. 내부 공간과 외부 공간의 갈등은 이렇게 생겨나고 있었다. 신으로부터 자유로워지고 싶어 하는 인간은 이제 거리로 뛰쳐나갈 준비를 하

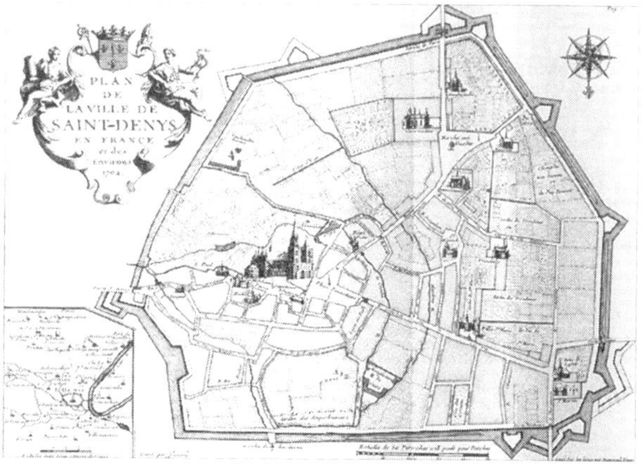

그림 11 Saint-Denys, 1704

고 있던 셈이다. 인간이 만든 경계가 이제 서서히 애매해지는 순간이다. 자기가 설정한 영역만이 능사가 아니었다. 어차피 공간은 퍼져있고 확산되는 것이었다.

혁명적인 르네상스조차도 로마 이래의 공간을 개조할 엄두도 못 내고 있었다. 부르넬리스키가 새로운 형태를 위하여 피렌체 성당의 돔 구조를 개조했다 해도 돔을 세우기 위한 테크닉을 고안했을 뿐 돔 자체를 없앨 생각은 하지 못했다. 내부 공간은 여전히 성역 그 자체였다. 15세기경에 프로렌스에서 회화 등에 사용됨으로써 그 모습을 드러낸 투시도법이 모든 요소들을 개인적 시각이라는 독특하고 특수한 시점에서 파악하고 있는 동안에도 공간은 여전히 로마의 판테온 돔이 만든 내부 공간의 연속이었다. 대칭과 비례를 무기로 하여 고전주의로의 회귀를 단행했지만 그리스 신전 건축이 지니는 반 쯤 열린 공간만은 아직은 요원하였다.
많은 르네상스 건축가들이 그동안 속된 공간으로서의 외부 공간에 눈을 돌려준 자체만으로도 공간은 조금 더 풍부한 표정을 지을 수 있었다. 수 십 세기 동안 갇혀있던 공간이 원래의 공간과 만나기 시작한다. 광장을 통한 사회적 연계가 이미 속되지 않은 일상을 대변하기 시작하였으며 교회 공간 내부에 갇혀있던 공간은 더 이상 성스러운 공간이 아니라는 사실을 알게 되면서 공간 확장의 원죄로부터 벗어나고 있었다. 바로크의 무모할 정도로 욕심스러운 외부 공간 확장이 있을 때까지는 그래도 공간은 인간의 욕심만큼만 그 모습을 떼어 줄 뿐이었다. 욕구불만의 외부 공간 팽창은 그리 길지 않았다. 내부 공간을 차지한 건축이 그 원죄도 모자라 외부 공간까지 건축에 포함시키려했던 것이 잘못인지 모른다. 판테온이 행한 내부 공간 확장을 세인트 페트로 성당의 광장이 대신 이어 받는다. 내부는 그대로인

그림 12 Cenotaph to Newton, E.-L. Boullee, 1784.

데 자꾸만 커져가는 외부가 부담스러울 뿐이다. 불레(E. L. Boullee)가 공간을 다시 내부로 가두어 버릴 때까지 바로크는 외부 공간과 자연에 대해 철없는 장난을 계속 칠 뿐이었다. 인간 욕심을 너머까지 확장되려던 경계가 순수한 기하학 공간 내부로 굴절한다. 근대건축의 시작은 이렇게 이루어지고 있었다.

이제 공간은 그 내부와 외부 혹은 크기와 성격을 모두 포함하여 건축의 궁극적 목표가 되었다. 닫힌 내부 공간만이 아닌 모든 공간이 건축의 관심이 되었다. 이미 신을 위한 공간도 없다. 높아만 가고 커져만 가는 로마적 내부 공간에도 이제는 조금 진력이 날 만하다. 공간을 한정시키던 경계도 이제는 무한 개념이다. 더 이상 자폐증적 공간을 논할 필요가 없는지도 모른다. 건물이 대지위로 띄워지듯이 공간 또한 그럴 필요가 있었다. 프리 스탠딩 건축물이 말 그대로 자유로운 위상으로 도시 내에 점철됨에 따라 그것이 가지고 있거나 관계하는 공간도 변해야만 했다. 더 이상의 밀폐도 없다. 혹은 더 이상의 개방도 없다. 조각을 운운하면서 프랭크 게리처럼 창문만 뚫을 수 있다. 피쉬 댄스 같은 조각에 창 몇 개 뚫어 해체주의 운운하면서 건물 하나 올릴 수도 있는 일이다. 경계가 불분명한데 더 이상 고집피울 대상도 아니다. 토요타 미술관에 나타나는 내부만을 고집하는 매스와 경계마저도 애매한 그 이외의 공간 사이를 떠도는 스크린 열주가 불현듯 파르테논 신전의 밀폐된 셀라(cella)와 외부 열주를 떠올리게 하는 것은 역시 건축과 공간 사이에는 더 많은 방정식이 존재한다는 사실을 암시하기까지 한다. 반 쯤 외부로 걸친 공간이 벽이라는 경계 속에 들어앉은 공간과 조우하는 시간이다. 다시금 그리스 건축으로의 회귀일지도 모른다. 양식은 그리 중요하지 않다.

그림 13 Toyota Museum, Yoshio Taniguchi

이제 빌려온 공간을 어느 정도는 되돌려주어야 할지 모른다. 그들이 미안한 마음으로 잠시 빌려온 공간을 우리 것인 양 고집 부릴 일이 아니다. 아직도 로마적인 내부 공간이 성역인지 다시 한 번 생각해 보아야 할 일이다. 아직도 바로크적인 외부 공간이 인간이 저지를 수 있는 최대의 실수였는지도 역시 생각해 보아야 할 일이다.

3. 맺는 말

epilogue

건축을 통해 건축적 공간을 만든다는 것은 이미 있는 공간으로부터 그 만큼을 떼어오는 것으로도 볼 수 있다. 공간은 만드는 것이라기보다는 이미 만들어져 있는 것을 빌려오는 것일 수도 있다. 공간을 창조한다는 것은 무의상태의 공간을 유의상태로 만드는 것은 아니다. 오히려 그것에 성격을 부여하는 것이다. 위치나 크기나 의미를 부여하는 것이다.

이 같은 면에서 보면 공간은 상대적인 존재이며 항상 건축과 공간 사이에는 특정 관계가 성립한다. 경계라는 개념이 발생하는 것도 역시 이 같은 관계가 전제되고 있다. 특정 관계를 외부에서 보면 모든 것이 공간이다. 공간이라는 것은 모든 것을 통합하는 가능성을 가진 개념이다. 관계가 있으면 공간이 있기 때문에 물질과 비물질의 차이조차도 물을 필요가 없다. 당연히 소유의 개념도 부질없다. 공간은 주체와 객체의 관계라는 지적도 틀린 말은 아니다. 감각적으로 인지하고 느끼는 공간의 의미 너머에는 우리가 알아야 할 수 많은 관계들이 존재하기 때문이다. 그것은 경계일 수도 있고 절대 공간일 수도 있으며 무한 공간일 수도 있다.

'건축이란 공간의 질서를 세우는 것이며 공간은 인간의 질서를 세운다'라는 코야마 교수(香山 壽夫)의 지적대로 건축과 공간은 각기 나름대로의 역할을 부여받은 상대적인 존재인 것이다. 건축은 제한된 영역 내에서부터 제한된 형태로 공간을 형성하는 구체적이고 제한적인 행위에 지나지 않을 지도 모른다. 이 같은 면에서 보면 건축적 공간이란 대상 그 자체 즉 건축물 자체에 의해서 경험될 수 있는 구체적이며 실존적인 공간에 한정된다고 볼 수도 있다. 아무리 건축이 공간창조에 그 목적이 있다 해도 건축과 공간은 결코 같은 개념이 아니다. 공간과 건축 사이에는 이른바 무엇인가를 구축하려는 주체의 의지라는 결정적인 단절이 개입되어있다.[8] 건축은 공간적인 것이기는 하지만 공간 자체는 아니다. 공간적인 구축인 셈이다.

우리가 풀어야 할 과제는 여전히 많다. 건축에서 공간이 중요하다는 것은 알면서도 그 정확한 이해나 해석을 철학자나 과학자들에게 맡겨왔던 우리들의 업보일지도 모른다. 그러나 현란한 수식어로 공간에 대한 정의를 내린다고 해서 우리가 지녀왔던 공간과의 관계가 급변하는 것은 아니다. 오히려 몰라도 되는 것을 알아버릴 염려도 있다. 기둥 하나로 하늘을 향해 버티고 있는 공간도 우리에게는 익숙한 공간이고 불 꺼진 컴컴한 극장도 역시 친숙하기만 하다. 우상의 공간도 시장의 공간도 역시 우리에게 다가온 공간이다. 우리가 만든 공간은 아니다.

근대 이전까지 공간에 대한 특별한 고려 없이 구축 행위에만 힘을 쏟아왔다고 해서 그들을 비난할 일도 아니다. 공간의 사회적 측면을 소홀히 했다고 폄하할 일도 아니다. 최소한 그들은 공간을 만들려하지 않았음에도 공간이 만들어지는 것을 우리에게 보여주었기 때문이다. 넓게 퍼져있고 확산되는 공간이 나이키 신전 기둥 사이로 돌아다니는 것을 알게 해주었고 신성한 공간이 지니는 의미에 대해서도 알게 해주었다. 성스러운 공간과 속된 공간의 대비도 보여주었고 공간은 나름대로의 메시지로 구성되고 관계에 의해 형성되며 경계로 인해 건축과 친구가 되는 것을 알려주었다. 건축과 공간 사이에서 파생되는 일련의 관계에 대해서도 이미 할 말은 다 한 셈이다. 식자우환일지도 모를 일이다. 어차피 잠시 빌려 쓰고 있는 것이라면 외부와의 관계나 사회적인 면에서만 공간을 논해야한다는 속박으로부터 자유로워질 특권도 우리에게는 보장되어 있다. □

8) 쿠마 켄고, 신 건축입문-사상과 역사, 건축도서출판공사, p.28.

약 력

연세대학교 건축공학과 졸업
연세대학교 대학원 졸업
동경대학교 대학원 건축학 박사
대진대학교 건축공학과 교수

E-mail : kymyh@daejin.ac.kr

왜 건축인가(건축의 8개의 보이지 않는 손)

정가 14,000원

저 자 김 영 훈
발행인 문 형 진

판 권
검 인

2006년 4월 15일 인쇄
2006년 4월 20일 발행

발행처 도서출판 세 진 사
136－087 서울특별시 성북구 보문동 7가 112－8
(세진빌딩)
TEL : 922－6371～3, 923－3422 · 7224 / FAX : 927－2462
〈1976. 9. 21 / 등록 · 서울 제6－28호 / 등록번호〉

http://www.sejinbook.com
E-mail:sejin112@lycos.co.kr